青海祁连山
自然保护区科学考察集

董旭 张胜邦 张更权　主编

中国林业出版社

图书在版编目（CIP）数据

青海祁连山自然保护区科学考察集／董旭，张胜邦，张更权主编.
—北京：中国林业出版社，2007.6

ISBN 978 - 7 - 5038 - 4822 - 3

Ⅰ．青…

Ⅱ．①董… ②张… ③张…

Ⅲ．祁连山 - 自然保护区 - 科学考察 - 考察报告

Ⅳ．S759.992.42

中国版本图书馆 CIP 数据核字（2007）第 086627 号

出　　版：中国林业出版社（100009　北京西城区德内大街刘海胡同 7 号）

网　　址：www. cfph. com. cn

E - mail：cfphz@ public. bta. net. cn　　电话：（010）66184477

发　　行：新华书店北京发行所

印　　刷：农业出版社印刷厂

版　　次：2007 年 7 月第 1 版

印　　次：2007 年 7 月第 1 次

开　　本：787mm×1092mm　1/16

印　　张：13.5

彩　　插：16P

字　　数：340 千字

印　　数：1~1500 册

定　　价：68.00 元

《青海祁连山自然保护区科学考察集》

领导小组

组　长　李三旦

副组长　王　谦　党晓勇　郑　杰

成　员　董　旭　董得红　张胜邦　索南东知

　　　　刘国顺　索南丹增　更　藏

科学考察组

组　长　董　旭

副组长　张胜邦

成　员　张更权　魏智海　贾毅立　许国海　周陆生

　　　　丁学刚　李启江　李玉军　严振英　铁顺良

　　　　李　加　雅才让　尚朝虎　杨进元　阎明朝

　　　　张小军　蒲永国　李金善

编辑委员会

主　编　董　旭　张胜邦　张更权

副主编　张凤臣　董得红　魏智海　贾毅立

编　委　周陆生　叶润蓉　丁学刚　李启江　李玉军

　　　　杨　平　曲旭东　柴永煜　许国海　刘建军

　　　　孟延山　王世红　李洪福　杨进元　阎明朝

　　　　张小军　蒲永国　李金善

摄　影　张胜邦

前　言

　　自然保护区是人类为保护自然环境和自然资源，特别是为拯救和保存某些濒于灭绝的生物物种，扩大和合理利用自然资源而设立的永久性基地，对于保护生物多样性和促进科研、生产、旅游事业的发展具有重要作用。国际上常常以自然保护区总面积占国土面积的百分比作为衡量一个国家自然保护事业及其科学文化发展水平的一个重要标志。自然保护区是作为维护生态平衡的一种特殊类型而独立划出的一个维持其自然生态的区域。目前，全国林业系统建立和管理的自然保护区 1405 个，总面积 $1.09 \times 10^8 hm^2$，占国土面积的 11.35%。新建自然保护区 249 个，新增面积 $359 \times 10^4 hm^2$。我国先后有 22 处保护区加入联合国教科文组织的"人与生物圈"保护区网络，有 21 处被列入国际重要湿地名录，有 3 处被列入世界自然遗产地，相当一部分保护区是全球生物多样性保护的重点地区。为履行《生物多样性公约》、《濒危野生动植物种国际贸易公约》、《湿地公约》等国际公约发挥了重要作用。

　　祁连山是我国著名的高大山系之一，是青藏高原东北部一个巨大的边缘山系，由一系列北西—南东走向的平行山岭和山间盆地组成，中部和东部山势较低，山脉多为现代冰川发育的寒冬风化及冰川侵蚀作用强烈的剥蚀构造高山，山势巍峨挺拔、绵延千里，是通向西域之要道，"丝绸之路"南线经于此，北出扁都口与甘肃接壤，故有"青海北大门"之称。汉代以前就有羌人在此游牧。从祁连县八宝乡拉洞元山出土的石斧、石刀等说明，早在新石器时代就有人类在这片古老的土地上繁衍生息，进行畜牧业生产。所以，这里不但是著名的天然牧场，而且自古以山川秀丽、资源丰富、胜迹众多和人文荟萃而闻名遐迩，是青藏高原上一块令人神往的地方。

　　祁连山分布着数十万公顷的森林，所涵养的水源，滋润灌溉着青海、甘肃、内蒙古等地的近 70 万 hm^2 的耕地，400 多万群众，500 多万头（只）牲畜。境内地形复杂，山脉横亘，并发育形成了黑河（八宝河）、疏勒河、托勒河、大通河、布哈河等众多河流，俗称"五河源"。源头生态环境状况不仅影响到祁连地区经济社会的发展和人民群众的安宁，而且关系到内陆河流域中游地区甘肃省山丹、临泽、民乐、张掖、高台、肃南、酒泉、金塔和黑河下游地区内蒙古额济纳旗等县（镇）的可持续发展。内陆河源头丰富的水资源不仅是协调中下游农、林、牧布局和发展的重要自然资源，而且也是维护干旱地区自然生态平衡、保护环境的重要因素。

　　祁连山天然"绿色水库"，蕴藏着极其丰富的野生动植物资源。根据初步统计，本区现有高等植物 257 属 617 种，隶属 68 科。其中蕨类植物 8 科 9 属 11 种，裸子植物 3 科 3 属 7 种，被子植物 57 科 245 属 599 种。种子植物合计 58 科 248 属 605 种，分别占北祁连山地区种子植物总科数的 71.6%、总属数的 57.5%、总种数的 49.5%，物种种类较为丰富多样。森林垂直分布高度在海拔 2700～3050m 之间，相对集中。乔木树种主要有青海云杉、祁连山圆柏、山杨等，以青海云杉分布最广。国家一、二级重点保护野生动物 20 余种。国家一级保护野生动物有雪豹、野牦牛、西藏野驴、白唇鹿、玉带海雕、胡兀鹫、黑颈鹤等；国家二级保护动物有马鹿、盘羊、马麝、猞猁、蓝马鸡、棕熊、岩羊、淡腹雪鸡、猎隼、游隼等。土壤类型较多，自上而下分别是：高山寒漠土、高山草甸土、高山草原土、山地草甸土等。

然而，随着全球气候变暖和人为活动等因素的影响，祁连山地区雪线上升，冰川后退，部分地区森林减少、草场退化、干旱加剧，使该地区生态环境受到严重威胁，涵养水源能力下降，主要支流水量减少，尤其是青藏高原特有的珍贵物种数量日趋减少，许多种还在濒临灭绝，原本脆弱的生态系统功能在逐步丧失。祁连山生态条件极其脆弱，植被处于退化演替状态，一旦遭到破坏，将很难恢复。针对这一严峻的形势，青海省人民政府从全局出发，决定在此建立自然保护区，全面保护野生动植物资源和水资源，采取多种工程措施恢复和改善生态系统功能，改善区域生态环境，实现社会、经济协调发展。

2002 年 6 月，青海省林业局成立了以李三旦局长为组长，王谦、党晓勇、郑杰副局长为副组长的领导小组。9 月，青海省林业勘察设计院成立了以董旭院长为组长，张胜邦总工程师为副组长的科学考察与规划组，并聘请了国家林业局西北调查规划设计院、中国科学院西北高原生物研究所、青海省环境水文地质总站、青海省环境科学研究院等相关部门的专家，在野外考察的基础上，结合前人以往的科研成果，编写了《青海祁连山自然保护区科学考察集》。

2004 年 5 月，由青海省科技厅主持，组织省内外有关专家进行了评审。根据与会专家的建议和意见，又进行了深入细致的修改。2005 年 12 月，青海省人民政府批准建立了"青海祁连山省级自然保护区"。为了便于服务生产和国内外人士更加了解祁连山的奥秘，为祁连山自然保护区建设提供科学依据，决定正式出版发行《青海祁连山自然保护区科学考察集》。

本书在编写过程中，得到青海省计划发展委员会、青海省环境保护局、青海省国土资源厅、青海省畜牧厅、青海省水利厅，青海省海北藏族自治州、海西藏族蒙古族自治州林业局，祁连、门源、德令哈和天峻等县（市）林业和环境保护局等单位的大力支持和热情的帮助。中国林业出版社刘家玲、严丽等同志为本书的编辑出版工作付出了辛勤的劳动。在此，作者对关心和关注青海祁连山自然保护区建设的有识之士表示衷心的感谢！

由于编写人员学识水平所限，时间仓促，许多考察资料还有待于进一步研究，不妥之处，竭诚希望同仁批评指正。

编著者

2007 年 3 月

目 录

第一章 总 论

青海祁连山自然保护区位于东经96°49′~102°41′，北纬37°03′~39°12′。东北部与甘肃省的酒泉、张掖、武威地区相接，西部与本省海西蒙古族藏族自治州的乌兰县毗连，南部与海北藏族自治州的海晏、刚察县为邻，东部与海东地区的互助土族自治县、西宁市的大通回族土族自治县接壤（附青海祁连山自然保护区位置图）。保护区面积834 796.2hm²，其中，核心区面积438 017.4hm²，占52.5%；缓冲区面积149 337.7hm²，占17.9%；实验区面积247 411.1hm²，占29.6%。青海祁连山自然保护区行政区域包括海北藏族自治州的祁连、门源县和海西蒙古族藏族自治州的德令哈市和天峻县的一部分，所辖乡（镇）面积342.0万hm²，其乡（镇）名称（表1-1）。

表1-1 青海祁连山自然保护区行政区域名称表

自治州名称	县（市）名称	所辖乡（镇）名称
海北藏族自治州	祁连	扎麻什、八宝、黄藏寺、托勒、野牛沟、俄堡、阿柔、多隆、柯柯里
海北藏族自治州	门源	皇城、苏吉滩、青石嘴、阴田、浩门、北山、西滩、泉口、东川、仙米、珠固、麻莲
海西蒙古族藏族自治州	德令哈	戈壁、怀头他拉
海西蒙古族藏族自治州	天峻	苏里、尕河、舟群、龙门

一、自然地理

（一）地形地貌

雄伟壮观的祁连山，是由一些大致相互平行的西北—南东走向的山脉和山间谷地所组成。西起阿尔金山脉东端的当金山口，东达贺兰山与六盘山之间的香山一带，北靠河西走廊，南临柴达木盆地北缘。

（1）祁连山中段山地与谷地 走廊南山是北祁连加里东褶皱带的主要部分，是一条北西西向断块山，因居于河西走廊之南，故名走廊南山。黑河发源于祁连山地，分东西两支，东支八宝河流经祁连县西黄藏寺，向北大拐弯，切穿走廊南山，流经河西走廊，向北改称弱水，在青海境内为一地堑式箱状谷地。托勒山西起马昌盆地东缘的火神庙山，东到门源盆地西端的大梁。构造上属北祁连加里东褶皱带的南翼，褶皱轴线为北西或北西西向，北西西向的大断裂控制着主体山脉的走向。在托勒山与托勒南山之间，发育着一条自西向东，由托勒河谷地—大通河上游的木里、江仓盆地组成的北西西向构造盆地地形。托勒南山西与大雪山相接，东接纳卡尔当，东西长约200km，南北宽约25km。大地构造属中祁连隆起带，有许多呈北西西向及北西向的深大断裂。现代冰川也非常发育。疏勒河发源于沙果林那穆吉木岭，它与大通河相背而向西北流经音德尔达坂东北坡罗沟转北而流入河西走廊地区。疏勒南山为中祁连隆起带的南缘，是祁连山系中最高大且主要的一支山脉。最高峰海拔5826.8m，由6个相对高差不大的山峰团聚在一起，组成一团状山体，故名"团结峰"。哈拉湖盆地位于疏勒南山以南，是祁连山系中海拔最高的一个内陆构造断陷盆地。湖面海拔4171m，面积588.1km²。

（2）祁连山东段平行岭谷　本段自北向南，平行岭谷分别为冷龙岭、门源盆地和大通—达坂山山地。冷龙岭属北祁连加里东槽背斜的一部分，西接走廊南山，东到乌鞘岭。山体深大断裂规模宏大，古冰川遗迹明显。门源盆地西起大梁，东至克图，为一北西东南向的弧形谷地，由新生代断陷形成，大通河贯穿其中。大通山—达坂山是大通河与湟水的分水岭。大通山是北西西到北西向背斜褶皱带，由古老的震旦亚界海相砂碎屑岩和炭酸岩组成。

（二）地质

1. 地层

本区在区域地质上属祁连山地层区，以北祁连地层分区为主。

元古界包括下元古界野马南山群（Pt_1ym）、长城系党河群（Chdn）、蓟县系托勒南山群（Jxtj）和青白口系龚岔群（Qngn）；寒武系包括中寒武统黑刺沟群（C_2hc）和上寒武统香毛山群（t_3xm）；奥陶系包括下奥陶统阴沟群（O_1yn）、中奥陶统中堡群（O_2zh）和上奥陶统扣门子组（O_3k）；志留系下统划分为小石户沟组（S_1x）及肮脏沟组（S_1a）；泥盆系属祁连加里东地槽回返后的磨拉石层系，省内称老君山群（D_3lj），时代为晚泥盆世；石炭系包括下石炭统臭牛沟组（C_1c）、上石统羊虎沟群（C_2ym）、太原群（C_2ty）、下石炭统大冰沟组（C_1d）、臭牛沟组（C_1c）和上石炭统羊虎沟群（C_2ym）、太原群（C_2ty）；二叠系包括北祁连山区和南祁连山区；三叠系包括下—中三叠统西大沟群（$T_{1-2}xd$）和上三叠统南营儿群（T_3nn）；侏罗系广泛分布于黑河上游南岸和大通河流域，下部煤系称为木里组（J_2m），上部杂色层系称为享堂组（J_2x）；白垩系仅有下统，分布于黑河流域及疏勒南山甘青地界音德尔大坂等地，属山间盆地红色碎屑岩层系；第三系包括中新统白杨河组（N_1b）和上新统红崖子组（N_2h）；第四系包括下更新统玉门组（Q_1y）、中更新统酒泉组（Q_2j）、上更新统乐都组（Q_3i）和全新统（Q_4）组成的黑河、大通河Ⅰ、Ⅱ级阶地。

2. 断裂构造

（1）北祁连深断裂系　中祁连北缘深断裂带主断裂西始托勒河谷，东经托勒南山，达坂山南坡入甘肃境内，呈北西—北西西延展，省内长450km，断裂初始于兴凯末期，由拉张而成，成为早古生代时期祁连南隆北拗的分界；沿断裂展布方向有基性—超基性岩出露。加里东晚期，北侧地槽褶皱回返，断裂进入强烈挤压阶段。与此同时，有中酸性岩侵入，沿断裂带形成串珠状岩浆岩带；华力西期—印支期，断裂活动大减，两侧以差异升降运动为主，燕山期—喜马拉雅期，断裂再次复活，控制了托勒河谷、大通河谷的形成和演化，性质再变为张性。晚近时期断裂带成为地震多发带。

（2）区域性地壳型断裂系　①冷龙岭北坡断裂带。西起托勒山南麓，向东沿冷龙岭北坡展布，呈北西西向，长约260km，倾向北，倾角50°～60°，晚近时期强烈活动，地震多发，为一活动断裂带。②中祁连南缘断裂带。主断裂西始崩坤大坂，东经哈拉湖北缘、刚察沙柳河，偏南南东方向，抵青海湖东交接于宗务隆山—青海南山断裂。长达400km，倾向北东，倾角50°～70°。晚近时有浅源地震发生及温泉生成。③大哈尔腾河—哈拉湖断裂带。

为一隐伏断裂带，此断裂带西起大哈尔腾河，东经哈拉湖、木里，与中祁连北缘深断裂交切，呈北西—北西西—近东西展布，省内长约400km。沿带有多处震中分布，此断裂为一活动断裂带。

（三）气候

1. 采用的气候资料及处理方法

保护区内有托勒、野牛沟、祁连、门源4个气象站。但是，由于保护区各分区的核心区海拔多数都在4000m以上，而已有台站海拔均不足4000m。对于受地形影响较大的要素，如气温等热量资源和降水量等水分资源，需建立其随地理要素变化的经验数学模型，以此用来推算各核心区的有关要素值。

2. 气候的基本特征

由于地势高致使气候寒冷，冬季漫长，夏季短暂。本区气候相对湿润，向西北部水汽渐少，气候干燥。夏季降水集中，冬季降水稀少，多风。全年太阳辐射强烈、光照充足，适宜牧草生长、发育。冷害是本区主要气候灾害，冰雹、春旱、风沙、雪灾等气候灾害比较频繁。

3. 气温

气温的空间分布 本区为青海省气温分布图上的冷区。由于海拔和纬度都高，在相同海拔情况下，本区各地的温度要比纬度低的青南高原低得多。月、年温度主要取决于海拔高度。保护区内年平均气温的分布大体上由东南向西北逐渐降低。

气温的时间变化 保护区深居内陆，地势高耸，虽仍受季风气候影响，但强度大为减弱，四季不甚分明，一般可分冬半年（11月至次年4月）和夏半年（5~10月）。

南、北部气温总体上都呈上升趋势，气候变化倾向率分别达到0.228℃/10年和0.256℃/10年，要高于全省和整个青藏高原的升温率0.16℃/10年，也明显高于全国的升温率0.11℃/10年。

4. 降水

本区降水量偏少，年降水量的分布基本上是由东南方向西北方呈逐渐递减的趋势。年降水量多的地区雨季开始也早，而结束较迟；反之年降水量少的地区，雨季来得迟，而结束较早。年内以7月降水量最多，12月降水量最少。此外，如同青海高原其他地区一样，保护区夜雨比率较高，夜雨量占总量的55%~58%。

保护区南部年降水量呈弱的增加趋势，气候变化倾向率约为2.0mm/10年；北部地区降水增加量比南部明显，倾向率为8.2mm/10年。这种正倾向率的形成，主要是由于在20世纪80年代是一个多雨时期，造成总的正趋势。各季降水量的年际变化不明显。

5. 日照

日照时数和百分率与降水、云量的多寡有密切的联系，其空间分布特征与降水、云量的分布相反，即云雨量多的地方日照时数和日照百分率低；反之则高。保护区日照时数与日照百分率由东南部向西北部随降水量和云量的减少而逐渐增加。年日照时数大约在2500~3000h，日照百分率大约在55%~70%之间。南、北部之间日照时数的长期变化有所不同，主要差异在于南部地区呈上升趋势，气候倾向率为13.5h/10年，而北部地区呈下降趋势，

气候倾向率为 - 24.6h/10 年。

6. 风

在保护区,风速总体由东南向西北增大,年平均风速门源为 1.7m/s,祁连为 2.0m/s,野牛沟为 2.7m/s,托勒为 2.2m/s。

风向与地形关系更为密切。气流在山脉的阻挡作用下,被迫沿山脉走向移动。此外,山区河谷对气流的引导作用,使许多河谷测站风向与河谷走向相一致,而且由于山谷风的物理成因,使得一日中风向有周期性的改变,白天与夜晚风的方向往往相反。

保护区风速的年变化几乎全部为春大冬小型,即春季 4、5 月份风速最大,而冬季 12 月、次年 1 月风速最小。

7. 气象灾害

干旱是保护区气象灾害之一。干旱分春旱和夏旱,保护区干旱主要发生在春季,频率在 23% ~33%,夏季干旱的频率只有 7% ~18%,而且春、夏重旱等级出现几率很小,只有托勒 1995 年春季发生过 1 次重旱。夏季只发生轻旱,未出现中、重旱。

危害作物的实质是低温冻害。大部分核心保护区海拔在 4000m 以上,常年遭受霜冻、冷害侵袭,许多地区终年积雪,并有永久冻土,由此形成了与气候条件相适应的生态体系。

冰雹是保护区重要气象灾害之一,尤其是门源地区,是青海省雹源地之一,有多条路径沿祁连山东段从西北向东南将雹云移送至东部农业区。

风沙保护区西北部的托勒、野牛沟年大风日数分别达到 72 日和 54 日,中部祁连为 27 日,东南部门源为 22 日,总体上大风日数由东南向西北递增。大风日数主要集中在春、夏两季,约占全年的 70% ~80%。

保护区雪灾主要为轻雪灾,近 40 年间,中、重雪灾分别只在托勒和门源发生过 2 次。比较青南牧区,保护区积雪相对较轻。

8. 气候资源的评价与利用

热量资源 热量资源除用年、月平均气温来表示外,为结合农牧业生产通常用通过各级界限温度的积温来反映热量资源的丰欠。多数核心保护区常年寒冷,热量条件低下。

水分资源 这里水分资源仅指自然降水。水分资源能否得到充分利用,主要视农作物、牧草生长期内的降水量占年降水量百分率的高低。一般来说,由于本区具有雨热同期的气候特点,水分资源能得到较好的利用。

光能资源 光能资源除用日照时数、日照百分率来表征外,更具实际意义的是太阳辐射量。祁连及以西地区属太阳能丰富区,门源属较丰富区。

风能资源 目前国内外普遍运用风力发电来利用风能。根据风能区划,全省分为风能资源丰富区、较丰富区、可利用区、季节利用区和贫乏区。本区西北部地区属风能季节利用区,东南部祁连、门源为风能贫乏区。

总体上本区分属冷温半湿润农林气候区(门源、祁连等地)和寒温半干旱牧业气候区(托勒、野牛沟)。

(四) 水文

青海省内陆区祁连山水系,又名青海省境内河西内陆河,位于青海省东北部,总面积 $2.5064 \times 10^4 km^2$,由内陆河流黑河、疏勒河、石羊河流域源头区组成。

1. 地表水资源

青海省河西内陆河在黑河流域设有扎马什克、祁连和黄藏寺水文站，疏勒河与石羊河在省境内未设水文站，大通河上设尕日得、尕大滩和享堂等水文站。径流量较大的有黑河、八宝河、昌马河、党河与大通河等。

2. 流域地下水资源

山丘区河川径流的基流量等于山丘区地下水的天然资源量。而青海省境内河西内陆河和大通河均属于山丘区河流，其多年平均的河川基流量即为地下水天然资源总量，而这部分水量正是河川径流的稳定水源。主要河流地下水资源量见表2－25。

3. 河川径流特征分析

在青海省河西内陆河流域，最大月径流出现在7月份，汛期各月径流量占年总量的13%～22.5%，枯期各月径流仅占年总量的2.1%～3.8%。

河川径流的年际变化，可用变异系数 Cv 值来反映径流量年际间变化的离散程度。Cv 值愈大，离散程度愈大，径流年际间波动愈大，年际变化也就愈不稳定；Cv 值愈小，离散程度愈小，径流年际间的波动愈小，年际间的变化也就较为稳定。本区地表径流总量的年变异系数为0.15～0.21。相对周边地区变异系数较小，说明水资源量的年际变化相对稳定。

4. 地表水资源动态趋势分析

选择黑河流域黄藏寺水文站、大通河流域享堂水文站，采用方差分析法，对黑河、大通河地表径流变化过程，进行周期波识别，然后用周期波叠加法，对地表径流量未来变化趋势进行预测，从预测结果来看，20世纪90年代，省境内黑河流域天然地表径流量比多年均值偏小，21世纪零年代，比多年均值偏多，到10年代处于多年平均水平；20世纪90年代，大通河流域天然地表径流量比多年均值偏小，21世纪零年代，比多年均值偏多，到10年代处于多年平均水平。

5. 水资源总量

青海省河西内陆河和大通河流域由于地处高原，河流一般下切较深，山丘区地下水的排泄形式几乎全是汇入河道，即山丘区地下水的绝大部分通过向河道的排泄而转换形成地表水资源的河川基流部分。经计算河西内陆河水资源总量为34.6亿 m^3/a，大通河为25.6亿 m^3/a。

6. 冰川

祁连山发育着现代冰川，冰川覆盖面积1334.75km²，冰川储量为615.5×10⁸ m³，青海省境内冰川覆盖面积717.43km²，占53.8%，冰川储量355.02×10⁸ m³，占57.7%。冰川是甘肃河西走廊万顷良田灌溉用水主要补给来源。祁连山冰川是青海省主要冰川之一，分布于托勒南北山，走廊南山，以黑河垴和托勒河垴为中心向四周逐渐减少。

7. 河流

本区主要河流有黑河、八宝河、托勒河、疏勒河、大通河。

（五）土壤

1. 土壤分布

土壤是在特定的地理位置、地貌地质、气候和植被的综合影响下形成的。祁连山地区由于地形复杂，直接影响着热量和水分的再分配。地势由高向低过渡，温度逐渐升高；由东向西过渡，水分逐渐减少，温度降低，导致植被明显变化，这给土壤的形成奠定了基础。由于山体的变化，海拔由低到高土壤垂直分布明显。

（1）地带性土壤 土壤类型依海拔高度呈明显的垂直分布规律。由高处向低处分别有高山寒漠土、高山草甸土、山地（高中山地带）草甸土、灰褐土、黑钙土、栗钙土。

（2）非地带性土壤 潮土、沼泽土和新积土为非地带性土壤。它们受地下水、山地渗出水和融冰水的作用。潮土和新积土分布在河谷一级阶地或新围垦的河漫滩上，在旧河床上也有分布。

2. 土壤分类

根据调查资料统计，保护区土壤有 11 个土类，28 个亚类，黑钙土和栗钙土两个土类共分 27 个土种。主要土壤类型特征如下：

（1）高山寒漠土 高山寒漠土是高山寒冷气候带发育的土壤。此带气温低，雷雨多，岩石碎片上集聚着炻器与水珠，在重力作用下，水珠常汇集成水线下流，整个高山碎石带似浸在水中。

该土带是脱离现代冰川不久，部分处在现代冰川的冰缘之下，因此，除受云雾水汽的影响之外，还强烈地受融冰水的作用。高山寒漠带植被稀少，只有岩生地衣等一类的矮小植物。高山寒漠土有机质的积累和分解都很缓慢，土壤颜色极淡。高山寒温带发育高山寒漠土，根据水分和植被状况，分为高山寒漠土和高山石质土两个亚类。

（2）高山草甸土 高山草甸土分高山高原草甸土、高山草甸土和高山灌丛草甸土 3 个亚类。从分布来讲，从上到下依次为高山草原草甸土、高山草甸土和高山灌丛草甸土。

（3）高山草原土 主要分布在托勒、疏勒高山地带，海拔高度和高山草甸土类相同。由于经度偏西，高山阻挡，海洋性气流难以到达，主要受新疆、河西走廊干旱气候的影响。因此，气候干旱多风，植被生长稀疏。草地类型为山地草地类，优势植物有疏花针茅、紫花针茅、扁穗冰草，伴生有赖草、马先蒿、紫菀、细叶苔草等，盖度 35% ~60%。

（4）山地草甸土 主要分布在中山地带，海拔高度 3250 ~3600m。植被为灌丛草甸和草原化草甸。有机质累积量大，腐殖质层深厚，土壤养分比较丰富。土层因受地形影响，各处薄厚不一，厚可达 1m 以上，薄的仅几厘米至十几厘米。因地形的差异，各处所接受的太阳辐射热量有多有少。根据土壤发育因素之间的差异和产生的相应土壤特征，山地草甸土分为山地草甸土、山地草原化草甸土和山地灌丛草甸土 3 个亚类。

（5）灰褐土 灰褐土是湿润或半湿润地区森林覆被下发育的土壤，干燥度≤1。根据土壤淋溶状况，分为淋溶灰褐土和灰褐土两个亚类。

（6）黑钙土 黑钙土（黑土）是本区主要土壤类型，在土壤垂直带谱中，上接山地草甸土和灰褐土类，下接栗钙土类。在海拔 2760 ~3300m 广阔的中山地区，有大面积连片集中的黑钙土发育。母质为第四纪沉积物和坡积物，部分黑钙土发育在第三纪红砂岩风化壳上。根据成土条件影响的不同，黑钙土分为 3 个亚类，即淋溶黑钙土、黑钙土和草甸黑钙土。

（7）栗钙土　处于向黑钙土的过渡地带，分布在海拔2300~2700m的河谷中山阳坡上，成土母质复杂，以黄土和冲积次生黄土为多，土层较厚。分为暗栗钙土、栗钙土、淡栗钙土和灌淤栗钙土4个亚类。

（8）沼泽土　沼泽土主要分布于山间洼地，地下水位高，地表有季节性积水或终年积水现象。由于寒冷低温、土壤积水、通气不良，有机质不能充分分解，表层土壤腐殖质化或泥炭化，下部土壤发生灰黏化过程。沼泽土分为草甸沼泽土、泥炭腐殖质沼泽土和沼泽土3个亚类。

二、植物资源

（一）植物区系

植物区系是研究世界或某一地区所有植物种类的组成、现代和过去分布上以及它们的起源和演化历史的科学，其研究对象是某一特定区域内的植物种类。因此，对本区植物区系的研究可以追溯到18世纪，国外做过比较多研究工作的是俄、英、法三国，主要是在植物种类描述等方面。该项目将唐古特地区列为重点研究区域之一，并由中国科学院西北高原生物研究所组织了大规模植物考察，对祁连山地区的植物进行了较为深入的采集和研究，发表了多篇论著，为本区植物区系研究奠定了坚实的基础。

根据初步统计，本区现有高等植物257属616种，隶属68科。其中蕨类植物8科9属11种，裸子植物3科3属7种，被子植物57科245属599种。种子植物合计58科248属605种，分别占北祁连山地区种子植物总科数的71.6%、总属数的57.5%、总种数的49.5%，物种种类较为丰富多样。

根据种子植物属的分布区类型分析，该地区的植物区系完全是温带性质，属于中国—喜马拉雅植物地区、唐古特植物亚区中的祁连山小区。其区系成分以北温带为主；旧大陆温带、中亚和温带亚洲成分都占一定比例；东亚成分较少。

（二）植被

青海省祁连山自然保护区是指由门源县、祁连县为主体（包括大通县和天峻县北部部分地区）所构成的自然区域。植被是泛指地球表面或某个地区所有植物群落的总体。根据植物群落学原则（中国植被编委会，1980），把青海省祁连山自然保护区自然植被划分为森林、灌丛、草原、草甸等类型。本区地处青藏高原东北部，受其地理位置、地貌特征、气候条件以及土壤类型等综合影响，植被的生态特征表现十分独特，主要表现为：高原生态地理边缘效应和祁连山植被的特殊性。

1. 植被分布规律

受其地理位置、气候特征及地形海拔等因素的影响，致使本区植被呈现较为复杂的分布规律，具有一定的区域分异及明显的垂直变化。

①水平分布规律：本区东部海拔3100m以下的河谷山地有小面积温性草原分布，这主要是受到东部相对较低的地势特征和干旱的气候环境条件的影响，造成毗邻地区的草原植被向河谷地带的扩展分布。②垂直地带性：祁连山及其支脉疏勒南山、托勒山等由一些大致相互平行的西北—东南走向的山脉和峡谷组成，植被垂直带谱由东南向西北趋于简化。

2. 影响植被分布的自然因素

青海省祁连山自然保护区属祁连山东段山地，其北部与甘肃省境内的祁连山相连，接河西走廊荒漠区，东部为甘肃省境内的黄土高原区，南部为青海省境内的青海湖区和湟水地区，西部为青海省境内的哈拉湖盆地。影响该区植被分布的自然因素主要有地貌特征、气候条件和土壤因素等。

3. 植被分区

根据周兴民等 1987 年对青海植被分区的研究，青海省祁连山保护区在青海省植被分区中隶属青海东北部和青南高原西部草原区，祁连山东段山地高寒灌丛、高寒草甸地带，大通河—黑河山地高寒灌丛、高寒草甸地区。该区植物种类有蕨类植物、裸子植物、被子植物等。

（三）森林资源

1. 森林类型、分布及规律

（1）青海云杉林　青海云杉 *Pieca crassifolia* 材质良好，适应性较强，是我国特有树种。祁连山地垂直气候带上，为顶极群落。分布面积广、稳定，是青海针叶林中的主要类型之一。青海云杉对温度和湿度的要求，可以从不同的坡向分布看出。林分多呈块状，分布于高山峡谷的阴坡和半阴坡，垂直分布范围在海拔 2100～3500m，集中分布带在海拔 2700～3100m，常与分布在半阳坡的草地镶嵌。

分布地区属于山地森林气候。其特点是寒润或温润，气温低而日夜温差大，雨量少而集中，冬春季寒冷，干旱多风，日照时间长，热辐射强，年平均气温低于 2℃，最热月平均气温为 12℃左右，最冷月约 -12℃。

林下植物的种类组成，大致可分为以耐荫灌木为主的青海云杉林，以草类为主的青海云杉林和以苔藓为主的青海云杉林三大类。

（2）祁连圆柏林　祁连圆柏分布区的自然环境和水热条件变动范围很大。分布的最冷区在祁连山区，年平均气温 -3.4℃。祁连圆柏林下土壤为山地灰褐土，无明显地带性特征，受局部地形条件或植被组成的影响，土壤性状差别很大。祁连圆柏林多呈单层纯林，可分为苔草祁连圆柏林和灌木祁连圆柏林，祁连圆柏生长缓慢，寿命长，生长量小。祁连圆柏在漫长的成林过程中，由于它对生境条件特殊适应的结果，在自然状态下通常不易与其他树种组成稳定的混交林。

（3）山杨林　山杨 *Populus davidiana* 又名山白杨，属杨柳科白杨属乔木。山杨系喜光树种，对生境要求不严。多与桦木混交或成纯林。根蘖性强，生长较快，分布较广，是青海次生林区的主要先锋树种之一。

山杨属东亚地理成分，是温带和暖温带地区的适生树种。分布于祁连山东段南坡的大通河流域，北界是祁连县的黄藏寺。山杨喜温暖湿润气候，耐寒冷。分布区具有明显的山地气候特点：四季不分明，冬季漫长而寒冷，夏季短暂而气温稍高。

山杨林大多数是纯林，有时与白桦、红桦、油松、青海云杉或祁连圆柏混交或者互为伴生树种，但面积都不大。山杨林的结构一般具有 3 个层次，除了主林层外，通常还有下木层和草本层，有时下木层不明显，苔藓层不发育。

（4）白桦林　白桦 *Betula platyphylla* 是一个喜光阔叶树种，它生长快，分布广，适应性强，是森林发展过程中的先锋树种。

白桦林是山地森林的重要组成部分，白桦林主要分布在祁连山的东段和中段的西部。为青海省分布最广的森林类型之一。白桦林是针叶林迹地上发展起来的次生林，由于人为活动频繁，林分结构很不稳定，即使在相似立地条件下的同龄林，树种、下木和草本层的种类也相同，而林分组成结构却出现多样性。

（5）红桦林　红桦 Betula albo-sinensis 属典型的北温带区系成分，是我国的特有种和北方山区森林的重要组成树种之一。红桦林主要分布在大通河林区，约占全省红桦林的半数以上。区内属高山峡谷地貌，山体高大，山势陡峻，坡度多在30°左右，红桦林呈块状断续分布于海拔 220~3700m 的半阴坡或阴坡上，多居于山地的中下部。

红桦林的主要林型有苔草红桦林和灌木红桦林两种。

（6）杜鹃灌木林　杜鹃灌木林是亚高山特征类型，主要集中分布于祁连山东部石羊河流域上游亚高山地带，降水量 500mm 左右，海拔 3100~3700m，居于较陡峭的阴坡、半阴坡部位，生境湿润、夏季成泽、林木葱浓，它是高山径流形成区水源涵养调节的前哨、珍贵动物哺育的场所，具有观赏价值。

（7）山生柳灌木林　山生柳灌木林包括毛枝山居柳灌木林和杯腺柳灌木林两个类型，主要分布在祁连山中部和东部的亚高山地带的阴坡、半阴坡，降水量 400~550mm。群落由耐寒的中生植物组成，发育土壤为山地灌丛草甸土，是本地高山径流形成区主要水源涵养灌木林类型之一。

（8）金露梅灌木林　金露梅灌丛是山地广泛分布的一个类型，垂直分布宽阔，可在海拔 2800~3700m 的中山带到亚高山带分布。

2. 森林资源及评价

根据调查，保护区辖乡（镇）土地总面积 342.00×10⁴hm²，其中林业用地 37.93×10⁴hm²，占 11.1%；非林业用地 304.07×10⁴hm²，占 88.9%。保护区有林地、疏林地主要集中分布在祁连、门源 2 个林区，根据本区森林资源连续清查固定样地和二类资源清查工作分析：门源仙米林区疏林地平均蓄积量 77.46m³/hm²，年净增率 1.84%；祁连林区疏林地平均蓄积量 105.27m³/hm²，年净增率 0.98%。照此推算，保护区有疏林地立木蓄积量 420.8×10⁴m³。

保护区土地面积 83.48×10⁴hm²，其中有林地面积 16 420.0hm²，疏林地面积 1507.3hm²，灌木林地面积 37 996.8hm²，森林覆盖率为 6.5%。

乔木林覆盖率低，林地分布不均，森林相对集中；树种单纯，生长缓慢；林分结构单纯、原始林龄组比例失调。

3. 森林病虫害

青海省森林病虫害普查统计，保护区森林病虫害发生面积 10 908 hm²，其中病害面积 3601hm²，虫害面积 73 080hm²。一次性发生森林病虫害的本源来自大自然，在人为活动影响下具有常发性和多发性的特点，其发生和发展机制复杂，一旦成灾，防治困难。病害面积 10 762hm²，重复发生病害面积 146hm²，分别占 98.7% 和 1.3%。

主要防治原则和措施：一是做好森林病虫害的预测预报工作，掌握森林病虫害的种类、发生规律；二是严格森林病虫害的检疫工作，防止危险性病虫害的传入；三是科学营林造林，加强森林抚育，尤其是林地卫生，伐除病虫害感染木，清理病腐的倒木，保持森林群落稳定。

（四）草地资源

1. 草地分布规律及类型

保护区天然草地水平分布，大体上从东南到西北发育着森林类、疏林类、山地草原类、灌丛类、山地草甸类、高寒草甸类、高寒荒漠草地类等草地类型。沼泽类和高寒沼泽类草地由隐域性植被构成，分别分布在山地草甸类和高寒草甸类的水平地带之内。

山地草原类、山地草甸类草地分布在各主要河流流域的中下部和中上部；高寒草甸类分布较高，主要在山体上部接近石山一带；沼泽类草地主要分布在湖泊、河流的滩地与阶地上；灌丛草场类与在山体中部以及偏上位置，阴阳坡都有分布。

2. 资源评价

保护区辖乡（镇）草地面积（不包括森林、疏林、灌木林地）$225.2 \times 10^4 hm^2$，占土地总面积的65.8%，其中可利用草地面积$178.39 hm^2$，占草地面积的79.2%。

各类草地面积中，高寒草甸类草地面积最大，为$60.06 \times 10^4 hm^2$，占草地面积的27.0%；山地草甸类位居第二，为$58.62 \times 10^4 hm^2$，占草地面积的26.4%。草地类型多样、牧草产量低、牧草品质较好、营养价值较高。祁连、门源两县草场多数属于二等6级和三等6级，占70%以上。

3. 草地虫害和鼠害

草地虫害主要指蝗虫和毛虫造成的危害。蝗虫属直翅目蝗虫科，在本区能造成较大危害的蝗虫种类主要有雏蝗属、蚁蝗属、皱膝蝗属、痂蝗等。草原虫害危害较轻。据2002年在祁连调查，草地蝗虫发生面积$15.97 \times 10^4 hm^2$，危害面积$13.07 \times 10^4 hm^2$；草原毛虫发生面积$1.33 \times 10^4 hm^2$，平均密度7.2头/m^2。

草地鼠害因其分布地域的广泛性和危害的持续性，对草地生态环境、草地生产力以及草地畜牧业造成的破坏远远超过雪、旱灾的危害，全区有50%多的黑土滩型退化草地都是因鼠害所致。祁连、门源2县草地鼠害面积$12.17 \times 10^4 hm^2$，保护区内草地害鼠种类主要有高原鼠兔、中华鼢鼠和高原田鼠，以高原鼠兔分布最广，危害最大。高原鼠兔分布在海拔3200～4200m的温性草原类和高寒草甸类草场，尤以草甸草地为甚。

4. 毒杂草型退化草地

由于生产不断发展，家畜数量逐年增多，使得天然草地超载过牧，植被退化，生态失调，毒草大量滋生蔓延，导致了草地生产力下降，牲畜中毒后体质羸弱、流产甚至死亡。目前毒草危害已成为草地三大生物灾害（鼠、虫、毒草）之一。

5. "黑土滩"型退化草地

"黑土滩"是由于自然因素和生物因素综合作用由原生建群种为主的草地发生了根本性的破坏后所形成的次生植被或秃斑裸地组成的退化草地，广泛分布在高寒草甸草地区。该类草地原生植被基本消失，生物多样性减少，植被盖度下降，鼠害猖獗，毒杂草蔓延，自然景观为成片黑色的次生裸地。

三、脊椎动物

野生动物是森林与草地生态系统的重要组成部分，通过它们在食物链和食物网中的作用，对这一生态系统的自然生态平衡、物质循环和能量转化起着不可缺少的作用。

19世纪后期到20世纪初期，对区域内分布的动物种类的调查和研究相对较少，主要是一些国外探险家在探险过程中，对区域内分布的野生动物进行过一些零星的调查。新中国建立后，在党和国家的关心支持下，组织国内有关科学家，对青海省的动物资源进行了两次较大规模的考察。此外，国内还有部分学者陆续对祁连山地区的野生动物进行了相关的调查研究工作。先后完成《青海的兽类区系》、《青海的鸟类区系》、《青海湖地区鸟、兽组成特征及生态动物地理群的研究》、《青海经济动物志》等研究报告和专著。

1. 脊椎动物种类及分布

青海祁连山自然保护区内以陆栖脊椎动物为主，其数量占保护区动物总数的97.38%，水栖动物仅占2.62%。

保护区内有黄河水系的大通河和内陆河水系的黑河、八宝河、托勒河、默勒河，栖息有7种水栖脊椎动物，它们分属于裂腹鱼亚科的裸重唇鱼属、裸鲤属、裸裂尻鱼属以及条鳅亚科的高原鳅属。

保护区中，共有陆栖脊椎动物260种，隶属于19目48科。

在动物地理区划上，保护区属于古北界、中亚亚界、青藏区、青海藏南亚区。栖息的两栖和爬行类属于北方各省的广布种。鸟类和兽类均以古北界种类占优势。古北界的鸟类有74种，占鸟类总数的62.18%；东洋界有20种，占16.81%；其余为广布种。古北界的兽类有39种，占兽类总数的92.05%，东洋界动物仅1种。

高山裸岩、森林、灌丛和草地类动物相互掺杂和渗透，构成滩地、阶地、高山森林草甸—草甸草原、寒漠动物群。

2. 动物群及其生态特征

保护区地处祁连山东段的南坡，也属于青海省范围内天然降水较为丰富的地区之一，加之区域范围内垂直变化明显的波动起伏地形，发育形成了众多不同的生态环境类型。在区域范围内分布着森林、灌丛、草地、湿地、高山裸岩（高山流石坡）等生态景观类型。根据相关的调查，保护区内多种野生动物依栖息环境分，主要包括高山裸岩动物群，荒漠、半荒漠动物群，草原动物群，湿地动物群，森林（灌丛）动物群，农田区动物群等类群。

3. 动物资源及评价

保护区内属于国家Ⅰ、Ⅱ级重点保护的动物共有24种，有10种属于国家Ⅰ级保护动物，其中白唇鹿、野牦牛、黑颈鹤等是青藏高原的特有种，而白唇鹿和蓝马鸡等是中国特有动物，黑颈鹤仅在中国繁殖。

保护区内分布的动物种类中，许多物种具有较高的利用价值而成为珍贵的经济动物种类。区域范围内的经济动物包括药用动物、裘皮动物、食用动物、观赏动物等主要类群。

保护区内包含有众多不同的生境类型，从而栖息有种类较多的稀有珍贵动物。建立自然保护区可有效地保护这些动物的栖息生境和现有的动物类群，以避免人类开发活动对它们的影响和干扰，以及预防不法分子的偷捕偷猎，使这些野生动物有繁衍生息之地、使动物资源得到有效保护，从而才有可能持续利用。

四、湿地资源

湿地是地球上分布极为广泛，水文与生物群落类型十分复杂的生态系统。湿地发育于陆地生态系统（如森林和草原）与水体生态系统（如深湖和海洋）之间，是一种水陆过渡性质的生态系统，它融合了陆地和水体生态系统各自的特性，但又明显不同原来的生态系统。因此，湿地科学属于陆地生态系统与水体生态系统的交叉学科。

1. 湿地类型

根据《全国湿地资源调查与监测技术规程》第二章第九条湿地分类标准，结合保护区湿地资源的类型特征，将湿地划分为河流、湖泊、沼泽三大类型。

河流型湿地是由溪流、河流及两岸的河漫滩构成，河漫滩在洪水季节接受泛滥河水补充，但其他植物生长季节仍然维持落干状态。

湖泊型湿地是由湖泊及岸边湖滨低地所构成。这类湿地多为盐碱滩及湿草甸。湖泊湿地具有巨大的洪水调蓄功能，流域防洪沼泽型湿地包括沼泽地、泥炭地、湿草甸等。这类湿地是由河流下游形成的无尾河发育而成，或是由于处在汇水区域由降水或地下水补给而形成，或是以上几种情况混合而成。

2. 湿地的基本特征

（1）**季节性变化** 保护区地处高寒地区，气候寒旱，降水量偏少，这些气候特征决定了保护区内湿地的季节变化明显，夏季绿草茵茵，冬季百草枯黄。春、夏、秋三季冰雪消融、水草颇丰，冬季冰封一片。水的理化性质、pH 值都随季节变化而变化。

（2）**水质** 水体水化学特征良好，有毒物质类砷化物、挥发酚、汞、镉、铅、铜基本无检出，有机污染物无超标现象，水质级别为 Ⅱ 级。地下水丰富，水质好，为低碘、低氟水。硝酸盐氮含量为 0.2～5.6mg/L，砷含量为 0.002～0.008mg/L，酚含量为 0.001～0.0042mg/L，铬含量为 0.001～0.002mg/L。

（3）**土壤理化性质** 保护区湿地土壤为沼泽土，主要分布于山间洼地，地下水位高，地表有季节性积水或终年积水现象。由于寒冷低温，土壤积水，通气不良，有机质不能充分分解，表层土壤腐殖质化或泥炭化，下部土壤发生灰黏化过程。

3. 湿地生物

（1）**湿地植物** 依据《青海省湿地资源调查报告》分析，湿地植物概念范畴界定为：凡在湿地水生环境中生存并在生态上适应湿地的各类植物均视作湿地植物。

根据目前调查研究成果，湿地维管束植物共有 19 科 62 种。其中蕨类植物 1 科 2 属 3 种，其余为被子植物。

根据以往资料结合本次调查，按湿地植被类型确定本区明显呈群落优势的湿地植被类型，粗略划分为藏北嵩草湿地与苔草湿地。

（2）**湿地鸟类** 湿地鸟类 11 种，分属 4 目 7 科，其中属国家重点保护的湿地鸟类有 9 种。湿地鸟类分类组成，鸭科有 3 种，鹭科、鹤科、鸥科、鸬鹚科、鸻鹬科、燕鸻科各 1 种；以上几类均属比较典型的湿地鸟类。

（3）**湿地鱼类** 据调查，保护区有鱼类 7 种，分属于 1 目 2 科，鱼类分布呈现明显的地区性特征，不同地区和不同水系中分布着不同的鱼类，而同一地区的不同水系和同一水系的不同河段中分布的鱼类也有不同。

（4）两栖类 两栖类动物2种，隶属1目2科。它们都在水中和陆地交替栖息，以昆虫和水生物为食在潜水与水草区域产卵繁殖后代。

（5）兽类 保护区哺乳类动物39种。依照"在生态上依赖湿地"的原则，参照《中国湿地陆栖动物初录》（王子清，1995），将其中3种哺乳类动物划为湿地动物。主要为啮齿类动物。

4. 重点湿地

按照《全国湿地资源调查与监测技术规程》的规定，根据湿地效益的重要性，本次调查将湿地分为重点湿地和一般湿地两类。本区包括的重点湿地有哈拉湖湿地、黑河源沼泽、疏勒河源沼泽、大通河源沼泽。

5. 湿地资源现状分析评价

湿地是自然界主要的生态资源，它不仅是水资源分布的基地，而且还是湿地生物资源、土地资源、泥炭资源、水力资源及旅游资源综合呈现的自然生态系统。本书从湖泊资源、河流资源和沼泽湿地几个侧面进行了简述。

五、旅游资源

（一）人文景观

1. 遗址

（1）塔龙滩古村落遗址 遗址范围东西20m，南北100m，出土文物有陶罐、陶片、属卡约文化。文物由青海省文化厅文物管理处保存。

（2）孔家庄古村落遗址 位于东川乡尕牧龙沟口西侧一平台地上，北为高坡，西为山梁，南为东川乡乡政府和孔家庄村，东为尕牧龙口公路和尕牧龙水。遗址范围东西长100m，南北宽80m。

（3）克图口三角城古文化遗址 位于克图乡克图口东侧。出土文物有陶罐、陶片、釉片、单刃铁刀一把（现三角城刘胜德家保藏）、灰陶壶一把。

（4）岗龙沟古窟、石塔、佛像遗址 位于克图乡巴哈村东岗龙沟垴，石塔开凿在东西长100m，高50m红砂石岩上，塔高6m、宽2m。

2. 古城

（1）沙金城 位于县城西北70km，宁张公路北侧，相传筑城时挖出沙金矿床而得名。

（2）永安城 位于门源县城西50km处，该城南北为438m、东西为353m，城墙高7.3m、厚6.7m、宽4.3m，大部完整；墙根夯土层3～6cm，上部分土层6～15cm；县级文物保护单位。

（3）金巴台古城（咸军城） 位于北山乡大泉村西北，距老虎沟口5000m，西为高36m断崖，崖下有老虎沟水，南为下金巴台，东为白塔山。省级文物保护单位。

（4）古城 县城东南一华里处有古城废址一处。据《大通县志》载，此城为宋神宗熙宁年间（1068～1071年）所筑。省级文物保护单位。

（5）峨堡城　位于祁连山东南部，宁张公路和峨祁公路交汇处，距县城 72km。地处巍峨挺拔、绵延千里的走廊南山东段，自古是著名的天然牧场。原名博望城。

3. 寺院

（1）阿柔大寺　阿柔大寺原名"尕日登群派郎"，意为"具喜宏法洲"。这座寺院建修在祁连县东南 24km 处阿柔乡政府所在地的贡白加龙，因历史上为阿柔部落所在地，俗称"阿桑大寺"，寺院地处海拔 2900m 左右，坐北向南、前临八宝河，后靠加龙山。

（2）百户寺　百户寺，藏语称"百户贡尕通宝林"，意为"百户具喜闻思洲"。坐落在海北藏族自治州祁连县默勒乡东北 7km 的百户寺沟，属藏传佛教格鲁派寺院。

（3）仙米寺　仙米寺藏语全称为"仙米噶丹达杰朗"，意为"仙米具喜兴旺洲"。位于海北藏族自治州门源县仙米峡的讨拉沟。南距浩门镇 40 km，是门源地区最著名的藏传佛教寺院。1623 年（明天启三年）由西藏哲蚌寺喇嘛方旦车主首建于甘肃天祝藏族自治县赛地，即贡麻上赛地赛尼沟，因而取名"赛尼寺"。以后汉语谐音为"仙米寺"。

（4）朱固寺　朱固寺藏语称"朱固贡手旦曲科林"，意为"朱固具喜法轮洲"。位于门源县浩门镇东偏南 72km 处，在今朱固乡珠固驿口，南临浩门河。该寺属藏传佛教格鲁派。

（5）上庄清真寺　上庄清真寺于民国 8 年（1919 年）6 月破土动工，翌年 1 月竣工，建筑面积 3500m²。

（二）自然景观

（1）岗则吾结（团结峰）　岗则吾结位于天峻县西北尕河乡境内，海拔 5826.8m，是祁连山脉海拔最高的一座山峰。每当夕阳西下，晚霞轻飞，山顶晶莹冰川，熠熠闪光，由 6 个相对高差不大的山峰团聚在一起，组成一团状山体，故名"团结峰"。

（2）冷龙岭　冷龙岭位于门源县东北西滩乡境内，海拔 5007m。每当夕阳西下，晚霞夕照，山顶晶莹白雪，熠熠闪光，时呈殷红淡紫、浅黛深蓝。犹如玉龙遨游花锦丛中，变幻无常，故称为"龙峰夕照"。

（3）黑河大峡谷　黑河——中国第二大内陆河，一路劈山凿谷，直奔内蒙古大沙漠。黑河全长 866km，其中大峡谷长达 450km，有约 70km 的神秘地带无人穿越。峡谷因平均海拔为 4100m，故高差跌宕、雄伟神奇，别具风光，是科学考察的最佳地带和旅游探险的绝好去处。

黑河峡谷具有独特的气候环境和丰富的自然资源。峡谷内冰川广布，海拔 4200m 以上的冰川有 800 余处，冰川储量为 $11.51 \times 10^8 m^3$，全年冰融量 $2.38 \times 10^8 m^3$。

（4）狮子崖　位于县城西北 70km 宁张公路北侧。居永安城西北，是通往甘青之关山隘口，其口有一约百米长的悬岩峭壁，将西北延伸山谷隔为两段，构成关内外之势，靠南麓劈山为路，是"一夫当关，万夫莫开"之塞口。岩壁左右怪石林立，形态各异。北坡约 500m 高处，有一对巨石，凌空而立，形同雄狮，坐北向南。一尊侧西向关注前方，一尊翘首眈视，远眺东路，予人以雄狮镇关之感。

（5）花海鸳鸯　花海俗称乱海子。位于县城西 30 余千米的盘坡南侧。其湖百十泉眼，汇集汪洋，边际隐约，约数十公顷。

（6）照壁凝翠　照壁山，耸立在大通河南岸。其形如桃，桃峰直刺云天，横断面成壁。面对宋代古城南门，故名。

（7）雾山虎豹 雾山，今朱固乡寺沟口对面，大通河南岸一带。此山四时风光拥翠，石角浮烟，望之若雾，遍山嘉木，扶疏有致，浓荫蔽日，山势险峻，怪石嶙峋，谷风鸣声，闻之若虎豹咆哮。传说山中有虎豹，匿迹林岩，然与世人无害，称为灵物。故雾山亦称为神山。

（8）牛心山 牛心山距县城以南2km，藏语称阿咪东索，意为"众山之神"、"镇山之山"，是受到尊崇的一座神山，峰巅形态酷似牛心，人们又称作"牛心山"，成为祁连县的象征物。

（9）亚洲最大的半野生鹿场 祁连鹿场位于县城西40km处黑河谷地南侧，托勒山北麓，谷地内平展开阔的山前倾斜平原上，牧草肥美；半山腰青海云杉原始森林连绵不断；向上则基本为石质露岩地，其上覆盖着终年不化的积雪冰川。鹿场占地面积1800hm²，海拔从北部的黑河谷地3200m，向南逐渐升高，最南端的托勒山平均海拔在4200m以上。

（三）景观资源评价

祁连山自然保护区地处海西州和海北州的北部地区，该区旅游资源丰富，景观独特，具有青藏高原北部所独有的高原森林草原风光。祁连山地自然地理垂直景观变化十分明显，海拔2800m以下为温性草原带，河谷地带小块农田种植油菜、青稞、大麦、燕麦等，夏秋季节金黄色的万亩油菜花漫山遍野，香气扑鼻，麦浪翻滚，形成了山间平地独有的人工景区；在海拔2800～3200m分布着以挺拔青翠的青海云杉、祁连圆柏为主的寒温性针叶林及针阔混交林。

祁连山自然保护区是一个有着3000多年历史的卡约文化、辛店文化的多民族聚居的地方，各族人民热情宽厚、勤劳勇敢、豪放彪悍，其文化传统异彩纷呈。藏族歌舞粗犷雄健，刚劲有力，洋溢着刚健、勇猛之美。野炊的乐趣定会使人们忘却了尘世的烦恼，草原盛会上皮靴轻蹈、长袖飘舞、惊心动魄的赛马振奋人心。

（1）地文景观独特奇异 祁连山自然保护区地处青海省祁连山系，区内地貌繁杂，神功天成。山势雄伟、山景丰富，怪石嶙峋俊俏，雄、奇、险、幽、秀、美融为一体。

（2）植物景观丰富多彩 保护区植被垂直分布明显，形成由下而上依次更叠的杨桦阔叶林—针阔叶混交林—原始针叶林—高山灌木林—高寒草甸—高山寒漠草甸植被类型。

以青海云杉为主体的原始森林景观，林木挺拔茂密，林相古朴优美，森林生态系统完善，森林气息浓郁，具有一定的代表性、典型性和稀有性，具有很高的艺术观赏价值和科学研究价值，可作为标本采集、登山野营、休闲疗养、康体保健的上佳去处。

（3）水域风光丰富 区内山峦纵横，水景与山景浑为一体，正如古人云"山得水而活，水得山而媚"，"因山而峻，因水而秀"。

黑河、托勒河、疏勒河、大通河、布哈河、石羊河等大小河流从入云冲霄的雪山冰川下穿涧流峡跌宕而下，蜿蜒逶迤，以排山劈岩之势奔涌向前。两岸奇峰耸立，山重水复，幽涧深潭，鸟语花香；水流湍急处，激流若奔，滚珠泻玉；水流平缓处，清流浅湾，一泓碧水，芳草如茵。

（4）气象天象景观惟妙 保护区地处高山区，气象天象景观非常丰富，时常可以看到一些与其他山川迥异的奇特天象气象景观。

气象天象绝伦美妙，漫步在这变幻无穷的天幕之下，除却烦恼，了然轻松。

（5）高原气候凉爽宜人 祁连山地处高寒山区，属大陆性气候。地势高峻，空气稀薄干洁、透明度大，日照充足，太阳辐射强烈，冬季寒冷，夏季凉爽。保护区内气候凉爽，夏无酷暑，春、夏、秋三季景观相异，季相丰富，光照充足，紫外线强，杀菌消毒，空气芬芳清新，富含负氧离子，具有发展旅游业得天独厚的气候环境条件。

（6）宗教文化高深莫测 众多的寺院，万千虔诚的信徒，构成了一个静如湖水，却又丰富多彩，高深莫测，又平易近人的宗教社会。

（7）民族风情纯朴诱人 藏族、蒙古族、回族、土族、撒拉族、汉族等多个民族，构成了祁连山自然保护区特有的种族结构，也汇聚了多种民族风情。其生活习俗、服饰特色、饮食居住、婚丧嫁娶、文化娱乐、社会风尚等等，都构成了旅游者探寻的对象。

（8）生态教育和教学实习科研的"国家公园" 祁连山地区自然环境条件特殊，自然生态系统比较脆弱，由于地广人稀，人为活动和影响较小，高原自然景观保存比较完整，高寒类型的野生动植物资源比较丰富，其水源地的作用相当巨大，因此保护好各种类型的自然生态系统及各种资源显得十分重要。因此，该区域不仅是进行生态教育、教学实习的典型地区，更是进行生态环境监测、生态研究的重要地区。

六、环境现状及评价

1. 主要环境要素

祁连山发育着现代冰川，冰川覆盖面积 1334.75km^2，冰川储量为 615.49 × 10^{8}m^3，其中黑河、八宝河流域冰川面积 290.76 km^2，占祁连山冰川面积的 21.78%，冰川储量 103.74 × 10^{8}m^3，冰川储水 2.21 × 10^{8}m^3。主要河流有黑河、八宝河、托勒河、疏勒河、大通河。地下水水资源量 26.31 × 10^{8}m^3，其中，内陆河（疏勒河、黑河、托勒河）流域 13.67 × 10^{8}m^3，大通河流域 12.64 × 10^{8}m^3。保护区水资源总量 60.2 × 10^{8}m^3，其中内陆河流域水资源总量为 34.6 × 10^{8}m^3，大通河流域水资源总量 25.6 × 10^{8}m^3。

保护区辖乡镇土地总面积为 342.00 × 10^{4}hm^2。保护区野生动植物资源丰富。估计种子植物 1400 余种。国家一、二级重点保护野生动物 20 余种。

2. 保护区主要环境问题

（1）草地退化 由于干旱、鼠害、毒草蔓延和放牧过度，导致天然草地大面积退化，草地生产力下降，尤其是冬春草地退化更为严重。保护区内现有退化草地面积 40.46 × 10^{4}hm^2，占保护区辖乡镇草地总面积的 18.2%，其中度退化草地 24.75 × 10^{4}hm^2，重度退化草地 9.35 × 10^{4}hm^2，极重度退化草地 5.96 × 10^{4}hm^2。

（2）水土流失、土地沙漠化 由于受风、水、冻融侵蚀，保护区辖乡镇水土流失面积已达 58.2 × 10^{4}hm^2，占土地总面积的 15.9%，其中：水蚀面积 28.1 × 10^{4}hm^2，风蚀面积 11.7 × 10^{4}hm^2，冻融面积 1.4 × 10^{4}hm^2。由于水土流失严重，大量的泥沙流入河流。

由于草地重牧、滥牧，导致草地植被迅速退化、沙化。

（3）雪线上移、冰川退缩 由于受全球气候变暖的影响，温室效应在祁连山地特别明显，黑河源头雪线由 60 ~ 70 年代的 3800m 上升至目前的 3950m 以上，源头冰川消融速度加快，冰川面积仅剩 290.7km^2，储量仅为 103.7 × 10^{8}m^3，年冰川融水量达 2.21 × 10^{8}m^3。

（4）野生动物数量减少 20 世纪 50 ~ 60 年代以前，保护区野生动物资源十分丰富，70 年代以后，由于滥捕乱猎，野生动物栖息生境遭到严重破坏，野生动物数量急剧减少。因此，建立自然保护区，对加强境内野生动物的保护和管理，拯救国家珍贵、稀有、濒危野生动物，恢复和发展野生动物的自然种群具有十分重要的现实意义。

3. 影响保护区环境的主要因素

（1）自然因素 包括气候和鼠虫危害。据 1957～1999 年保护区气候分析，保护区南部（祁连、门源）和保护区北部（托勒、野牛沟）气温总体上都呈上升趋势，变化倾向率分别达到 0.228℃/10 年和 0.256℃/10 年，要高于全省和整个青藏高原的升温率 0.16℃/10 年，也明显高于全国的升温率 0.11℃/10 年。

保护区辖乡镇害鼠种类主要有高原鼠兔、中华鼢鼠和高原田鼠，以高原鼠兔分布最广，危害最大。高原鼠兔分布在海拔 3200～4200m 的温性草原类和高寒草甸类草场，尤以草甸草地为甚。区内蝗虫危害面积 $12.0 \times 10^4 hm^2$，毛虫危害面积 $3.02 \times 10^4 hm^2$。蝗虫主要在干草原类草地上分布，干旱年份危害最重，常常将牧草觅食一光，危害较大。

（2）人为因素 包括①草地超载过牧。畜牧业的发展使牲畜数量迅速增加，20 世纪 70 年代牲畜头数比新中国成立初期增加了 1 倍多，从 80 年代开始，牲畜数量保持在 160 万头左右。牲畜过多啃食牧草，草地得不到休养生息的机会，草地植被盖度降低，产草量减少，草地退化。草地超载过牧是区内生态环境恶化的主要原因。②草地大量开垦。区内大通河谷地（门源盆地）50 年代是水草丰茂的草原，当地群众有在秋季割草备冬补饲牲畜的习惯。50 年代末开始大量开垦，面积有 $2 \times 10^4 hm^2$ 左右，以往的天然草地不复存在。③森林资源破坏严重。50～70 年代，区内森林资源因过量砍伐，毁林开荒，毁林放牧，滥樵灌木林等，使森林资源遭受严重破坏，水源涵养功能减弱，水土流失加重。祁连山林区 1952～1980 年的 28 年间共采伐木材 $31.66 \times 10^4 m^3$，森林面积比新中国成立初期减少了 16.5%。④偷捕滥猎。进入 80 年代，由于野生动物价格不断攀升和野生动物管理工作力度不够，暴利促使一些不法分子对野生动物滥捕乱猎，致使野生动物数量锐减。

4. 环境影响评价

（1）环境影响评价分析类型的划分 参照世界银行及亚洲开发银行项目工作指南，将环境影响评价分析类型按照环境问题性质、潜在的影响程度以及敏感程度等因素分为 A、B、C、D 4 类：

本次规划拟建的工程项目以 A 类和 D 类为主，B 类项目只有生态旅游开发一项，不存在 C 类项目。

（2）环境影响评价分析 A 类项目主要是以小型土建工程为主的项目，其对环境的影响一般只存在于建设过程中，建成后对环境基本没有影响。B 类项目在本次规划的拟建项目中，仅生态旅游工程属于此类项目。由于开展旅游的区域和旅游线路都安排在实验区内景观资源比较丰富有特点的地带，因此，生态旅游的开发、旅游设施的建设以及旅游活动的开展等，都可能对环境造成不利的或重大的影响。D 类项目是以改善和保护环境为目的的环保项目。显然，这类项目的建设对环境无疑会产生大的有利的环境影响。

（3）环境影响总体评价 上述分析结果表明：本次规划充分体现了保护工作的根本宗旨，绝大多数拟建项目都是以改善和保护生态环境为目的的项目，无论是建设过程中，还是建成之后，基本上都不会对环境产生不利的影响，即使个别项目可能存在的不利影响，也会被相应的防治措施消除或降低到不形成危害的程度。

5. 生态环境保护对策

（1）保护原则　最大限度地保护生态环境和生物多样性，杜绝环境恶化与资源破坏；合理利用自然资源，探索人与自然共生和谐的生物圈，形成良性循环与演替的途径；合理地开发当地民族文化风情；避免文化特色和生活习惯的异化；建立保护机构，充实执法队伍，发动群众，完善保护规章制度和保护公约，实行以法治理保护区；对旅游者进行生态环境教育和管理及引导，利用多种手段，教育大多数、惩罚破坏者、奖励有功人员。

（2）保护对策　大力宣传、保护野生动物，加强森林草原植被保护，谨慎对待引进物种，严格控制人为活动规模和强度，严防"超载"，完善环保设施，进行环境质量评价和监测，严防水质污染，实施生活垃圾和粪便处理、废气及烟尘治理，确保游客的人身安全。

七、社区及社区经济文化

社区是指保护区地域内不由保护区管理的社会地区组织。社区与保护区关系密切，保护区的建设、管理可能影响社区的经济发展和资源开发利用，而社区的经济活动又会影响自然保护。因而必须特别关注，处理好保护与发展的关系，促进社区经济和自然保护区共同发展。

保护区地跨海西州的德令哈市、天峻县与海北州的祁连、门源两县，涉及 35 个乡镇的 185 个行政村。保护区内 2001 年底有 21.12 万人，涉及汉、回、藏等几个民族。

（1）经济　保护区辖乡（镇）2001 年国内总产值 67 038 万元，其中第一产业 27 952 万元，第二产业 22 459 万元，第三产业 16 628 万元。农林牧业总产值 40 381 万元，其中农业 11 246 万元，牧业 21 302 万元，林业 280 万元，其他 7553 万元。

（2）土地利用现状　保护区辖乡（镇）土地总面积为 342.00 × 10^4 hm²，其中，牧地面积 225.18 × 10^4 hm²，占 65.8%；林业用地面积 37.93 × 10^4 hm²，占总面积的 11.1%；农田 5.77 × 10^4 hm²，占 1.7%；水域 0.55 × 10^4 hm²，占 0.2%；未利用地面积 72.14 × 10^4 hm²，占 21.1%；其他土地 0.44 × 10^4 hm²，占 0.1%。

保护区土地面积 83.48 × 10^4 hm²，其中有林地面积 16 420.0 hm²，疏林地面积 1507.3 hm²，灌木林地面积 37 996.8 hm²，森林覆盖率为 6.5%。

（3）交通、通讯　保护区交通较为便利，区内有宁张公路、湟嘉公路、民门公路贯通省内外，还有直通县乡的非等级公路，初步形成以县城为中心的公路网络。

（4）文教卫生　保护区所在各乡及大部分村都设有医院、医务室，初步形成县、乡和村三级医疗体系。在各乡和大部分村都设有学校。但是，部分地区由于地处偏远，牧民居住分散，文化教育、卫生事业发展滞后，牧民科学文化素质普遍较差。

八、保护区建设和管理

1. 建立自然保护区的必要性

（1）符合国家西部大开发战略决策　实施西部大开发战略，加快西部地区的发展，是我们党和国家的重大战略决策。把西部地区生态环境建设作为西部大开发战略的切入点，是西部地区实现可持续发展的基本要求。加强祁连山生态环境保护，不仅对青海省经济社会可持续发展和生态安全有着重要作用，而且对保障甘肃省河西走廊和内蒙古自治区额济纳旗地区经济社会可持续发展、生态平衡与社会稳定有十分深远的意义。

（2）**实现大区域生态平衡的需要**　祁连山位于河西走廊的南部，东起乌鞘岭，西至阿尔金山，长 1000km，面积 70 000km² 以上。祁连山冰川雪山发育形成的河流不但滋润着青海祁连山地区，而且关系到甘肃省河西走廊和内蒙古自治区额济纳旗的繁荣，祁连山被人们誉为河西走廊的"天然水库"。祁连山自然保护区的建设是实现祁连山地区、甘肃河西走廊、内蒙古额济纳旗生态安全的重要组成部分。

（3）**保护祁连山地生态环境的当务之急**　独特的地理环境和气候条件下，祁连山地区形成了大面积的高寒湿地、高寒草甸、高寒草原等自然生态系统，是自然演变和生态科学研究的重点地区。受人口增长和过度放牧、乱垦滥挖草地植被等人为不合理经济活动的干扰，区域生态环境迅速恶化，直接导致生物多样性减少和水源涵养能力下降，直接影响着区域、流域乃至全国的生态安全。建立祁连山自然保护区已成为保护祁连山地区生态环境的当务之急。

（4）**协调区域经济社会发展和生态环境保护的关系**　近几年，国家和青海省已经在这一地区开展了一批生态建设项目。

建立和管理自然保护区是生态环境保护行之有效的办法之一，通过自然保护区的建设和管理，可以对野生动植物种群及其栖息地生境、重要湿地等自然生态系统进行封闭式保护，为生物多样性保护目标的实现提供良好的区域环境。

2. 建设范围、保护对象及功能区划

（1）**建设范围**　祁连山自然保护区规划范围涉及青海省海西州德令哈市和天峻县；海北州的祁连县、门源县。在祁连县、门源县行政范围内，除城镇与县城近郊区、以农耕为主的地区、大型基础设施建设集中地区、人口密集的少量河谷地区、工厂、矿区外，其余全部划入自然保护区。

（2）**保护性质与对象**　祁连山自然保护区是以保护湿地、冰川、珍稀濒危野生动植物物种及其森林生态系统为宗旨，集物种与生态保护、水源涵养、科学研究、国际交流、科普宣传、生态旅游和可持续利用等多功能于一体的森林和野生动植物类型的自然保护区。高原湿地及冰川生态系统；青海云杉等高原森林生态系统以及高原灌丛、冰源植被等特有物种；国家与青海省重点保护的野牦牛、藏野驴、白唇鹿、雪豹、岩羊、冬虫夏草、雪莲等珍稀濒危野生动植物物种及其栖息地。

（3）**保护区区划**　功能区是自然保护区管理的基础。根据区域生态系统的原生性、特有性、多样性、完整性以及自然资源的丰富程度和保护的目的，将保护区区划为核心区、缓冲区、实验区 3 个功能区。

核心区：禁止一切人为经营生产活动，保护各类原生性生态系统，保护生物多样性。

缓冲区：位于核心区外围。防止核心区受外界的影响和破坏，起缓冲作用，可进行必要的科学实验活动。

实验区：位于缓冲区外围，包括部分原生或次生生态系统。与科学实验、生产示范、生产旅游等活动相结合，立足与发展本地区特有的生物资源。

3. 机构设置和人员编制

祁连山自然保护区管理局，为局级的公益性事业单位，下设 2 个管理分局，管理分局是地级公益性事业单位。在管理局及管理分局内，根据保护任务、职能单位和管理项目等不同设置保护科研、计划财务、多种经营及旅游、行政管理、宣传教育、公安执法等职能机构。

保护区的人员编制，应本着强化管理、保证效率的原则，在精简和压缩非生产人员的原则下，按保护管理、科研和经营等各项任务，以定岗、定员进行编制。祁连山自然保护区正式编制 147 人，聘用 81 人，共计 228 人。

4. 主要建设内容

（1）保护工程　核心区禁牧和移出居民；采取湿地保护工程措施、植被保护和恢复（包括林地管护、退耕还林、封山育林和生态监测等）。

（2）科研监测　祁连山自然保护区建设性质为新建，科研监测现状基本处于空白状态，在本规划期内，建立健全科研机构，积极引进科研人才，购置科研设备，加强科研监测工作，有效开展生物多样性保护工作，以便提高自然保护区科学管理水平。

（3）宣传教育　通过广泛持久的宣传教育，逐步提高保护区干部职工的政策理论水平和业务技术水平，普及法律和科普知识，提高全社会对自然保护区重要性的认识。

（4）多种经营　在确保实现自然保护区生物多样性保护总目标的条件下，科学分析自然保护区自然资源现状，结合准确的国内外市场需求调查，以种植业、养殖业及农副产品深加工为主，探索出一条自然资源有效保护与合理利用的路子，以提高自然保护区经济收入，实现生态、社会及经济协调发展。

（5）生态旅游　祁连山自然保护区景观资源丰富，自然风光和人文旅游资源很有特征，在加强保护的基础上，实验区内开展生态旅游。

（6）社区发展　积极开展"人草畜"三配套工程建设，牲畜品种改良，太阳能利用与实用科学技术培训。

（7）基础设施建设　自然保护区的基础设施是开展保护区各项工作的基础。只有科学、合理、完善地规划各项工程、各种基础设施，才能保证保护区的各项工作顺利开展。各项基础设施建设项目必须有完备的设计资料，请有资质的建设单位施工，有监理单位跟踪监理，有上级主管部门和专业单位的严格检查验收。

5. 投资概算

经过计算，祁连山自然保护区总体建设总投资 21 867.98 万元。其中：保护工程投资 8257.47 万元，占总投资的 38.00%；科研监测工程投资 691.77 万元，占总投资的 3.16%；宣教工程投资 272.30 万元，占总投资的 1.25%；多种经营投资 858.41 万元，占总投资的 3.93%；生态旅游投资 294.21 万元，占总投资的 1.35%；社区发展投资 1990.20 万元，占总投资的 9.10%；基础设施建设投资 7515.62 万元，占总投资的 34.37%；其他投资 1988.00 万元，占总投资的 9.09%。

九、自然保护区评价

1. 生态系统的结构与功能现状

（1）原始古老的自然性　祁连山远在早古生代是一个大海洋，后经加里东运动发生褶皱，形成祁连山的雏形。在大构造上，祁连山分北祁连加里东褶皱带、中祁连山前寒武纪隆起带和南祁连加里东褶皱带。在古老的褶皱带上，断裂构造特别发育。现今西、中、东三部分地貌景观反映出其古老的自然风貌。

（2）高原生态的边缘性　青藏高原的隆起和存在导致和形成了众多的生态界面或地理边缘，从而引起复杂交错的边缘效应。本区气候复杂化和多样化，其高原生态地理边缘效应显著。区系成分的多样性是生态过渡带与边缘效应的基本特征之一。本区植物区系特征属温带性质，不同地理成分在这里接触、交叉、渗透和特化。

其植被类型及其组合表现出一定的过渡特征及镶嵌结构特点，具有明显的高原生态地理边缘效应特征。

（3）高寒植被的特殊性　祁连山地区具有典型高原大陆性气候特征。在这种背景特征下，祁连山地区植被与高原面植被有很大的一致性，各类高寒植被占有绝对优势，其水平变化也具有高寒灌丛、高寒草甸带→高寒草原带的高原地带性特征，表明这两者高寒植被在发生发展上的密切联系。

（4）生态系统的典型性　阴阳坡有所不同，自北向南同类型植被的分布高度逐步提高，植被的垂直分布带和水平分布带非常明显。

（5）高原物种的稀有性　本区现有高等植物 257 属 616 种，隶属 68 科。其中蕨类植物 8 科 9 属 11 种，裸子植物 3 科 3 属 6 种，被子植物 57 科 245 属 599 种。种子植物合计 58 科 248 属 605 种，分别占北祁连山地区种子植物总科数的 71.6%、总属数的 57.5%、总种数的 49.5%，包括多种鸟兽在内的许多生物种都是青藏高原地区独有的稀有物种。

（6）生态环境的脆弱性　经过近 20 多年的保护，保护区林业植被得到了恢复，具有很高保护价值的近于原始状态的云杉林次生林保存有一定的面积。如不及早更进一步地加强保护，则典型的地带性植被特征及野生动物栖息环境将遭到破坏，失去其应有的保护价值，同时，还会加重水土流失，减少水源涵养，威胁黄河中上游的用水安全，对区域生态产生严重影响，因此必须马上对其加强保护，以阻止森林生态系统遭受破坏。

（7）保护面积有效性　祁连山自然保护区面积 $83.48 \times 10^4 hm^2$。东北部与甘肃省的酒泉、张掖、武威地区相接，西部与青海省海西蒙古族藏族自治州的乌兰县毗连，南部与海北藏族自治州的海晏、刚察县为邻，东部与海东地区的互助土族自治县、西宁市的大通回族土族自治县接壤，确定了以 8 处核心区为主体的重点保护区域以及缓冲区、实验区的位置、面积，为实施确切的保护创造了基础条件。

（8）管理目标的明确性　祁连山自然保护区把“全面保护自然环境和生物多样性，改善黄河生态环境和确保优良水质”作为保护区的总目标，为保障总目标的实现还制定了具体目标。

保护好原生和次生森林生态系统为主，恢复以遭破坏的森林植被提高青海东北部地区的绿色屏障作用。

保护好现有植被，提高水源涵养功能，确保黄河供应优良水质。

（9）管理体系的完整性　保护区始终把保护管理工作放在首位，有效保护了地区内自然环境和生物资源，今后应加强保护管理的基础设施建设，实行社区共管，当地村民共同参与，成立社区共管领导小组，将保护区的基础设施建设、行政管理、资源保护与保护区内广大人民群众的生产、生活、经济建设融为一体，互助互动，达到资源保护与社区发展同步前进的目的。

（10）社区共管的重要性　为了更好地有效保护生态资源和生态环境，成立社区共管领导小组是十分重要的，社区参与保护区的管理，共同协商解决区内的有关事宜，是解决这一矛盾的有效方法。

2. 保护区评价

（1）直接效益评价　直接经济资源包括丰富的物种资源的实物利用价值、明显的森林植被垂直带谱科研价值、独特的自然景观的旅游价值等。

（2）间接经济价值评价　此森林生态系统每年可产生巨大的生态效益。森林生态效益是指森林生态系统及其影响范围内，对人体有益的全部效益。森林生态效益用间接的方法来计量，因此又称为间接生态效益，主要反映在森林植被的水源涵养功能、水土保持功能、减少河流泥沙功能与维护生物多样性功能等方面。同时祁连山森林生态系统还有非常明显的社会效益而得到国内外的普遍关注。

（3）总体评价　祁连山自然保护区的建设，不仅有着显著的生态效益和社会效益，而且有一定的经济效益。项目建成后，与甘肃祁连山自然保护区、青海湖自然保护区等形成联动效应，使祁连山生态系统结构更趋合理、水源涵养功能进一步加强、生物多样性得到有效保护。进一步促进地方经济文化发展，提高当地居民生活质量。对实现整个祁连山区生态、社会、经济的可持续发展具有极其重要意义，对我国西部的社会发展和经济建设必将产生深远的影响。

第二章　自然地理

第一节　地形地貌

雄伟壮观的祁连山，是由一些大致相互平行的西北—南东走向的山脉和山间谷地所组成。西起阿尔金山脉东端的当金山口，东达贺兰山与六盘山之间的香山一带，北靠河西走廊，南临柴达木盆地北缘。

祁连山东西长达 1000km（在青海省境内约 800km），南北宽 200～300km。山峰海拔多在 4000m 以上，最高峰为疏勒南山的主峰——团结峰，海拔 5826.8m。"祁连"是蒙古语"天"的意思，形容山势雄伟、高大。在海拔 4500m 以上的山峰，常年白雪皑皑，冰川千姿百态。山间盆地有奔腾的河流和美丽的湖泊，给雄伟的祁连山地增添了无限的风姿。

祁连山远在早古生代是一个大海洋，后经加里东运动发生褶皱，形成祁连山的雏形。在大构造上，祁连山分北祁连加里东褶皱带、中祁连山前寒武纪隆起带和南祁连加里东褶皱带。在古老的褶皱带上，断裂构造特别发育。如规模深大的北西向深大断裂控制了现今西北—东南向的平行岭谷地貌格局，而北西向深大断裂又被北北西或北北东断层分割，将其西北东南的平行岭谷，分为今日之西、中、东三部分地貌分区。青海祁连山自然保护区位于中、东段。

一、祁连山中段山地与谷地

本区地域辽阔，地形十分复杂。

（一）走廊南山

走廊南山是北祁连加里东褶皱带的主要部分，是一条北西西向断块山，因居于河西走廊之南，故名走廊南山。它西起锡铁山，与托勒山相连，东到金瑶岭与冷龙岭相接，山系宽约 30～50km，海拔 4000～4800m，主峰——祁连峰海拔 5564m。

走廊南山有深大断裂发育，北缘深大断裂将山地与走廊分割，这条断裂带，西起玉门以西，东与冷龙岭山前大断裂相接，地势西高东低，北陡南缓，北坡地貌垂直分带十分明显。在海拔 2500m 以下，为山前冲积洪积扇；海拔 2500～3000m 是以流水侵蚀地貌为主；海拔 3500～4500m 为冰缘作用带，形成巨大岩屑坡；海拔 4500m 以上，普遍发育为现代冰川。在海拔 3500m 以上的山坡，还保留有古冰川的遗迹——冰川、悬谷、刃脊和角峰，这说明古冰川的规模比现在要大得多。

（二）黑河谷地

黑河发源于祁连山地，分东西两支，东支八宝河流经祁连县西黄藏寺，向北大拐弯，切穿走廊南山，流经河西走廊，向北改称弱水，在青海境内为一地堑式箱状谷地。西支（上游）谷宽达 30km，距黄藏寺 48km 处开始强烈下切，形成峡谷阶地，谷坡比高 40m。

更新世早期，黑河上游与洪水坝河相通。更新世晚期，因走廊南山抬高而分开，形成今日的格局。黑河下游比较宽大（15km），沿河有冰碛物阶地。源头与大通河分水岭处呈宽大的草滩，谷地宽广，在大拐弯处宽达 500m，以下又为深达 40m 的峡谷。在海拔 3700m 处有古代冰川的遗迹——冰川槽谷与悬谷。

（三）托勒山

托勒山西起马昌盆地东缘的火神庙山，东到门源盆地西端的大梁。构造上属北祁连加里东褶皱带的南翼，褶皱轴线为北西或北西西向，北西西向的大断裂控制着主体山脉的走向。山体宽约 20km，海拔平均在 4500m 以上，最高峰海拔为 5159m。山体南陡北缓，在海拔 4800m 以上的山峰发育为现代冰川。山的东段北坡海拔 4000m 左右，为山前冲积扇。海拔 4000～4500m 是寒冻剥蚀高山；海拔 4500m 以上为冰蚀高山，有古冰斗和古冰碛物。南坡冰川较少，山前主要是冲积扇或冲积平原。

（四）托勒河谷地与木里江仓盆地

在托勒山与托勒南山之间，发育着一条自西向东，由托勒河谷地—大通河上游的木里、江仓盆地组成的北西西向构造盆地地形。

托勒河谷，东西长约 200km，南北宽 15～20km，在构造上属中祁连隆起带。

木里、江仓盆地是祁连山中一个比较大的构造盆地，海拔 4000m 左右，与周围山地高差 600～700m。盆地广泛发育着现代冰缘地貌。盆地中热融湖塘到处可见，冬天冻结，夏季融化积水成池子，当地人称为"泡子"。盆地沼泽泥炭遍地皆是。这里有青海主要煤田——木里、江仓煤田，号称青海北部的"黑腰带"。

（五）托勒南山

托勒南山西与大雪山相接，东接纳卡尔当，东西长约 200km，南北宽约 25km。大地构造属中祁连隆起带，有许多呈北西西向及北西向的深大断裂。现代冰川也非常发育。

（六）疏勒河上游谷地

疏勒河发源于沙果林那穆吉木岭，它与大通河相背而向西北流。经过音德尔达坂东北坡罗沟转北而流入河西走廊地区。谷地宽 15～20km，海拔 3800m 左右，河谷为 U 形谷，河谷中堆积有冰碛物有冲积物，河道分散、曲折，变化不定。河谷两侧发育有不对称水系。河水向北流经托勒南山，将山地切割成数百米深的疏勒峡谷，两岸山峰高峻，谷地东宽西窄，长达 65km，平均宽 7km，属箱状谷地，为一典型构造盆地。

疏勒河上游海拔 3800～4000m，河谷北岸有较完整的侵蚀—堆积阶地。南岸的阶地保留较少，阶地面也窄，为不对称河谷。

（七）疏勒南山

疏勒南山为中祁连隆起带的南缘，是祁连山系中最高大且主要的一列山脉。最高峰海拔 5826.8m，由 6 个相对高差不大的山峰团聚在一起，组成一块状山体，故名"团结峰"。山体东西长约 240km，南北宽窄不等，最宽处 35km，最窄处仅 5km。疏勒南山深大断裂发育，山地南陡北缓，是祁连山系中现代冰川最发育的一条山脉，共有 14 条山谷冰川，冰舌下伸到海拔 4600m 处，呈弧形终碛缓丘。北坡冰川较南坡规模大。在 14 条冰川中，最长者达 5km。海拔 4800m 以上，角峰、刃脊广布，冰川下面有明显冰蚀 U 形谷。在哈拉湖西侧的平缓山岭，也是白雪覆盖，终年不融。

（八）哈拉湖

哈拉湖盆地位于疏勒南山以南，是祁连山系中海拔最高的一个内陆构造断陷盆地。盆地南北宽约30km，东西长约60km，呈椭圆形，周长108km。哈拉湖最大水深65m，平均水深27.4m，面积588.1km²，湖面海拔4171m。湖的东西两侧湖滨平原较宽广，北面湖滨平原较窄。湖滨古老的三级阶地，其中二级阶地最宽，高出湖面15m。在湖的东、西面，因受西北风的影响，堆积有现代新月形沙丘。湖南岸较低部位还发育了现代冰缘作用的多边形构造土。

二、祁连山东段平行岭谷

本段自北向南，平行岭谷分别为冷龙岭、门源盆地和大通—达坂山山地。

冷龙岭属北祁连加里东槽背斜的一部分，西接走廊南山，东到乌鞘岭。山体深大断裂规模宏大，古冰川遗迹明显。在东大河与西大河上游，均有宽敞的围谷、槽谷及古冰斗、羊背石、冰碛丘陵、冰水阶地等。南坡流水侵蚀强烈，低部形成红色低山丘陵、黄土丘陵和冲积倾斜平原。

门源盆地西起大梁，东至克图，为一北西东南向的弧形谷地，由新生代断陷形成，大通河流贯穿其中。

大通河又称浩门河，源于木里以西沙果林那穆吉木岭，向东流经祁连、门源盆地及甘肃的连城、窑街，于民和的享堂汇入湟水，全长488km，水势湍急，迂回山间，下切力强。克图以东成为峡谷。河两岸有阶地五级，河流沉积物中富含沙金。

大通河从西到东，河谷地势低平，四周群山对峙，气候湿润，林木繁茂，牧草丰盛，是祁连山区重要的牧业区，著名的门源马即产于此地。盛夏的门源盆地，到处是生长茂盛的油菜花。这里的油菜籽产量高，出油率高，是青海省重要的油料基地之一。

大通山—达坂山是大通河与湟水的分水岭。大通山是北西西到北西向背斜褶皱带，由古老的震旦亚界海相砂碎屑岩和炭酸岩组成。

达坂山西起卡当山，东到克图以东与冷龙岭相会，走向北西西，平均海拔4000m以上。达板山区气候湿润，现代水流作用强烈，沟谷纵横，河床切割严重。

第二节　地　质

一、地层

本区在区域地质上属祁连山地层区，以北祁连地层分区为主。

（一）元古界

本区元古界主要分布在中祁连山西段的托勒山、托勒南山及疏勒南山，呈北西—南东向展布。

1. 下元古界野马南山群（Pt_1ym）

分布于托勒山及托勒河之南侧，西端延入甘肃。本群在青海托勒牧场五林沟一带发育较好，由矽线黑云斜长片麻岩、石榴黑云斜长片麻岩、石榴奥长片麻岩、钾长角闪片麻岩、斜长角闪岩、二云片岩及透辉大理岩组成，未见顶底，厚度大于2491m。属低角闪岩相，原岩为砂泥质岩—中基性火山岩—镁质碳酸盐岩层系。上部富镁碳酸盐岩形成规模巨大的白云岩矿。

2. 长城系党河群（Chdn）

本区的党河群由石英岩、砂岩、粉砂岩、粉砂质板岩及板岩等组成，与下伏下元古界野马南山群呈断层接触，出露厚度2098~4096m。

3. 蓟县系托勒南山群（Jxtj）

托勒南山群分布于托勒南山及疏勒南山，呈北西—南东延展。下部以碎屑岩占优势，上部以碳酸岩为主，组成砂泥质岩—碳酸盐岩层系，经受区域动力变质作用而形成低绿片岩相的变质岩。出露厚度976~3239m。与下伏党河群为平行不整合接触。

4. 青白口系龚岔群（Qngn）

龚岔群在托勒南山北坡的其他大坂—五个山一带及疏勒南山呈狭长条状展布，主要由经受区域动力变质作用的绿片岩相的陆源碎屑岩和碳酸盐岩组成，富含叠层石及微古植物，Rb-Sr同位素等时限年龄为1039.5Ma，厚度大于3146m。下与蓟县系托勒南山群呈平行不整合接触。

（二）寒武系

区内以中寒武统为主。

1. 中寒武统黑刺沟群（C_2hc）

主要分布于走廊南山中段主脊及南坡、托勒山东段的天宝河上游地区。岩性为黑色中性熔岩凝灰岩、暗绿色玄武岩、安山岩、安山玢岩，夹有灰绿色凝灰质砂岩，黑色硅质岩及灰岩等。顶底不全，厚度1244~3108m。

2. 上寒武统香毛山群（t_3xm）

区内仅见于川刺沟。下部为片岩及大理岩，上部为板岩及砂岩，未见底，厚度大于1034m，产三叶虫化石。

（三）奥陶系

1. 下奥陶统阴沟群（O_1yn）

阴沟群分布于走廊南山北坡、托勒山北坡、冷龙岭主脊及大巴山东段等地，向东、西两个方向伴入甘肃境内，岩性下部为凝灰岩、硅质岩、细碧岩及火山砾岩；上部为细碧岩、砂板岩、灰岩，最大厚度为4000m。与下伏上寒武统为整合接触关系。

2. 中奥陶统中堡群（O_2zh）

分布于冷龙岭东段南坡及达坂山东段的仙米达坂山一带。下部为砂板岩夹硅质岩及少量砾岩；上部为中基性火山岩及中基性火山碎屑岩。最大可见厚度为4317m。

3. 上奥陶统扣门子组（O_3k）

区内的扣门子组包括了正常沉积碎屑岩夹灰岩及中基性火山岩夹灰岩两种同期异相的地层。前者分布于托勒山东段的八宝河上游—扣门子及冷龙岭西段南坡一带；后者见于达坂山西段及托勒山东段南坡等处，即沿中祁连山北缘断裂带北侧断续分布。赋存有具工业意义的火山岩型铜矿床。厚度大于1275m。

（四）志留系

区内的志留系为一套以红色为主的杂色碎屑岩，下部有较多的砾质碎屑岩，具磨拉石层系之特征；上部的砂岩、页岩具有复理石韵律，并常见有波痕、交错层、泥裂等构造。古生物较丰富，下统为笔石页岩相，生物群为华北型；中统为壳相，以珊瑚为主，次为腕足类。地层常分布于山前地带或山间断陷中，夹有少量火山岩，未见有大规模的侵入岩穿插其中。沉积岩具有强烈侵蚀、湍流搬运、快速堆积的特征，故应属于地槽回返后的前缘拗陷或上叠凹槽式的残余地槽层系。

志留系下统划分为小石户沟组（S_1x）及肮脏沟组（S_1a），但这种划分仅限于童子坝河一带富含笔石的地段，在缺乏古生物的冷龙岭仙米达板山及达板山一带则无法分开。

小石沟组，其下部为紫红色砾岩、长石砂岩夹粉砂岩、安山岩及少量火山砾岩与板岩；中、上部以灰绿、紫红及棕黄色为主的杂色细砂岩、粉砂岩夹砂质页岩、砾岩等，未见底地层，厚度大于3700m，区域上见其角度不整合或平行不整合于奥陶系上统之上。

小石户沟组在纵向上构成由砾岩—砂岩—砂质页岩的一个大型沉积旋回，上部之细碎屑岩具有复理石韵律；横向变化表现在砾岩与砂岩间相互更替，砾岩的厚度可在数十米至数百米内大幅度增减，但总的趋向是由西向东变薄。火山岩夹层在童子坝河一带厚逾百米，而向东至冷龙岭一带仅见有厚度很小的扁豆体，再东至朱固寺一带则基本不含火山岩；达坂山一带亦未见有火山岩夹层。

省内能确定与肮脏沟组相当的地层仅分布于甘青交界的雨代河一带，岩性为灰绿、灰色硬砂岩及杂色粉砂岩夹板岩。顶底不全，厚度大于1696m。产笔石。

中志留统泉脑沟山群（S_2qn），为托勒南山铁目勒沟及大朗沟等地的壳相地层。地层呈断块出露，顶、底不全。岩性为灰色钙质粉砂细砂岩，沉积韵律十分发育，厚度大于534m，产双壳类、腕足类等化石。

（五）泥盆系

本区泥盆系分布在青海、甘肃交界的走廊南山及冷龙岭北坡，为陆相碎屑岩层系，主要为紫红色砾岩、砂岩，夹砂质页岩及少量火山岩，属祁连加里东地槽回返后的磨拉石层系。省内称老君山群（D_3lj），时代为晚泥盆世。

下岩组，是以紫色为主的杂色厚层砂岩夹砂砾岩、细砂岩，局部夹砂质页岩。与下伏地层呈角度不整合接触。在金洞沟一带厚1062m，向西至童子坝河一带厚1055.5m。上岩组，以紫红色砂岩为主，夹砾岩、粉砂岩、页岩，局部夹薄层灰岩，产植物化石，波痕、交错层及龟裂构造较发育。在金洞沟一带厚1088m，童子坝河一带厚527m，上与臭牛沟组（C_1c）呈平行不整合接触。

（六）石炭系

本区石炭系主要分布在走廊南山、冷龙岭及托勒山等地，露头比较零星。下统为维宪阶，沿用臭牛沟组；上统沿用羊虎沟群和太原群。

1. 下石炭统臭牛沟组（C_1c）

为浅海—海陆交互相碳酸盐岩、碎屑岩系，夹煤、石膏及菱铁矿层，产珊瑚、腕足类及植物化石，厚 28 ~ 355m。

2. 上石统羊虎沟群（C_2ym）、太原群（C_2ty）

为海陆交互相沉积，以砂岩、页岩、灰岩为主，夹煤层、菱铁矿、黏土层，局部含石膏层。以腕足类为主，头足类、珊瑚、双壳类次之，厚 59 ~ 334m，与下伏臭牛沟组呈平行不整合接触。

在中祁连山区主要分布于疏勒南山、托勒南山及党河南山等地，下、上统发育较全。南祁连山分区仅在党河南山发育下统，大哈勒腾河以南地区尚未发现可靠的石炭纪沉积。

3. 下石炭统大冰沟组（C_1d）、臭牛沟组（C_1c）

大冰沟组分布在中祁连山的托勒南山、疏勒南山西段和南祁连山的党河南山地区。下部为紫红、灰白色砾岩、含砾石长英石砂岩夹灰绿、紫红色粉砂岩、页岩，产动植物化石；上部为灰黄、灰绿色长石石英砂岩、粉砂岩及含砂白云岩夹页岩，产珊瑚、腕足类化石，厚 48.9 ~ 331.5m，下与下志留统角度不整合接触。

臭牛沟组主要分布于祁连山西段及南祁连山的党河南山地区。岩性以灰岩为主，砂岩、页岩次之，为区内石膏矿的主要赋存层位。产珊瑚、腕足类、头足类、双壳类及植物化石。横向厚度变化较大，在大冰沟一带约 301 ~ 405m，向北西至红大坂等地变薄至 74.7m。

4. 上石炭统羊虎沟群（C_2ym）、太原群（C_2ty）

区内上碳统仅见于疏勒南山、托勒南山西段，零星出露。

羊虎沟群以灰黑色钙质页岩为主，夹泥灰岩透镜体、石膏层，中部夹有似层状菱铁矿；太原群下部为砂页岩，上部为泥质灰岩、灰岩。

（七）二叠系

可区分为北祁连山区和南祁连山区两个分区。

1. 北祁连山区

本区下二叠统以陆相灰绿、黄绿色砂岩为主，夹紫红色粗砂岩、灰黑色细砂岩、页岩及海相泥灰岩，产少量动植物化石。与下伏地层为整合接触。总的岩相比较稳定，但厚度变化较大。自西而东，大清沟 349m，酸刺沟 525m，西流水 82.2m；向南至阿力克地区 45 ~ 70m，青羊沟 102m，加羊沟 274.3m，黑泉河 38m，塞马尔德 173m，坤开头河 58m，天宝河上游 214m，萨拉沟上游 213m。

上二叠统属陆相沉积，主要为紫红色夹灰绿色浅灰色砂岩、砾岩、含砾砂岩、长石石英砂岩、粉砂岩夹页岩、泥岩，局部地段在顶部夹流纹质凝灰岩及安山质熔岩。石膏层和含铜砂岩为区内重要找矿线索之一。与上覆地层为整合或假整合接触。厚度变化明显，自南而北，萨拉沟上游 1239m，天宝河上游 1704m，坤开头河 565m，塞尔马德 318 m，黑泉河 92m，加羊沟 611m，阿力克地区 120 ~ 150m，向西至西流水 532.8m，大青沟剖面厚达 1363m。区域上生物化石普遍稀少，惟大青沟剖面化石较为丰富。

2. 南祁连山区

本区二叠系分布于南祁连山及中祁连山西段，西自土尔根大坂山，东到大通山，南临宗务隆山北界，据岩性、岩相及生物群分布特征，本区二叠系主要为海陆交互相，分区南缘地段为海相。

海陆交互相为碎屑岩夹碳酸盐岩层系，与下伏地层呈角度不整合接触，上与下三叠统呈整合关系。分布于哈拉湖、阳康及乌兰大坂、疏勒南山、托勒南山等地。岩相比较稳定。生物群以腕足类、苔藓虫发育为特征，而珊瑚类较少，植物群在二叠系上部繁盛。

（八）三叠系

1. 下—中三叠统西大沟群（$T_{1-2}xd$）

为祁连山一带平行不整合在二叠系之上的一套陆相碎屑岩，西大沟群主要分布在走廊南山、西流水、黑河—八宝河等地，属河流相碎屑岩沉积，由微红、浅黄和灰白色长石石英砂组成，底部为砾岩。砂岩中普遍发育交错层、斜层理和砂球状沟造。厚度 330～1381m。

2. 上三叠统南营儿群（T_3nn）

该群分布与西大沟群相随，以祁连县黑沟河地区发育较好。底部为灰色或黄绿色页岩与砂岩互层，夹煤线、油页岩及黏土岩，产植物化石，厚 258m，与下伏西大沟群整合接触；下部为黄绿、灰色页岩夹砂岩，厚 301m，中部为黄绿色中、细粒砂岩夹砂质页岩，厚 419m；上部为黄绿、灰色砂质页岩夹砂岩，砂岩中见交错层，产植物化石，厚 349m；顶部为黄绿色粉砂质页岩及砂岩，厚度大于 247m。

（九）侏罗系

本区侏罗系主要分布于中祁连山，沿黑河流域、大通河流域分布，以中统为主。为陆相含煤地层，由砾岩、砂砾岩、砂岩、炭质页岩、煤层等组成，含植物化石；当地层发育较好、保存较全时，顶部存在产叶肢介、淡水双壳类、昆虫及鱼类等化石的湖泊相油页岩、黑色页岩、粉砂质页岩。晚巴通期以后系干旱气候形成的杂色岩系，产介形类、轮藻、叶肢介等化石。

本区中侏罗统广泛分布于黑河上游南岸和大通河流域。下部煤系称为木里组（J_2m），上部杂色层系称为享堂组（J_2x）。木里组自下而上分为砾岩段、含煤段与砂泥岩段。

木里组，砾岩段分布于江仓及其以西的木里、雪霍之等地，江仓以东的冬库、外力哈达、热勒等地缺失。主要由灰白、紫红色粗碎屑岩组成，顶部为灰、灰绿色粉砂岩、细砂岩夹黑色泥岩及炭质页岩，厚 20～363m；含煤段在江仓及其以西，由灰、灰白色砂岩、细砂岩夹泥岩、油页岩及煤层组成，厚度可达 582m。江仓以东热水、外力哈达等地，其下部为砂砾岩、不等粒砂岩，上部为细粉砂岩、页岩、煤层等，厚 50～100m。在铁迈、瓜拉一带完全缺失。本岩段产丰富的植物化石；砂岩段为灰、灰黑色粉砂岩、细砂岩或黑色页岩，类油页岩及菱铁矿，厚度约 200m。

享堂组为杂色碎屑岩系，厚度 204～477m。

（十）白垩系

本区白垩系仅有下统，分布于黑河流域及疏勒南山甘青地界音德尔大坂等地，属山间盆地红色碎屑岩层系，某些地段夹有少量透镜状石膏层。厚度 944～1752m。

（十一）第三系

下第三系极不发育，上第三系散布于北祁连山、中祁连山西段和南祁连山的若干断陷盆地中。可划分为中新统白杨河组与上新统红崖子组，二者间为角度不整合接触。

1. 中新统白杨河组（N_1b）

在北祁连山门源盆地为紫红色砂岩、砾岩夹含砾砂岩及泥岩，厚 950m。

在中祁连山西段疏勒南山及木里一带，上部为杂色砂岩、砂质泥岩夹泥灰岩，厚641m；下部为杂色泥岩、砖红色砾岩、砂质泥岩夹杂色砂岩、砂页岩、砂质泥岩及泥灰岩、石膏，产介形类、腹足类、轮藻类化石。

在南部祁连山西段大哈尔腾河及响水河一带，由浅棕红、灰黄、蓝灰色砂岩、泥岩夹砾质砂岩、泥灰岩及石膏组成，产植物、腹足类等化石，厚度851m。本组与下伏地层均为角度不整合接触。

2. 上新统红崖子组（N_2h）

本区上新统曾命名为"疏勒河组"，后因在南祁连山主脊地区发现了"红崖子三趾马动物群"，于1985年正式将该区上新统命名为红崖子组。在区域上，本组底部为红色砂岩、砾岩，与下伏地层呈角度不整合接触。多数地区以紫红色碎屑岩系为主，泥灰岩较响水河地区少，腹足化石常见。厚度大于2620m。

（十二）第四系

1. 下更新统玉门组（Q_1y）

仅在大通河上游、黑河、大哈尔腾河流域有零星出露；以木里盆地北部唐姆尔河、托勒山北坡萨拉河上游和祁连县酸刺沟口发育最好，其中以唐姆尔河为代表。

下部（A_1）：托勒冰期冰碛，为浅黄—土红色含黏土巨砾层，厚60m，与下伏地层为角度不整合接触。

上部（A_2）：玉门砾岩，为灰白色砂砾岩夹黄绿色砂岩和泥质粉砂岩。砾石成分复杂，个别砾石中发育有擦痕，泥砂质或钙质胶结，成层性好，总厚200～390m，与下伏冰碛呈整合接触，为冰水河湖相沉积。

2. 中更新统酒泉组（Q_2j）

酒泉组下部为冰碛层，分布广泛，出露高度低，是本区最强的一次冰川作用产物，主要分布在冷龙岭、达板山、团结峰一带。冰碛物为灰黄色泥岩，半胶结，最厚达300m，与下伏地层呈角度不整合接触；上部为黄褐色冰水砂砾夹黏土及黄土层，黏土层中产腹足类化石，厚60m。本组在中祁连山西段党河上游产哺乳类化石，为中更新世周口店动物群的分子。

3. 上更新统乐都组（Q_3i）

祁连山区的上更新统以冰碛为主。下部冰碛称东沟冰期冰碛，分布在东沟河谷、白水河谷及达坂山北坡。冰川下达位置的海拔为3200～3300m，达坂山北坡古冰川海拔高度约3900～4000m。白水河谷是一个典型的古冰川槽谷；中部为冰水相砂砾、含砾亚黏土、含泥砾石层及黄土状堆积，在砂土中产平顶螺、尖顶螺等化石，属东沟—三岔口间冰期产物，厚10～15m；上部冰碛层称三岔口冰期冰碛，终碛垄在三岔口附近，海拔3600～3800m，古冰斗群的海拔为4100～4200m。冰碛为含泥碎块石，分选极差，松散，厚20～30m。

4. 全新统（Q_4）

本区全新统（Q_4）的冲积物组成黑河、大通河的 I、II 级阶地等，多为青灰、灰黄色黏土或砂砾，其上覆有黄土状土，厚度大于20m。

全新统冰碛在祁连山南坡分布于海拔4500～4700m，北坡分布在4200m以上，为含砾的碎石或砂碎石层，厚度 0~10m。此外，全新世还存在局部的洪积、风积和沼泽沉积等。

二、断裂构造

（一）北祁连深断裂系

位于甘肃和青海两省交界的北祁连山，呈北西西向延展，具规模大、断裂深、持续时间长等特点。由 3 条断裂带组成，即北祁连北缘深断裂带、黑河深断裂带和中祁连北缘深断裂带。各断裂带平行分布，相间 2~10km 不等，均由若干组断裂配套而成。其中北祁连北缘深断裂带位于甘肃境内，黑河深断裂带横跨甘青边界地区。此处着重论述主体位于青海省的中祁连北缘深断裂带。

中祁连北缘深断裂带主断裂西始托勒河谷，东经托勒南山，达坂山南坡入甘肃境内，呈北西—北西西延展，省内长 450km，地表构成中祁连中间隆起带与北祁连优地槽褶皱带的分界。断裂特征明显，发育破碎带，水系及谷地呈线性分布。断裂初始于兴凯末期，由拉张而成，成为早古生代时期祁连南隆北拗的分界；北侧发展了巨厚的早古生代优地槽型沉积，南侧主要为隆起区，仅在边缘部分有过渡型中寒武统毛家沟群沉积。沿断裂展布方向有基性—超基性岩出露。这些构造岩类在空间上的分布极不对称，西段较东段发育，表明断裂的始发及强度有西早东晚、西强东弱的特点。加里东晚期，北侧地槽褶皱回返，断裂进入强烈挤压阶段。与此同时，有中酸性岩侵入，沿断裂带形成串珠状岩浆岩带；中祁连中间隆起带重新与中朝准地台联为一体。华力西期—印支期，断裂活动大减，两侧以差异升降运动为主，但南侧的沉降幅度较大，致使北侧形成晚古生代至三叠纪以陆相为主、南侧以浅海相为主的沉积。燕山期—喜马拉雅期，断裂再次复活，控制了托勒河谷、大通河谷的形成和演化，性质再变为张性。晚近时期盆地继续沉降，其间山地断块上升，形成山、谷相间的地貌格局。断裂带成为地震多发带。

断裂带地球物理场特征明显，沿带发育大型磁、重力梯度带。

此断裂带在加里东早期形成，具岩石圈断裂特征，加里东期后的活动只限于地壳表层。

（二）区域性地壳型断裂系

本区地壳型断裂发育，生成于加里东期及其以后，遍布北、中、南祁连。以北西、北西西向断裂占主导地位，被北东、北东东向及南北向断裂穿插、交切，致使祁连山的壳型断裂系统具有网络格局特征。北西、北西西向断裂普遍由若干分支断裂配套成带，将祁连山分割成北西及北西西走向的山体和盆（谷）地相间的格局，从而使祁连山呈现高山及山间盆（谷）地相间的地貌特征。不少断裂带都具有新生性和继承性的特点，控制了不同时代地质体的分布及岩浆活动，成为一、二级构造分区的界线。

1. 冷龙岭北坡断裂带

该带实为中祁连北缘深断裂带的分支断裂带，惟断裂切割深度较小，由一系列叠瓦状逆冲断裂组合而成。主断裂为冷龙岭北坡断裂，西起托勒山南麓，向东沿冷龙岭北坡展布，呈北西西向，长约 260km，倾向北，倾角 50°~60°。

沿断裂带地层多呈逆断层接触，岩石破碎，碎裂岩化波及很宽；时代不同的岩体群沿断裂带呈串珠状分布。断裂两侧地质情况差异很大，北侧中寒武统—中志留统发育齐全，厚度较大，火山岩属高铁、高钙的改造型钙碱性—碱钙性系列；南侧则以下奥陶统及志留系为主，火山岩具有富铁、富碱质、分异性明显的特点。断层西段超基性岩十分发育，东段则很少见超基性岩，成矿具"东铜西铁"的特点。

综上所述，本断裂带证据充分，形成于加里东早期，具压性，以后逐步发展扩大。燕山期—喜马拉雅期再度活跃，控制了门源断陷盆地的形成、发展和演化。晚近时期强烈活动，地震多发，为一活动断裂带。

2. 中祁连南缘断裂带

由若干条北西向断裂组成。主断裂西始崩坤大坂，东经哈拉湖北缘、刚察沙柳河，偏南南东方向，抵青海湖东交接于宗务隆山—青海南山断裂。地表具锯齿状外形，长达 400km，倾向北东，倾角 50°～70°。

现有资料表明，本断裂产生于加里东中期，构成中祁连中间隆起带和南祁连冒地槽带的分界。北侧广泛出露前震旦纪变质岩系，南侧全为奥陶纪—志留纪冒地槽型沉积。华力西期—印支期，断裂继承性活动，切割石炭系—二叠系，并使其片理化及破碎、地层产状紊乱、新老关系倒置，显示压性。燕山期—喜马拉雅期，断裂强烈活动，控制了哈拉湖盆地、疏勒河谷地以及青海湖的形成。晚近时有浅源地震发生及温泉生成。

3. 大哈尔腾河—哈拉湖断裂带

为一隐伏断裂带，地表无明显迹象，但卫片的影像特征及两侧地质特征的差异，证明断裂存在。推断此断裂带西起大哈尔腾河，东经哈拉湖、木里，与中祁连北缘深断裂交切，呈北西—北西西—近东西展布，省内长约 400km。

现有资料显示，断裂在早、中奥陶世时已具雏形，控制了不同时代沉积。断裂以北党河南山—哈拉湖一带广泛出露中、下奥陶统，而南则志留系遍布全区。晚古生代南北沉积仍有差异，北侧上泥盆统—三叠系俱全，南侧缺失上泥盆统—石炭系，二叠系—三叠系为海相沉积。以上表明，早、中奥陶世以来，断裂南北经历了几次隆拗，升降交替，海水曾几进几退，致使两侧差别很大。喜马拉雅旋回时期，断裂控制了一系列断陷盆地的形成与演化。晚近时期，断裂活动明显，卫片形迹清晰可辨，表现为疏勒南山主峰强烈隆起，各级夷平面抬升幅度大，形成北部拱曲中心，控制冰川形成。沿带有多处震中分布，此断裂为一活动断裂带。

第三节 气 候

一、采用的气候资料及处理方法

青海祁连山自然保护区内有托勒、野牛沟、祁连、门源 4 个气象站（各站位置见表 2－1）。4 站建站时间均在 20 世纪 50 年代，至今已积累了 40 多年的气象资料，这些资料可以反映保护区内气候的基本特征。但是，由于保护区各分区的核心区海拔多数都在 4000m 以上，而已有的气象台站海拔均不足 4000m，因此，对于受地形影响较大的要素，如气温等热量资源和降水量等水分资源，需建立其随地理要素变化的经验数学模型，以此来推算各核心区的有关要素值。有些要素随海拔变化不大或目前尚没有有效方法建模的（前者如太阳辐射量后者如风向、风速等），则用气象站的整编资料来反映保护区这些要素的变化规律。为推算各核心区的气候要素值，将各区有关地理参数列于表2－2。

表2－1　保护区气象台站位置

站名	地址	北纬	东经	海拔高度（m）
托勒	祁连县托勒牧场（草原）	38°48′	98°25′	3367.0
野牛沟	祁连县野牛沟乡（草原）	38°25′	99°35′	3320.0
祁连	祁连县二寺滩（草原）	38°11′	100°15′	2787.4
门源	门源县浩门镇（集镇）	37°23′	101°37′	2850.0

表2－2　祁连山自然保护区各区海拔、经纬度*

分区名	核心区平均海拔（m）	经度	纬度
仙米区	3774	102°12′～102°39′	37°05′～37°25′
老虎沟区	4691	101°28′～101°46′	37°30′～37°42′
冷龙岭区	4604	101°21′～101°48′	37°31′～37°50′
那子峡沟区	4367	100°56′～101°12′	37°24′～37°33′
茫扎区	4019	100°35′～100°47′	38°05′～38°15′
黄藏寺区	3863	100°00′～100°15′	38°18′～38°31′
油葫芦沟区	4409	99°30′～99°50′	38°07′～38°18′
大通河源头区	4309	99°08′～99°31′	37°58′～38°19′
托勒河源头区	4442	98°41′～99°11′	38°16′～38°41′
疏勒河源头区	4562	98°31′～98°59′	38°13′～38°31′
黑河源头区	4241	98°30′～98°50′	38°49′～39°05′
哈拉湖区	4464	96°50′～98°00′	37°54′～38°38′
苏里尔河区	4601	97°08′～97°41′	38°32′～38°51′
野牛脊山区	4812	96°28′～97°09′	37°55′～38°22′

*由工作图上读得，平均海拔为该区东、南、西、北、中5点读数的平均值

二、气候的基本特征

本区位于青藏高原东北部，祁连山南麓，属高原大陆性气候。由于地势高亢致使气候寒冷，冬季漫长，夏季短暂。同时，由于地形的抬升作用，使本区东部降水相对充足，气候湿润；西北部水汽渐少，气候干燥。夏季受来自孟加拉湾西南暖湿气流的影响，降水集中，冬季受西伯利亚干冷空气影响，降水稀少，多风。全年太阳辐射强烈、光照充足，适宜牧草生长、发育。冷害是本区主要气候灾害，冰雹、春旱、风沙、雪灾等气候灾害比较频繁。

三、气温

（一）气温的空间分布

本区为青海省气温分布图上的冷区。由于海拔和纬度都高，在相同海拔情况下，本区各

地的温度要比纬度低的青南高原低得多。从表2－3看出，月、年温度主要取决于海拔高度。温度最低的是老虎沟区及毗邻的冷龙岭区，年平均气温分别为－10.9℃和－10.5℃，其次是野牛脊山区，年平均气温为－10.8℃。苏里尕河区、疏勒河源头区年平均气温也在－10.0℃左右。气温相对较高的要属仙米区和黄藏寺区，年平均气温分别为－4.8℃和－5.9℃。其他各区在－5～－10℃之间。从整个保护区来看，气温最高出现在海拔最低的祁连和门源气象站所在地，年平均气温分别为1.0℃和0.8℃。保护区内年平均气温的分布大体上保持由东南向西北气温逐渐降低的趋势。

表2－3　保护区各分区和邻近气象站月、年平均气温　　　　　　　　℃

区、站名	1月	2月	3月	4月	5月	6月	7月	8月	9月	10月	11月	12月	年
仙米区	－18.4	－15.1	－9.4	－3.4	1.3	4.6	6.7	6.0	1.9	－3.9	－11.6	－16.6	－4.8
老虎沟区	－24.4	－21.4	－15.8	－10.1	－5.0	－1.5	0.8	0.1	－3.8	－9.7	－18.0	－22.6	－10.9
冷龙岭区	－24.1	－20.9	－15.4	－9.5	－4.5	－1.0	1.3	0.6	－3.4	－9.3	－17.5	－22.2	－10.5
那子峡沟区	－22.1	－18.9	－13.3	－7.5	－2.5	1.0	3.3	2.6	－1.5	－7.5	－15.6	－20.3	－8.5
茫扎区	－21.0	－17.6	－11.8	－5.6	－0.5	3.0	5.4	4.7	0.3	－6.0	－14.1	－19.1	－6.8
黄藏寺区	－20.2	－16.7	－10.9	－4.5	0.6	4.2	6.5	5.8	1.3	－5.2	－13.3	－18.3	－5.9
油葫芦沟区	－23.2	－19.9	－14.2	－8.1	－2.8	0.8	3.2	2.5	－1.8	－8.2	－16.6	－21.3	－9.1
大通河源头区	－22.4	－19.0	－13.3	－7.2	－2.0	1.7	4.1	3.4	－1.0	－7.5	－15.8	－20.6	－8.3
托勒河源头区	－23.7	－20.3	－14.6	－8.4	－3.0	0.7	3.2	2.5	－2.0	－8.6	－17.0	－21.8	－9.4
疏勒河源头区	－24.1	－20.8	－15.1	－9.0	－3.6	0.1	2.6	1.9	－2.5	－9.2	－17.6	－22.3	－10.0
黑河源头区	－23.1	－19.6	－13.7	－7.3	－1.8	1.9	4.4	3.7	－1.0	－7.8	－16.2	－21.1	－8.5
哈拉湖区	－23.0	－19.6	－13.9	－7.9	－2.4	1.5	3.9	3.2	－1.3	－8.1	－16.6	－21.3	－8.8
苏里尕河区	－24.6	－21.2	－15.5	－9.3	－3.7	0.2	2.8	2.0	－2.5	－9.5	－18.1	－22.8	－10.2
野牛脊山区	－24.9	－21.6	－16.0	－10.1	－4.5	－0.6	2.0	1.3	－3.1	－10.1	－18.7	－23.2	－10.8
门源站	－13.3	－8.9	－3.2	2.6	7.1	10.2	12.1	11.3	7.4	1.8	－5.9	－11.9	0.8
祁连站	－13.2	－9.4	－3.7	2.7	7.6	10.2	12.8	12.0	7.8	1.7	－6.0	－11.7	1.0
野牛沟站	－17.1	－13.4	－7.8	－1.6	3.4	7.0	9.3	8.5	4.2	－2.3	－10.6	－15.7	－3.0
托勒站	－17.7	－13.5	－7.5	－1.1	4.3	8.0	10.4	9.6	4.7	－2.3	－10.8	－16.2	－2.7

（二）气温的时间变化

1. 气温的年变化

保护区深居内陆，地势高耸，虽仍受季风气候影响，但强度大为减弱，四季不甚分明，一般可分冬半年（11月至次年4月）和夏半年（5～10月）。

由表2－3看出，最高气温出现在7月，各区均在0℃以上；最低气温出现在1月，除祁连、门源两站外，其余各站、区均在－15℃以下，其中老虎沟、冷龙岭、疏勒河源头、苏里尕河、野牛脊山等5个区都在－24℃以下，足见冬季的寒冷。

2. 气温的年际变化

图2－1、图2－2为保护区南部（祁连、门源）和保护区北部（托勒、野牛沟）自建站

以来历年平均气温变化曲线。表2-4给出了南、北部年、季平均气温的年代值。由图看出，南、北部气温总体上都呈上升趋势，气候变化倾向率分别达到0.228℃/10年和0.256℃/10年，要高于全省和整个青藏高原的升温率0.16℃/10年，也明显高于全国的升温率0.11℃/10年。这种升温过程主要表现在20世纪90年代，在南部地区冬、春、夏季升温均达到0.6℃以上；在北部地区春、夏季升温也达到0.6℃以上。保护区变暖是对全球变暖的响应，只是保护区变暖的程度更高、更快。经计算，南部和北部地区历年的年平均气温随年代的相关系数分别为0.564和0.551，都超过了信度取0.001的显著性标准。

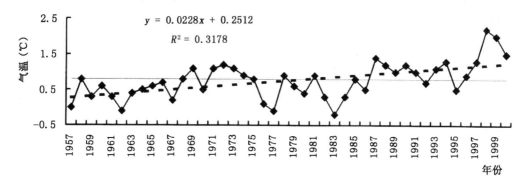

图2-1 保护区南部（祁连、门源）年平均气温的年际变化

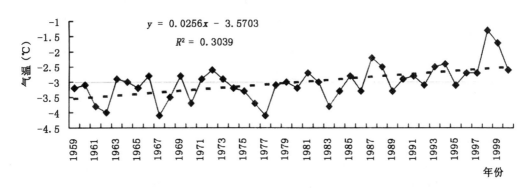

图2-2 保护区北部（托勒、野牛沟）年平均气温年际变化

表2-4 保护区南、北部年、季平均气温的年代值 ℃

年代	南部					北部				
	年	冬	春	夏	秋	年	冬	春	夏	秋
1960～1969	0.5	-12.2	1.9	11.5	0.9	-3.3	-16.8	-2.1	8.7	-3.1
1970～1979	0.7	-11.7	2.0	11.5	0.9	-3.2	-16.3	-2.0	8.6	-3.3
1980～1989	0.6	-11.6	1.8	11.2	1.1	-3.0	-15.5	-2.1	8.5	-2.8
1990～1999	1.2	-11.0	2.5	11.8	1.4	-2.5	-15.1	-1.3	9.1	-2.6

四、降水

（一）降水的空间分布

表 2-5 为保护区各分区年均降水量，表 2-6 为保护区 4 个气象站年、月均降水量。年降水量的分布基本上是由东南方向西北方呈逐渐递减的趋势。仙米区、老虎沟区、冷龙岭区、那子峡沟区以及门源站位于冷龙岭南侧迎风坡，在雨季首先迎受西南暖湿气流的泽惠，并受地形抬升，容易成云致雨，年降水量在 500mm 以上。此后水汽逐渐向西减少，保护区中部从茫扎区至疏勒河源头区共 6 个区，降水减至 400mm 以上，而不足 500mm，西北部黑河源头区等 4 区，降水又减至 300mm 以上，而不足 400mm。气象站年降水量的空间分布特征也遵循这一规律。

表 2-5 保护区各分区年均降水量 mm

区名	仙米区	老虎沟区	冷龙岭区	那子峡沟区	茫扎区	黄藏寺区	油葫芦沟区
年降水量	534	597	583	536	456	408	459
区名	大通河源头区	托勒河源头区	疏勒河源头区	黑河源头区	哈拉湖区	苏里尕河区	野牛脊山区
年降水量	432	423	428	373	364	365	377

表 2-6 保护区气象站月、年均降水量（1971~2000） mm

站名	1月	2月	3月	4月	5月	6月	7月	8月	9月	10月	11月	12月	年
托勒	1.3	1.9	3.7	8.0	31.9	66.8	79.5	63.5	27.8	6.9	1.1	0.5	292.8
野牛沟	1.6	2.6	8.2	12.3	34.4	77.0	108.2	97.6	52.6	14.4	2.2	1.1	412.1
祁连	1.1	1.4	6.7	13.3	41.1	77.8	101.7	88.7	59.2	13.4	1.6	0.7	406.8
门源	1.9	4.4	16.8	31.7	63.7	86.8	102.8	101.9	77.7	27.8	4.5	1.4	521.4

（二）降水的时间变化

1. 降水的年变化

受印度洋西南季风的影响，保护区水汽主要源于孟加拉湾。保护区干、湿季分明，降水高度集中，5~9 月降水量占年降水量的 83%（门源）~92%（托勒）。其余各月降水量只占 8%~17%。雨季起始时间及降水量占年降水量比率见表 2-7。可以看出，年降水量多的地区雨季开始也早，而结束较迟；反之年降水量少的地区，雨季来得迟，而结束较早。年内以 7 月降水量最多，12 月降水量最少。

此外，如同青海高原其他地区一样，保护区夜雨比率较高，夜雨量占总量的 55%~58%。

表 2-7 雨季起始时间及雨量占年降水量百分率 %

站名	雨季开始	雨季结束	百分率
托勒	5月下旬	9月下旬	86.3
野牛沟	5月中旬	9月下旬	85.4
祁连	5月中旬	9月下旬	87.0
门源	5月中旬	10月上旬	84.0

2. 降水的年际变化

图 2-3a、图 2-3b 分别为保护区南部（祁连、门源）和北部（托勒、野牛沟）40 多年来降水量的变化曲线。表 2-8 为年、季降水量的年代值。

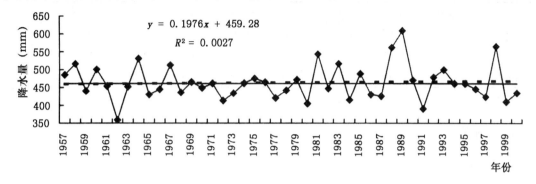

图 2-3a　保护区南部（祁连、门源）年降水量年际变化

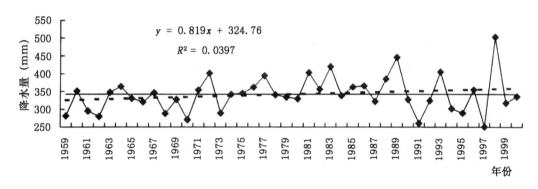

图 2-3b　保护区北部（托勒、野牛沟）年降水量的年际变化

表 2-8　保护区季、年降水量的年代值 mm

年代	南部					北部				
	冬	春	夏	秋	年	冬	春	夏	秋	年
1960~1969	3.9	97.2	260.0	97.7	458.7	3.0	65.4	207.2	49.6	325.2
1970~1979	4.6	75.6	266.1	103.0	449.4	4.0	41.7	237.6	60.2	343.7
1980~1989	6.1	92.3	294.3	91.3	484.0	5.3	57.7	255.9	54.4	373.4
1990~1999	5.6	94.0	282.4	78.3	460.4	3.8	49.3	240.3	40.5	333.8

由图 2-3 看出，保护区南部年降水量呈弱的增加趋势，气候变化倾向率约为 2.0mm/10 年；北部地区降水增加量比南部更明显，倾向率为 8.2mm/10 年。由表 2-8 看出，这种正倾向率的形成，主要是由于在 20 世纪 80 年代是一个多雨时期，造成总的正趋势。各季降水量的年际变化不明显。

3. 降水量的变差系数

保护区降水变化比较稳定，表 2-9 为托勒、祁连、门源 3~10 月和年降水量的变差系数。与青海省其他地区进行比较，保护区月、年降水量的变差系数相对较小，尤其是年降水量的变差系数是青海省最小的地区之一。

表 2-9 托勒等 3 站降水量的变差系数

站名	3 月	4 月	5 月	6 月	7 月	8 月	9 月	10 月	年
托勒	0.70	0.82	0.47	0.40	0.30	0.33	0.63	0.79	0.15
祁连	0.68	0.69	0.41	0.31	0.24	0.28	0.43	0.62	0.11
门源	0.50	0.49	0.39	0.31	0.25	0.32	0.32	0.58	0.13

五、日照

（一）日照的空间分布

日照时数和百分率与降水、云量的多寡有密切的联系，其空间分布特征与降水、云量的分布相反，即云雨量多的地方日照时数和日照百分率低；反之则高。表 2-10 所列数据基本反映了这一规律。

表 2-10 保护区日照时数、日照百分率与云量、降水的关系（1971~2000）

站名	年日照时数（h）	日照百分率（%）	总云量（成）	降水量（mm）
托勒	2971	67	4.9	293
野牛沟	2709	61	5.0	412
祁连	2878	65	5.2	407
门源	2554	58	5.5	521

由此可见，保护区日照时数与日照百分率由东南部向西北部随降水量和云量的减少而逐渐增加。年日照时数大约在 2500~3000h，日照百分率在 55%~70% 之间。

（二）日照的时间变化

1. 日照的年变化

图 2-4 为南部门源和北部野牛沟日照时数的年变化。可以看出，两地日照时数峰值均出现在 5 月，而谷值门源出现在 9 月，野牛沟出现在 2 月，9 月在野牛沟形成一个次低值，2 月是门源的次低值。峰值之所以出现在 5 月，因为此时尚未完全进入雨季，云雨相对较少，而太阳高度角已较高，所以日照充沛；9 月为连阴雨天气出现频率最高的时期，所以出现谷值或次低值。2 月日照时数在野牛沟为谷底，主要是太阳高度角低，月份日照时数少所造成。

2. 日照的年际变化

图 2-5a、图 2-5b 分别为保护区南、北部年日照时数的变化曲线。表 2-11 为年、季日照时数的年代值。由图看出，南、北部之间日照时数的长期变化有所不同。主要差异在于南部地区呈上升趋势，气候倾向率为 13.5h/10 年，而北部地区呈下降趋势，气候倾向率为 -24.6h/10 年，而且北部下降值与年代的相关系数达到 0.366，超过信度取 0.02 的显著性水平。

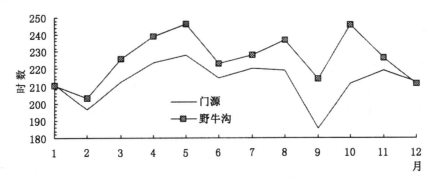

图 2 - 4　门源、野牛沟日照时数年变化图

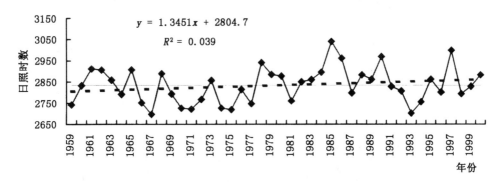

图 2 - 5a　保护区南部（祁连、门源）年日照时数年际变化

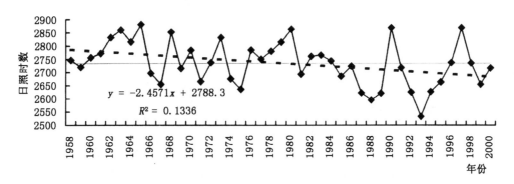

图 2 - 5b　保护区北部（托勒、野牛沟）年日照时数年际变化

表 2 - 11　保护区季、年日照时数的年代值　　　　　　　　h

年代	南部					北部				
	冬	春	夏	秋	年	冬	春	夏	秋	年
1960～1969	651	732	751	699	2834	666	711	740	664	2784
1970～1979	627	741	712	712	2790	656	714	701	675	2746
1980～1989	645	757	752	724	2879	637	704	697	670	2707
1990～1999	638	726	734	736	2835	628	696	702	675	2703

六、风

（一）风速、风向频率的空间分布

山地的风速与地形关系极为密切，一般风随海拔的升高而增大，同时与地形的开阔状况也有关系，地形开阔的地点比相对封闭、有地形屏障的地点风速要大。在保护区，风速总体由东南向西北增大，年平均风速门源为 1.7m/s，祁连为 2.0m/s，野牛沟为 2.7m/s，托勒为 2.2m/s。

风向与地形关系更为密切。气流在山脉的阻挡作用下，被迫沿山脉走向移动。此外，山区河谷对气流的引导作用，使许多河谷测站风向与河谷走向相一致，而且由于山谷风的物理成因，使得一日中风向有周期性的改变，白天与夜晚风的方向往往相反。图 2-6 为 4 站 1996～2000 年风向玫瑰图。可以看出，4 站除静风频率最高外，其余最多风向基本维持在偏东风与偏西风之间，与山体及河谷走向大体一致。野牛沟以北风频率最高，可能受局地尺度更小的河谷、山地影响所致。

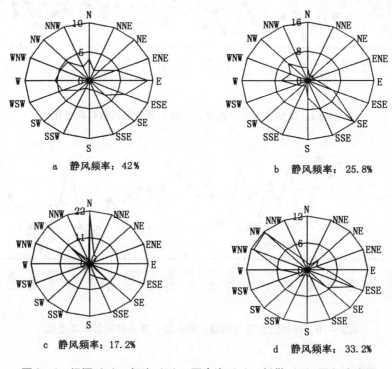

图 2-6 门源（a）、祁连（b）、野牛沟（c）、托勒（d）风向玫瑰图

（二）风速和大风日数的年变化

保护区风速的年变化几乎全部为春大冬小型，即春季 4、5 月份风速最大，而冬季 12 月、翌年 1 月风速最小。大风日数的年变化与风速相似（图 2-7）。根据气象记录，门源、祁连、野牛沟、托勒 4 站的最大风速分别为 22.0m/s，19.0m/s，27.0m/s 和 27.7m/s 风向西北或西北偏西，与山体走向一致。

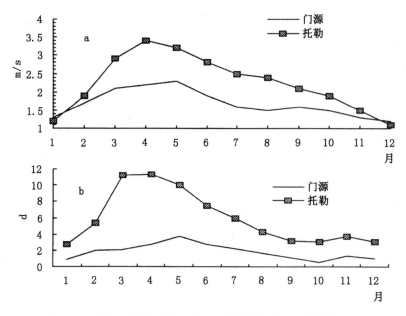

图 2-7　门源、托勒风速（a）与大风日数（b）年变化曲线

七、气象灾害

1. 干旱

干旱是保护区气象灾害之一。干旱分春旱和夏旱，按青海地方标准（DB63）统计保护区春、夏旱发生的频次和频率，如表 2-12 所示。

表 2-12　保护区春、夏旱发生频次（次）和频率（％）*

灾害程度	次数/频率	春旱				夏旱			
		托勒	野牛沟	祁连	门源	托勒	野牛沟	祁连	门源
轻旱	频次	8	10	6	8	6	5	3	8
	频率	18	24	14	18	14	12	7	18
中旱	频次	2	4	4	2				
	频率	5	10	9	5				
重旱	频次	1							
	频率	2							
合计	频次	11	14	10	10	6	5	3	8
	频率	25	33	23	23	14	12	7	18

*托勒、祁连、门源：1957～2000 年；野牛沟：1959～2000 年

由表 2-13 看出，保护区干旱主要发生在春季，频率在 23％～33％，夏季干旱的频率只有 7％～18％，而且春、夏重旱等级出现几率很小，只有托勒 1995 年春季发生过 1 次重旱。夏季只发生轻旱，未出现中、重旱。1995 年在托勒出现了 1 次中等程度的春夏连旱；1962 年在野牛沟、1962 年和 1965 年在门源分别发生过轻度的春夏连旱，频率均未超过 5％，可见出现春夏连旱的可能性是很小的。与青海省其他地区相比较，保护区出现干旱的

几率相对较小，尤其是春旱频率远小于东部农业区。其原因在于，保护区年、月降水量比较稳定，变差系数相对较小，不但干旱出现次数少，而且不易形成大旱。

2. 霜冻

霜冻是保护区主要气象灾害，也是农作物高产、稳产和热量资源充分利用的限制因素。霜冻危害作物的实质是低温冻害。由于作物在不同生育阶段抵御低温的能力各不相同，收集统计了 1961 ~ 2001 年 4 ~ 9 月各级低温（最低气温）出现的频率，如表 2 - 13 所示。可以看出在保护区海拔低于 3400m 的农牧区，0 ~ - 2℃的低温主要发生在 6 月之前，其余各级低温发生在 5 月之前。5 月中、下旬是小油菜出苗、子叶期，耐低温能力较强，但在 - 4℃ 以下也会遭受霜冻或严重霜冻的危害。5 月 < - 4 ~ - 6℃ 低温的祁连、门源频率分别为 4% 和 5%，其他两站在 18% 以上，< - 6℃ 的频率祁连、门源仍有 2% ~ 3%，其他两站 19% ~ 22%，可见保护区的小油菜苗期也有严重霜冻。

大部分核心保护区海拔在 4000m 以上，常年遭受霜冻、冷害侵袭，许多地区终年积雪，并有永久冻土，由此形成了与气候条件相适应的生态体系与森林生态。

表 2 - 13　保护区 4 ~ 9 月各级最低气温出现的频率（%）

等级	0 ~ - 2℃						< - 2 ~ - 4℃						< - 4 ~ - 6℃						< - 6℃					
月	4	5	6	7	8	9	4	5	6	7	8	9	4	5	6	7	8	9	4	5	6	7	8	9
托勒	3	21	23	7	14	17	8	27	9	1	5	22	13	18	2	0	1	16	75	19	1	0	0	17
野牛沟	3	20	26	13	18	19	6	24	16	1	7	18	12	23	5	0	2	16	79	22	1	0	0	14
祁连	16	23	4	0	2	20	21	12	1	0	0	9	20	4	0	0	0	3	33	2	0	0	0	1
门源	17	27	13	4	9	18	25	14	3	0	2	0	23	4	0	0	0	3	25	3	0	0	0	1

3. 冰雹

冰雹是保护区重要气象灾害之一，尤其是门源地区，是青海省雹源地之一，有多条路径沿祁连山东段从西北向东南将雹云移送至东部农业区。各月冰雹日数如表 2 - 14。降雹时间一般发生在午后 12：00 ~ 20：00，持续时间在 5min 之内的将近半数，大部降雹过程在 15min 内结束。

表 2 - 14　保护区冰雹日数（1971 ~ 2000）　　　　　　　　日

站名	4 月	5 月	6 月	7 月	8 月	9 月	10 月	年
托勒	–	0.4	1.6	1.4	1.0	0.3	–	4.8
野牛沟	–	0.5	2.5	3.2	2.2	0.8	0.2	9.4
祁连	0.1	0.9	1.3	1.4	1.4	0.8	0.1	6.0
门源	0.2	1.0	1.6	1.9	1.9	1.0	0.1	7.8

4. 风沙

如表 2 - 15 所示，保护区西北部的托勒、野牛沟年大风日数分别达到 72 日和 54 日，中部祁连为 27 日，东南部门源为 22 日，总体上大风日数由东南向西北递增。大风日数主要集中在春、夏两季，约占全年的 70% ~ 80%。

表 2 - 15　保护区大风、沙尘暴日数（1971~2000）　　　　　日

项目	站名	1 月	2 月	3 月	4 月	5 月	6 月	7 月	8 月	9 月	10 月	11 月	12 月	年
大风	托勒	2.8	5.4	11.2	11.3	10.0	7.5	5.9	4.3	3.2	3.1	3.7	3.1	71.6
	野牛沟	2.7	4.8	7.8	8.2	7.8	5.1	3.8	3.4	2.1	1.8	3.0	3.2	53.6
	祁连	0.3	1.0	2.7	3.6	5.1	4.3	3.6	2.7	1.7	0.9	0.4	0.2	26.5
	门源	0.9	2.0	2.1	2.7	3.7	2.7	2.2	1.7	1.1	0.6	1.3	1.0	22.0
沙尘暴	托勒	0.4	0.8	1.2	1.5	1.1	0.2					0.2	0.2	5.6
	野牛沟				0.1									0.1
	祁连	0.1	0.2	0.1	0.2									0.6
	门源	0.3	1.1	0.9	0.9	1.1	0.3					0.3	0.4	5.3

沙尘暴主要出现在托勒和门源约 5~6 日，野牛沟和祁连出现极少。保护区沙尘暴日数较少，一方面与祁连山的天然屏障作用有关；另一方面也与林草植被相对较好有关。

5. 雪灾

统计 11 月至翌年 2 月雪灾指数 $I_i = R_i - T_i$，其中 R_i 与 T_i 分别为此时期的降水与气温的离均系数，i 为年份，并按等级标准进行雪灾等级的划分。统计结果列在表 2 - 16。可以看出，保护区雪灾主要为轻雪灾，中、重雪灾分别只在托勒和门源发生过 2 次。比较青南牧区，保护区积雪相对较轻。

表 2 - 16　保护区雪灾频率（1961~2001）　　　　　%

气象站	轻雪灾	中雪灾	重雪灾	气象站	轻雪灾	中雪灾	重雪灾
托勒	10	2	-	祁连	12	-	-
野牛沟	5	-	-	门源	5	-	2

八、气候资源的评价与利用

1. 热量资源

热量资源除用年、月平均气温来表示外，为结合农牧业生产通常用通过各级界限温度的积温来反映热量资源的丰欠。表 2 - 17 给出保护区 4 个气象台站各界限温度初日、终日、初终间日数和积温。

可以看出，南、北部地区热量状况是有较大差异的。南部≥0℃积温在 1500℃以上，有 5 个月以上的生长期；北部≥0℃积温约 1000℃，生长期 3~4 个月。≥5℃、≥10℃的积温南、北部也存在较大差异。绝大多数核心保护区仅夏季气温在 0℃以上，常年寒冷，热量条件低下。

表 2-17　保护区各站界限温度初日、终日及积温

气象站	≥0℃				≥5℃				≥10℃				主要作物生长季积温	主要作物生长季日数
	初日	终日	间日数(日)	积温(℃)	初日	终日	间日数(日)	积温(℃)	初日	终日	间日数(日)	积温(℃)		
托勒	04-28	10-04	160	1113	06-04	09-09	98	882	07-21	08-07	18	219	891	116
野牛沟	05-02	10-05	157	968	06-11	09-03	85	710	07-25	08-02	9	107	660	99
祁连	04-10	10-22	196	1693	05-10	09-29	143	1494	06-23	08-24	63	777	1534	160
门源	04-09	10-23	198	1566	05-15	09-24	133	1319	07-04	08-15	43	529	1362	154

所谓界限温度，一般是指标志某些重要物候现象或农事活动的开始、终止或转折点的温度。结合青海省实情，稳定通过 0℃（≥0℃）标志土壤解冻，牧草开始萌动，作物开播，大地呈春来迹象；稳定通过 5℃（≥5℃）标志多数树木开始萌芽生长，一般牧草开始旺盛生长；稳定通过 10℃（≥10℃）标志农作物开始进入旺盛的生长期。

2. 水分资源

这里水分资源仅指自然降水。水分资源能否得到充分利用，主要视农作物、牧草生长期内的降水量占年降水量百分率的高低。一般来说，由于青海省具有雨热同期的气候特点，水分资源能得到较好的利用，但各地仍有不小差异。表 2-18 为保护区农作物、牧草生长期降水量占年降水量的百分率。可以看出，野牛沟由于农作物可生长期短，农作物生长期内降水量也少，所占年降水量的百分率只有 55%。事实上，该地也不宜农业生产。其余各地、各季所占百分率均在 75% 以上。

表 2-18　保护区门源等 4 站生长期降水量占年降水量的百分率　%

地名	作物生长期	牧草生长期
托勒	77	87
野牛沟	55	85
祁连	86	94
门源	79	88

表 2-19　保护区各界限温度期间的降水量　mm

地名	≥0℃ 期间	≥5℃ 期间	≥10℃ 期间
托勒	203	142	38
野牛沟	365	265	30
祁连	383	344	179
门源	485	398	147

各级界限温度期间的降水对农牧业生产和林草植被的生长发育具有重要的意义，也是水分资源利用程度的重要标志，统计结果见表 2-19。

3. 光能资源

光能资源除前文用日照时数、日照百分率来表征外，更具实际意义的是太阳辐射量。经计算，将保护区内 4 个气象站月、年总辐射量列于表 2-20。根据太阳能资源区划，托勒、野牛沟、祁连划为太阳能资源丰富区，门源属太阳能资源较丰富区。

表 2-20　保护区门源等 4 站月、年太阳辐射量　　　MJ/m²

站名	1月	2月	3月	4月	5月	6月	7月	8月	9月	10月	11月	12月	年
托勒	308	361	520	597	659	662	654	636	522	489	336	284	6028
野牛沟	300	352	489	567	622	598	591	584	464	456	326	278	5627
祁连	318	359	506	582	651	649	629	610	494	466	346	296	5906
门源	314	314	484	554	600	585	590	572	443	423	337	298	5514

由此可见，保护区光能资源丰富，完全能满足乔灌木、农作物、牧草光合作用的需求，并可开发、利用太阳能资源。

4. 风能资源

目前国内外普遍运用风力发电来利用风能。通常将"起动风速"到"停机风速"之间的风能称为"有效风能"，期间的累积时数称为"有效风能时数"。在我国目前多取 3～20m/s 范围产生的风能作为有效风能。表 2-21 给出门源等 4 站风能的计算结果。根据风能区划，全省分为风能资源丰富区、较丰富区、可利用区、季节利用区和贫乏区。

表 2-21　门源等 4 站年有效风能储量和连续最多最少时段[*]

站名	年有效风能 （kW·h/m²）	连续最多时段			连续最少时段		
		月份	有效风能 （kW·h/m²）	占年储量（%）	月份	有效风能 （kW·h/m²）	占年储量（%）
托勒	372.63	2～6	209.08	56.1	10～1	71.58	19.2
野牛沟	263.46	2～5	131.99	50.1	7～10	57.63	21.9
祁连	130.89	3～5	69.85	53.4	10～1	23.18	17.7
门源	136.44	2～5	70.20	51.5	7～10	29.31	21.5

[*]引自青海省气象局科教处《青海风能》手册

保护区西北部（托勒、野牛沟）年平均有效风能 215～390kW·h/m²，年平均有效风能累积时数 2570～5030h，属风能季节利用区；东南部（祁连、门源）年平均有效风能 60～197kW·h/m²，年平均有效风能累积时数 1280～3290h，为风能贫乏区。从表 2-21 看出，冬末至初夏是风能利用较好的时期，其余时间开发利用价值不大。

5. 气候资源的综合利用和评价

根据气象站记录以及临时野外气候考察设点收集资料进行的农牧业气候区划，本区分属冷温半湿润农林气候区和寒温半干旱牧业气候区。临时设点收集到的资料并未涉及保护区所有核心区，所以气候资源的评价难免有顾此失彼之嫌。对两气候区分述如下。

（1）冷湿半湿润牧农林气候区　大致包括祁连县的东部和门源县的大部，即祁连县扎麻什以东的八宝河谷地和门源县苏吉滩以东的大通河谷地及两侧坡地。本区属祁连山系的河谷地区，相对高差大，气候垂直变化明显。该区年湿润系数大于 0.50，作物生长季内湿润系数大于 0.60，牧草生长季内湿润系数大于 0.65。区内大部地区年降水量在 400mm 以上，部分地区可超过 500mm。本区年平均气温 4 ~ -1℃，≥0℃积温 1800 ~ 1200℃。本区农牧业布局的制约性因素是热量。祁连八宝河以及门源孔家庄以东的大通河谷因热量条件较好，可种植春小麦。随着谷地和两侧坡地海拔的增高，农作物逐渐由青稞和小油菜所代替，其上便是林地或牧地，农业生产的"立体性"布局明显。

本区农牧林均有较好的基础，特别宜于发展林业，是青海省油料作物基地和重要林区之一，牧业的比重也较大，也有多种经营的条件。但早、晚霜冻均很严重，雹灾也较频繁。

（2）寒温半干旱牧业气候区　本区地处祁连山中段，位于祁连县北部的黑河、托勒河谷地，虽然地势相对较低。但所处纬度偏北，而且谷地利于冷空气入侵，所以气温很低。地处谷地中的托勒、野牛沟年平均气温在 -3.0℃左右，野牛沟最暖月平均气温 9.3℃，最冷月平均气温 -17.1℃，是青海省冬季最寒冷的地区之一。本区降水大都在 300 ~ 400mm，在山区随海拔升高降水有所增加，但本区西北端降水不足 200mm。

区内多冰川，暖季里冰雪融化，滋润着祁连山麓的耕田。牧业主要分布在北部和南部，托勒牧场所产的羔皮颇负盛名。北部冬季严寒，牲畜的越冬条件很差；冬春季节又多风雪灾害，给牧业生产带来不利影响。

第四节　水　文

青海省内陆区祁连山水系，又名青海省境内河西内陆河，位于青海省东北部，总面积 2.5064×10⁴km²，由内陆河流黑河、疏勒河、石羊河流域源头区组成。

在河西内陆河流域，祁连山区为地表径流的主要形成区，是河西地区的水源重地；而甘肃省走廊平原地区是地表径流的利用消耗区和失散区。祁连山区年降水量为 400 ~ 700mm，年径流深为 100 ~ 500mm。河西走廊平原地区，气候干燥，降水稀少，年降水量为 50 ~ 200mm，年径流深只有 5mm，年蒸发能力在 1500 ~ 2500mm 之间。

河西地区的水循环运动受地形坡度和河床地质组成及构造的影响，河流水从上游出山口到下游尾闾，有一部分水要经过河水→地下水→泉水→河水的循环转化过程，这种水循环过程可重复 2 ~ 3 次，但参加循环的水量一次比一次减少。这种水循环的重复性，给水资源多阶段重复利用创造了有利条件，增加了下游地区水资源的可引用量，提高了水资源的重复利用率。

一、地表水资源

青海省河西内陆河在黑河流域设有扎马什克、祁连和黄藏寺水文站，疏勒河与石羊河在省境内未设水文站，大通河上设尕日得、尕大滩和享堂等水文站。对于没有水文站控制的疏勒河、石羊河，收集甘肃省河西内陆河流域控制测站（表 2 - 22），点绘径流等值线图，量算出相应流域青海省境内径流量；对于有水文站控制的黑河、大通河流域以出省境控制站径流量按面积比，放大或缩小为省境内径流量，同时与径流深等值线图量算出的径流量，误差控制在 5% 之内。各流域地表水资源量及青海省境内地表水资源量计算结果见表 2 - 23。

表 2-22　河西地区及大通河有测站控制河流多年平均径流量

流域	河流	控制测站	集水面积（km²）	河川径流量（×10⁸m³）		
				实测	山丘还原	合计
石羊河流域	西大河	插剑门	811	1.65	0.02	1.67
	东大河	沙沟寺	1614	3.06	0.1018	3.1618
	西营河	西沟嘴	1455	3.79	0.0171	3.8071
	金塔河	南营水库	841	1.34	0.0122	1.3522
	黄羊河	黄羊河水库	828	1.40	0.0982	1.4982
	古浪河	古浪	878	0.61	0.0336	0.6436
黑河流域	大渚马河	瓦房城	217	0.87	–	0.87
	黑河	莺落峡	10009	16.12	–	16.12
	黑河	黄藏寺	7643	12.07	–	12.07
	黑河	扎马什克	4589	7.124	–	7.124
	八宝河	祁连	2452	4.396	–	4.396
	洪水坝河（酒泉）	新地	1581	2.39	0.079	2.469
	丰乐河	丰乐河	568	0.94	–	0.94
	讨赖河	冰沟	6883	6.40	–	6.40
疏勒河流域	石油河	玉门	656	0.27	0.0803	0.3503
	昌马河	昌马峡	13318	10.67	0.109	10.779
	踏实河	蘑菇台	2474	0.55	–	0.55
	党河	党城湾	14325	3.44	0.163	3.603
	安南坝河	安南坝	316	0.035	0.035	0.8
大通河流域	大通河	尕日得	4576	8.328	–	8.328
	大通河	尕大滩	7893	15.85	–	15.85
	大通河	享堂	15126	28.50	0.140	28.64

表 2-23　河西内陆河及大通河流域地表水资源总量

河流	石羊河	疏勒河	黑河	大通河
全流域径流量（×10⁸m³）	15.87	17.22	36.83	30.05
青海省境内径流量（×10⁸m³）	5.43	15.03	14.14	25.6
青海省境内径流量占全流域径流量百分比（%）	34.2	87.3	38.4	85.2

二、流域地下水资源

青海省河西内陆河和大通河均处于山丘区，地下水主要是基岩裂隙水和碎屑岩类孔隙水，其补给来源单一，主要接受降水的垂直补给和冰雪融水补给，以水平径流为主，通过河川径流和河床潜流及基岩裂隙水的形式向平原区排泄，即山丘区地下水天然资源量等于山丘区多年平均河川径流的基流量与河床潜流量及山丘区地下水向平原区的侧向排泄量之和。因此，山丘区河川径流的基流量等于山丘区地下水的天然资源量。而青海省境内河西内陆河和大通河均属于山丘区河流，则其多年平均的河川基流量即为地下水天然资源总量（表2－24），而这部分水量正是河川径流的稳定水源。

表2－24 青海省境内河西内陆河和大通河地下水资源总量

河　流	石羊河	疏勒河	黑河	大通河
地下水资源量（$\times 10^8 m^3$）	2.14	5.95	5.58	12.64

三、河川径流特征分析

（一）河川径流年内分配

河西内陆河流河川径流量集中分布在6~9月。其中，石羊河流域6~9月径流量占年总量的66.3%，黑河流域6~9月径流量占年总量的73.4%，疏勒河流域6~9月径流量占年总量的56.1%；石羊河流域各主要河流汛期径流量占62%~74%；黑河流域主要河流汛期径流量占55%~91%；疏勒河流域昌马河汛期径流量占70%；而党河4~8月为丰水期，径流量占年总量的56%，枯水期各月径流分配较均匀为6%（表2－25、表2－26、表2－27、表2－28）。

表2－25 河西内陆河石羊河流域丰枯期径流分配

流　域	石　羊　河　流　域					青海省境内平均
	西大河	东大河	西营河	金塔河	黄羊河	
测　站	插剑门	沙沟寺	四沟嘴	南营水库	黄羊河水库	
6~9月径流量占年总量的百分比（%）	62	63	69	74	62	53.6
10月至翌年5月径流量占年总量的百分比（%）	38	37	31	26	38	46.4

表2－26 河西内陆河黑河流域丰枯期径流分配

流　域	黑　河　流　域						青海省境内平均
	洪水坝河	讨赖河	黑河	黑河	黑河	八宝河	
测　站	新地	冰沟	莺落峡	黄藏寺	扎马什克	祁连	
6~9月径流量占年总量的百分比（%）	91	55	68	66.7	68.2	65.5	66.6
10月至翌年5月径流量占年总量的百分比（%）	9	45	32	33.3	31.8	34.5	33.4

表 2 - 27　河西内陆河疏勒河流域丰枯期径流分配

流　域	疏　勒　河　流　域		
	党河	昌马河	青海省境
测　站	党城湾	昌马峡	内平均
6~9 月径流量占年总量的百分比（%）	42	70	66.6
10 月至翌年 5 月径流量占年总量的百分比（%）	58	30	33.4

表 2 - 28　大通河流域丰枯期径流分配

流　域	大　通　河　流　域			
	大通河	大通河	大通河	青海省境
测　站	尕日得	尕大滩	享堂	内平均
6~9 月径流量占年总量的百分比（%）	73.6	71.3	65.4	63.3
10 月至翌年 5 月径流量占年总量的百分比（%）	26.4	28.7	34.6	36.7

在青海省河西内陆河流域，最大月径流出现在 7 月份，汛期各月径流量占年总量的 13%~22.5%，枯期各月径流仅占年总量的 2.1%~3.8%。

（二）河川径流年际变化

河川径流的年际变化，可用变异系数 Cv 值，来反映径流量年际间变化的离散程度。Cv 值愈大，离散程度愈大，径流年际间波动愈大，年际变化也就愈不稳定；Cv 值愈小，离散程度愈小，径流年际间的波动愈小，年际间的变化也就较为稳定。河川径流年际间出现的最大值和最小值，又反映了径流年际变化的范围。河西多数河流年径流变异系数 Cv 值为 0.13~0.27，石羊河 Cv 值达到 0.39。最大径流量的距平率为 0.26~0.97，最小径流量距平率为 -0.48~-0.19，最大值与最小值之比为 1.6~3.8 倍（表 2 - 29）。

大通河流域河川径流变异系数呈现出明显的自下游向上游增大的趋势，即由享堂站的 0.20 增大至尕日得站的 0.27，最大径流量的距平率也由 0.75 增至 0.97，最小径流量距平率也由 -0.29 变至 -0.54，最大值与最小值之比由 2.47 增至 4.25 倍。

年径流变异系数 Cv 值、径流年最大值与最小值之比值，从两个角度反映了年径流变化的稳定程度及可供水量的稳定程度。Cv 值和 W_{max}/W_{min} 值越小，年径流变化的稳定程度越高，可供水量的稳定性也就越高。Cv 值与 W_{max}/W_{min} 值是同一个问题的两个方面，它们之间存在着一定内在关系。经过对 Cv 值与 W_{max}/W_{min} 值的相关分析，相关系数 $R=0.79$，大于检验标准值：$R_{a=0.01}^{(20)}=0.537$，说明它们之间存在着极显著的线性关系。Cv 值与 W_{max}/W_{min} 值的线性相关方程为：$Cv=0.032+0.073W_{max}/W_{min}$。

以上是对各河流的径流特性分析，为了能掌握各流域地表径流整体变化特征，对各流域地表径流总量变化特征进行分析（表 2 - 30），各流域地表径流总量的年变异系数为 0.15~0.21，青海省境内各流域地表径流总量的变异系数为 0.17~0.20，相对周围其他地区，地表径流变异系数要小，说明各流域地表水资源总量的年际变化，较周围各流域稳定。

表2-29　河西主要河流和大通河河川径流变化特征

流域	河流	控制测站	多年平均径流量 W （ $\times 10^8 m^3$ ）	年径流变异系数 Cv	最大年径流 W_{max} （ $\times 10^8 m^3$ ）	最小年径流 W_{min} （ $\times 10^8 m^3$ ）	最大径流量距平率 $W_{max}-WW$	最小径流量距平率 $W_{min}-WW$	最大最小比值 W_{max}/W_{min}
石羊河	西大河	插剑门	1.65	0.25	2.83	0.97	0.72	-0.41	2.92
	西营河	四沟嘴	3.79	0.23	5.14	2.50	0.36	-0.34	2.06
	东大河	沙沟寺	3.06	0.16	4.16	2.35	0.36	-0.23	1.77
	黄羊河	黄羊河水库	1.40	0.26	2.34	0.67	0.67	-0.52	3.49
	金塔河	南营水库	1.34	0.20	1.74	0.82	0.30	-0.39	2.12
	古浪河	古浪	0.61	0.26	0.87	0.34	0.43	-0.44	2.56
黑河	讨赖河	冰沟	6.40	0.19	11.42	4.64	0.78	-0.28	2.46
	洪水坝河	新地	2.39	0.27	3.91	1.53	0.64	-0.36	2.56
	大渚马河	瓦房城	0.87	0.14	1.10	0.64	0.26	-0.26	1.72
	丰乐河	丰乐河	0.94	0.22	1.29	0.69	0.37	-0.27	1.87
	黑河	莺落峡	16.12	0.16	23.12	11.13	0.43	-0.31	2.08
	黑河	黄藏寺	12.07	0.17	18.03	8.64	0.49	-0.28	2.09
	黑河	扎马什克	7.124	0.16	10.47	5.255	0.47	-0.26	1.99
	八宝河	祁连	4.396	0.20	6.938	3.105	0.58	-0.29	2.23
疏勒河	昌马河	昌马峡	10.67	0.26	21.01	5.50	0.97	-0.48	3.82
	党河	党城湾	3.44	0.13	4.48	2.80	0.30	-0.19	1.6
	石油河	玉门	0.27	0.39	0.53	0.15	0.96	-0.44	3.53
大通河	大通河	尕日得	8.328	0.27	16.42	3.865	0.97	-0.54	4.25
	大通河	尕大滩	15.85	0.23	29.2	8.537	0.84	-0.46	3.42
	大通河	享堂	28.64	0.20	50.2	20.32	0.75	-0.29	2.47

表2-30　河西各流域及大通河流域地表径流总量变化特征

流域		多年平均径流量 W （ $\times 10^8 m^3$ ）	年径流变异系数 Cv	最大年径流量 W_{max} （ $\times 10^8 m^3$ ）	最小年径流量 W_{min} （ $\times 10^8 m^3$ ）	最大径流量距平率 $W_{max}-WW$	最小径流量距平率 $W_{min}-WW$	最大最小比值 W_{max}/W_{min}
石羊河	全流域	15.87	0.19	22.13	10.11	0.39	-0.36	2.19
	青海省境内	5.43	0.20	9.50	3.85	0.75	-0.29	2.47
疏勒河	全流域	17.22	0.21	29.44	10.34	0.71	-0.40	2.85
	青海省境内	15.03	0.20	22.45	10.76	0.49	-0.28	2.09
黑河	全流域	36.83	0.15	56.59	27.38	0.54	-0.26	2.07
	青海省境内	14.14	0.17	21.14	10.13	0.50	-0.28	2.09
大通河	全流域	30.05	0.20	52.60	21.29	0.75	-0.29	2.47
	青海省境内	25.6	0.19	43.0	17.39	0.68	-0.32	2.47

（三）典型年各河流径流量

典型年河川径流量，根据径流量频率计算挑选，径流量频率计算，采用皮尔逊Ⅲ型频率适线法计算。在进行频率适线计算时，对出现个别特大值未作处理，适线满足绝大部分点据的拟合要求，照顾到各种典型年保证率需要。各种保证率采用，$P=20\%$ 的偏丰年，$P=50\%$ 的平水年，$P=75\%$ 的偏枯年，$P=95\%$ 的枯水年。各河流各种典型年径流量见表 2-31。在频率适线计算时，倍比系数 Cs/Cv 根据各河流不同的水文特性，采用了不同的倍比系数。

表 2-31　河西地区主要河流及大通河典型年径流量

河流	控制测站	资料系列（年）实测	资料系列（年）延长	Cv 值	适线 Cs/Cv	$P=20\%$ 径流量（×10⁸m³）	$P=20\%$ 典型年（年）	$P=50\%$ 径流量（×10⁸m³）	$P=50\%$ 典型年（年）	$P=75\%$ 径流量（×10⁸m³）	$P=75\%$ 典型年（年）	$P=95\%$ 径流量（×10⁸m³）	$P=95\%$ 典型年（年）
西大河	插剑门	44		0.25	4.0	1.93	1988	1.58	1970	1.34	1965	1.11	1963
西营河	四沟嘴	18	44	0.23	2.0	4.38	1970	3.83	1984	3.42	1974	2.83	1962
东大河	沙沟寺	31	44	0.16	2.0	3.43	1993	2.96	1957	2.70	1992	2.34	1987
金塔河	南营水库	14	44	0.20	2.0	1.53	1952	1.33	1984	1.14	1985	0.95	1965
古浪河	古浪	11	44	0.26	2.0	0.80	1964	0.63	1980	0.53	1957	0.38	1966
黄羊河	黄羊河水库	41	44	0.26	2.0	1.71	1959	1.39	1980	1.16	1962	0.85	1966
讨赖河	冰沟	44		0.19	6.0	7.47	1983	6.28	1955	5.52	1965	4.89	1990
洪水坝河	新地	33	44	0.27	4.0	2.95	1979	2.33	1954	1.94	1962	1.57	1973
丰乐河	丰乐河	13	44	0.22	4.0	1.23	1953	0.98	1979	0.85	1987	0.69	1985
黑河	莺落峡	44		0.16	2.0	18.42	1981	16.2	1984	14.32	1968	12.55	1970
黑河	黄藏寺	14	43	0.18	5.5	13.76	1981	11.74	1987	10.49	1985	9.207	1970
黑河	扎马什克	41		0.17	5.5	8.033	1957	6.94	1987	6.251	1985	5.517	1970
八宝河	祁连	22		0.22	5.5	5.11	1981	4.208	1974	3.686	1982	3.196	1978
昌马河	昌马峡	41	44	0.26	4.0	12.86	1983	10.20	1950	8.64	1965	7.44	1976
党河	党城湾	28	44	0.13	2.0	3.85	1984	3.37	1986	3.15	1980	2.80	1968
大通河	尕日得	26	42	0.28	2.0	10.20	1964	8.11	1968	6.67	2000	4.91	1980
大通河	尕大滩	46		0.24	2.0	18.83	1972	15.51	1990	13.15	1977	10.20	1973
大通河	享堂	45		0.20	2.0	33.32	1993	28.21	1985	24.52	1980	19.79	1991

对各流域地表水总量系列进行皮尔逊Ⅲ型频率适线，计算出各河流不同频率地表水总量（表 2-32）。在频率计算中，倍比系数 Cs/Cv 根据各流域不同水文特征，采用了不同的倍比系数。

表 2－32　各流域不同频率地表水总量

流　域		$P=20\%$ 径流量 （$\times10^8\,m^3$）	$P=50\%$ 径流量 （$\times10^8\,m^3$）	$P=75\%$ 径流量 （$\times10^8\,m^3$）	$P=95\%$ 径流量 （$\times10^8\,m^3$）
石羊河	全流域	18.57	15.55	13.80	11.64
	青海省境内	6.32	5.39	4.81	4.20
黑河	全流域	41.54	36.49	33.54	29.61
	青海省境内	15.99	13.79	12.32	10.13
疏勒河	全流域	20.06	16.23	14.53	12.55
	青海省境内	17.31	14.66	13.10	10.77
大通河	全流域	34.95	29.59	25.72	20.76
	青海省境内	29.3	25.14	21.59	18.14

四、地表水资源动态趋势分析

选择黑河流域黄藏寺水文站、大通河流域享堂水文站，采用方差分析法，对黑河、大通河地表径流变化过程，进行周期波识别，然后用周期波叠加法，对地表径流量未来变化趋势进行预测，预测结果见表 2－33。

表 2－33　黄藏寺、享堂水文站未来地表水量预测　$\times10^8\,m^3$

年代	20 世纪					21 世纪	
	50 年代	60 年代	70 年代	80 年代	90 年代	零年代	10 年代
黄藏寺	13.98	11.90	11.20	12.69	11.47	12.46	11.95
	偏丰	平水	平水	偏丰	平水	平水	平水
享堂	31.02	28.03	27.05	31.84	27.05	29.15	28.45
	偏丰	平水	平水	偏丰	平水	平水	平水

从预测结果来看，20 世纪 90 年代，省境内黑河流域天然地表径流量比多年均值偏小，21 世纪零年代，比多年均值偏多，到 10 年代处于多年平均水平；20 世纪 90 年代，大通河流域天然地表径流量比多年均值偏小，21 世纪零年代，比多年均值偏多，到 10 年代处于多年平均水平。

未来典型年地表径流预测，在省境内黑河流域 2002～2010 年间，水量偏丰年为 2006 年、2008 年，水量分别超出多年均值的 28.3%、9.9%；枯水年出现在 2003 年、2004 年，水量比多年平均要少 22.8%、28.7%。大通河流域偏丰年出现在 2005 年、2008 年，水量分别超出多年平均值的 35.8%、21.5%；枯水年出现在 2004 年、2009 年，水量比多年均值少 24.4%、13.4%。

通过预测可得出以下结论，黑河黄藏寺水文站地表径流量多年平均情况不会发生变化，仍保持在多年平均 $12\times10^8\,m^3$，黄藏寺站地表径流预测多年均值为 $12.12\times10^8\,m^3$（表 2－34），与实测多年均值相差甚微；大通河享堂站地表径流预测多年均值为

$28.8 \times 10^8 \text{m}^3$，与实测多年均值相差不大。这说明，在未来年代，青海省河西内陆河和大通河流域地表径流总体是稳定的。值得注意的是，各河流枯季径流有减少趋势，这与流域生态环境遭受破坏，流域蓄水能力下降有紧密关系。

表 2 - 34　黄藏寺、享堂水文站天然地表径流量多年均值预测

站　名	黑河黄藏寺	大通河享堂
实测多年均值（$\times 10^8 \text{m}^3$）	12.07	28.64
预测多年均值（$\times 10^8 \text{m}^3$）	12.12	28.80
相　差（%）	0.4	0.6

五、水资源总量

青海省河西内陆河和大通河流域由于地处高原，河流一般下切较深，山丘区地下水的排泄形式几乎全是汇入河道，即山丘区地下水的绝大部分通过向河道的排泄而转换形成地表水资源的河川基流部分。在各河流出省境处，河床覆盖层不厚，河宽不大，河床潜流量一般很小，故在河床潜流量和山丘区地下水向平原区的侧向排泄量很小可忽略不计的情况下，各河流出省境处河川径流量（即山丘区的地表水资源）则与山丘区地下水全部重复，山丘区地下水的天然资源量全部为重复量。

由于地表水与地下水之间存在频繁的转换和重复关系，在计算水资源总量时，就不能简单地将地表水资源与地下水资源相加而得，还应当再扣除二者之间的重复量之后才是实际的水资源总量，计算结果见表 2 - 35，青海省河西内陆河流域水资源总量为 $34.6 \times 10^8 \text{m}^3$，其中疏勒河流域水资源总量为 $15.03 \times 10^8 \text{m}^3$，占 43.4%，黑河流域水资源总量 $14.14 \times 10^8 \text{m}^3$，占 40.9%，石羊河流域水资源总量 $5.43 \times 10^8 \text{m}^3$，占 15.7%。青海省大通河流域水资源总量 $25.6 \times 10^8 \text{m}^3$。

表 2 - 35　青海省河西内陆河及大通河流域水资源总量　　　　　$\times 10^8 \text{m}^3 / \text{a}$

流　域		地表水资源量	地下水资源量	重复水量	水资源总量
河西内陆河	疏勒河	15.03	5.95	5.95	15.03
	黑　河	14.14	5.58	5.58	14.14
	石羊河	5.43	2.14	2.14	5.43
	小　计	34.6	13.67	13.67	34.6
大　通　河		25.6	12.64	12.64	25.6

六、冰川

祁连山发育着现代冰川，冰川覆盖面积 1334.75km^2，冰川储量为 $615.5 \times 10^8 \text{m}^3$（表 2 - 36），青海省境内冰川覆盖面积 717.43km^2，占 53.8%，冰川储量 $355.02 \times 10^8 \text{m}^3$，占 57.7%（表 2 - 37）。

表 2 - 36　河西内陆河流域冰川分布

流域	冰川数 （条）	冰川覆盖面积 （km²）	冰川储量 （×10⁸m³）	折合储水量 （×10⁸m³）	占总储量 （%）
石羊河	141	64.82	21.4	18.2	3.5
黑河	1078	420.55	136.7	116.2	22.2
疏勒河	975	849.38	457.4	388.7	74.3
合计	2194	1334.75	615.5	523.1	100

表 2 - 37　青海省境内河西内陆河和大通河流域冰川分布

流域	冰川覆盖面积 （km²）	冰川储量 （×10⁸m³）	折合储水量 （×10⁸m³）	冰川融水量 （×10⁸m³）
黑河石羊河	217.26	78.16	66.44	1.14
疏勒河	459.2	264.36	224.71	3.83
大通河	40.97	12.50	10.63	0.38
合计	717.43	355.02	301.78	5.35

　　黑河、八宝河流域冰川面积 290.76km²，占祁连山冰川面积的 21.78%，冰川储量 103.74 × 10⁸m³，冰川储水 2.21 × 10⁸m³。其中：八宝河上游冰川 15 处，冰川面积 9.86km²，冰川储量 2.2 × 10⁸m³；黑河上游冰川 78 处，冰川面积 20.32km²，冰川储量 4.51 × 10⁸m³；柯柯里河有冰川 55 处，冰川面积 18.77km²，冰川储量 5.22 × 10⁸m³；潘家河有冰川 15 处，冰川面积 4.32km²，冰川储量 0.96 × 10⁸m³，托勒河冰川面积 136.67km²，冰川储量 43.1 × 10⁸m³，冰川融水 0.99 × 10⁸m³；大通河有冰川面积 40.9km²，冰川储量 12.5 × 10⁸m³，冰川融水 0.38 × 10⁸m³。祁连山高山区主要受太平洋和印度洋东南暖湿气流的影响，降水有一部分以冰、雪固体水的形式被储存在高山区，形成了永久性的天然固体水库。

　　冰川是甘肃河西走廊万顷良田灌溉用水主要补给来源。祁连山冰川是青海省主要冰川之一，分布于托勒南北山，走廊南山，以黑河垴和托勒河垴为中心向四周逐渐减少。气温随海拔增高而降低，据观察各月平均温度为 0℃ 时的相应冰带海拔高度——2 月中旬 2000m，3 月 2500m，4 月 3000m，5 月 4000m，6 月 4400m，7 ~ 8 月 4800m，9 月 4000m，10 月 3000m，0℃ 等温线处（3000m）的固态降水 30% 左右。海拔 3900m 以上为高冰雪寒冰带，冰碛石流分布广，生物矮小，如地衣、苔藓等。降水量随海拔增高而递增，而且固态降水比重也随高度上升而增加，每年 10 月中下旬至翌年 4 月初，降水全为固态，依气温梯度推算，海拔 4800m 处，固态降水为 100%。

　　冰川下限高度为：祁连山东段北坡为 3870m，西段北坡为 4000m；托勒山北坡为 4100m，托勒南山北坡为 4170m，相应地区的雪线为 4300m、4350m 和 4560m。冰川的主要类型有冰斗、悬冰川和山谷冰川。因处高海拔区云量少而辐射强，冰川到夏季消融较强烈，对河流补给量较大，融冰时间一般在 5 ~ 9 月。

七、河流

(一) 黑河

祁连山内陆主要水系之一，是仅次于塔里木河的全国第二大内陆河，跨青海、甘肃、内蒙古3省（自治区），发源于青海省东北部祁连山支脉走廊南山雅腰掌、野牛沟乡洪水坝的八一冰川，河源海拔4120m，流向东北，流经野牛沟乡的沙龙滩、大泉、野马嘴、油葫芦及高大坂峡和扎麻什乡，于宝瓶河与八宝河（黑河东岔）汇合后干流转向北流，进入莺落峡，成为青海、甘肃两省界河，干流进入甘肃省后称为甘州河，经张掖、临泽和高台，过金塔县天仓后称弱水。黑河县境内全长175km，集水面积5089.4km^2。流入内蒙古自治区，在额济纳旗湖西，新村以北干流分为两支，分别流入嘎顺诺尔（西居延海）和苏古诺尔，成潜流形成沙漠湖泊——居延海。黑河全长956km，流域面积约7.68×10^{4}km^2，祁连境内干流长233.7km，集水面积5089.4km^2，源流段河谷宽1～5km，流域面积约1×10^{4}km^2，省界处河道海拔3260m，落差860m，河道平均比降0.368%，年径流量18.02×10^{8}m^3。年均流量57.1m^3/s。河水补给来源为冰川消融和大气降水。大泉以上无常年地表径流和固定河床，仅在6～8月暴雨季节有大的地表径流，河床处于较厚的砂砾石滩上，支沟只流出沟口很短距离即潜入地下，到大泉处才有常年水涌出地面，流量为1～4m^3/s。流经野马嘴呈U型河床，坡急速增大1/200～1/100，至野牛沟乡址处成V型河床，水流湍急，两岸陡峭，直至宝瓶河。在大泉以下有大小支沟70余条，主要有小水沟、夏拉河、油葫芦沟、龙王沟、上柳沟、扎麻什等支流，大部流向由南至北。其中小水沟河长10.3km，集水面积30.2km^2；夏拉河长70.6km，集水面积1045.0km^2；油葫芦沟河长34.6km，集水面积342.55km^2；龙王沟长6.5km，集水面积14.8km^2；扎麻什河长27.4km，集水面积231.1km^2。据甘肃省扎麻什水文站24年资料，黑河集水面积458.9km^2，多年平均流量22.4m^3/s，年径流总量7.10×10^{8}m^3。到宝瓶河总落差1590m，有效落差914m。黑河枯水季节清澈见底，洪水期间挟带大量黑沙，故名黑河。河水含沙量1kg/m^3，上游降水量大于下游，宝瓶河一带392mm，冰期为5个月，河源有冰川、积雪，河谷有沼泽、草地、山岭，阴坡有原始森林覆盖，植被较好，水土流失轻微。另外，黑河流域有广阔的草原牧场，有种类繁多的野生珍稀动物。水力资源极为丰富，祁连县境内可开发6座梯级水电站，总装机容量15.7×10^{4}kW。

(二) 八宝河

系黑河东岔。位于祁连县东部，源于祁连山南麓景阳岭南侧拿子海山，河源海拔3870m，自东向西流经峨堡、阿柔、八宝3个乡，至宝瓶河与黑河汇合，流程108.5km，集水面积2508km^2。补给来源为冰川消融和大气降水。据甘肃省祁连水文站16年资料，该站集水面积2452km^2，多年平均流量13.37m^3/s，年径流量4.22×10^{8}m^3。另据黄藏寺水文站11年资料分析，该站集水面积7643km^2，平均流量39.24m^3/s，年径流量12.37×10^{8}m^3，至狼舌头时总有效落差是170m。河口海拔2610m，河道平均比降1.143%，年均流量17.8m$^{3/s}$，年径流量5.62×10^{8}m^3。八宝河上游有冰川15处，其面积9.86km^2，冰川储量2.2×10^{8}m^3，河流上段称峨堡河，中下游称八宝河，有大小支流50余条，主要有骆驼河、天篷河、小八宝河、青羊河、拉洞河、黑泉河、冰沟河等，骆驼河长15.7km，集水面积51.45km^2。冰期在11月至翌年4月。现在其河上建有水电站3座，总装机容量4735kW，年发电量1000×

$10^4 kW \cdot h$。有配套电灌站 2 座，灌溉农田约 $200 hm^2$。

（三）托勒河

属内陆流域祁连山水系，在祁连县西部，发源于祁连县托勒山南麓的纳尕尔当。河源海拔 4142m，河源处有大面积沼泽。从东南流向西北，流经托勒牧场段家土曲处入甘肃省境后改名为北大河，转向正北，经甘肃省嘉峪关，到酒泉市鸳鸯池入库，从金塔县起分数股潜入甘肃古城区的戈壁大漠之中。青海境内河长 110.8km，流域面积 $2779 km^2$，河口海拔 3260m，落差 882m，河道平均比降 0.8%，河流处于大面积沼泽中，水流平缓，河床为砂砾石。主要支流有热水、白河套、瓦红斯、五个山河等。径流补给以降水为主，年径流量 $3.73 \times 10^8 m^3$，平均流量 $11.8 m^3/s$。干流水力资源理论蕴藏量 $5.38 \times 10^4 kW$。

（四）疏勒河

疏勒河流域位于天峻县境内，发源于疏勒南山东段纳嘎尔当，往西北流经苏里地区，出省后入甘肃省称昌马河。疏勒河源头海拔 4350m，出境处海拔 2850m，落差 1450m。疏勒河以昌马峡为出山口，进入河西走廊的玉门盆地、安西盆地。疏勒河全长 945km，流域面积 $10.19 \times 10^4 km^2$。疏勒河流域较大支流有措林达曲、苏里曼塘曲、踏实河和安南坝河；上游为宽广的沼泽草原，间有沙丘。青海省境内干流长 222.6km，流域面积 $7714.02 km^2$。花儿地水文站多年平均流量为 $22.68 m^3/s$，年径流量 $7.152 \times 10^8 m^3$。

（五）大通河

大通河发源于青海省海西蒙古族藏族自治州天峻县境内托莱南山的日哇阿日南侧，有泉眼 108 处，以大气降水和冰川消融为补给来源，河源海拔 4812m。干流自河源至措喀莫日河汇口称加巴尕尔当曲，以下称唐莫日曲，进入祁连与刚察县交界的界河称默勒河，以下称大通河。流向由西北向东南，流经青海省刚察、祁连、海晏、门源、互助县和甘肃省的天祝、永登县，在青海省民和回族土族自治县的享堂注入湟水。大通河河长 560.7km，其中青海省境内河长 454km，青、甘共界河长 48km，河口海拔 1727m，落差 3085m。流域面积 $15 130 km^2$，其中青海省境内流域面积 $12 943 km^2$。流域多年平均降水量 469.8mm，雨量主要集中在 6 ~ 9 月份，占全年降水量的 70% 左右。

第五节　区域水文地质

一、地下水的赋存条件与分布规律

本区地下水赋存条件与分布规律主要受岩性、地貌、地质构造、水文、气候等自然因素的影响和制约，形成冻结层水、基岩裂隙水、碳酸盐岩岩溶水、碎屑岩类孔隙裂隙水、松散岩类孔隙水等 5 种地下水类型。

冻结层水分布在 3800m 以上高山区分水岭地带，由于地势高亢、气候严寒，降水充沛，普遍发育着多年冻土（岩）层。这一地区寒冻风化作用强烈，地层破碎，碎块石遍布山顶山坡，有利于大气降水渗入，从而形成冻结层水。由于受气候季节性变化的影响，冻结层水的动态变化较大，在漫长的冬季，气候寒冷，冻结层上含水层冻结。到了春夏季，随着气温逐渐回升，冻结层上部开始解冻融化，形成冻结层上水。

在 3800m 以下基岩山区，基岩地层广泛分布，这些岩层经受了历次构造变动和长期的物理、化学风化作用，岩层破碎，构造和风化裂隙异常发育，为接受大气降水和冰雪融水的渗入补给创造了优越的空间条件。当其接受降水补给后就形成了基岩裂隙水。因含水介质结构的不同，基岩裂隙水又分为：层状岩类基岩裂隙水和块状岩类基岩裂隙水。

寒武系中、上统及上元古界中岩组中的灰质白云岩、白云岩、灰岩、结晶灰岩等可溶性岩石，长期在大气降水溶滤作用下，形成了特有的岩溶含水空间，接受大气降水的渗入补给后形成碳酸盐岩岩溶水。

碎屑岩类裂隙孔隙水分布于中、新生代断陷盆地边缘的储水构造中，含水层为侏罗系、白垩系、第三系的砂岩、砂砾岩。其补给来源主要是山区基岩裂隙水的侧向补给，大气降水居次，构成承压自流单斜储水构造。由于含水层之间夹多层不透水层（泥岩），且岩层裂隙不发育，补给条件差，水量贫乏到中等。

盆地中广泛分布着第四系冲积、冲洪积松散沉积物，接受河流、溪水的垂直渗漏和大气降水的入渗补给，从而形成松散岩类孔隙水。

二、地下水的补给、径流、排泄条件

如前所述，盆地中部是松散岩类孔隙水分布区，周边丘陵山区依次是碎屑岩类裂隙孔隙水、基岩裂隙水、碳酸盐岩岩溶水、冻结层水分布区。

3800m 以上地区，气候寒冷，多年冻土发育，地下水的补给严格受到气候和水文条件的限制，漫长的冬季（11 月至翌年 3 月）地表冻结，地下水补给量减少。夏季气温升高，地表解冻，冰雪消融，降雨量增加，具有潜水特征的冻结层上水循环交替积极，经过短暂的循环，以泉的形式泄出地表汇流成溪，部分补给基岩裂隙水。而埋藏于地下深处的冻结层下水一般受断裂控制经深循环后出露地表形成矿泉热泉。

3800m 以下的中高山区，是基岩裂隙水的分布区，它们在接受大气降水和少量的冻结层上水补给并沿其裂隙运移后，部分地下水又以泉的方式泄出地表，并汇集于沟谷，呈地表径流形式流出山区，部分通过不同岩类地层的接触部位以隐蔽方式补给位于其侧下方的碎屑岩类裂隙孔隙水，少部分以蒸发形式排泄。

盆地边部的碎屑岩地层以平行不整合、超覆不整合或断层形式与周边山区地层相接，山区基岩裂隙水通过接合部位的裂隙、孔隙以及断层破碎带以隐蔽方式补给，形成碎屑岩类裂隙孔隙水，之后沿岩层进入盆地深部而形成承压自流水。

盆地内低山丘陵区近地表带由于水文网切割，地形支离破碎，往往各沟谷独自形成补、径、排系统。地下水主要依靠有限的大气降水入渗补给，形成碎屑岩类风化裂隙水。以蒸发方式就地消耗或以地表径流方式汇集于沟谷后流出丘陵区。

盆地中部的松散岩类，在中上游段主要接受河流、溪水的垂直渗漏补给，大气降水次之，形成松散岩类孔隙水。在下游段以泉水或潜流形式推向河流，从而完成一个独立盆地的水循环。

三、各流域地下水资源概况

（一）大通河流域

大通河流经木里—江仓盆地、大通河滩—皇城低山丘陵区、门源盆地、穿越仙米大山基岩山区后于民和享堂汇入湟水。

1. 松散岩类孔隙水

主要分布于木里—江仓盆地和门源盆地，据分布部位的不同又可分为山前斜倾平原区松散岩类孔隙水和河谷区松散岩类孔隙水。

（1）山前倾斜平原区孔隙水

木里—江仓盆地：在木里—江仓盆地山前倾斜平原，北岸宽约 4km，南岸宽约 10km，东西纵长 120km。第四系冰碛、冰湖积泥质砂卵砾石厚度一般为 100～120m，下伏地层为三叠系砂页岩、第三系杂岩。据物探资料，多年冻土厚度达 30～70m，由于冻土层的分隔，构成冻结层上潜水和冻结层下弱承压水含水层。

冻结层上水以季节隔化形式出现，融化层厚 0.5～1.30m，水位埋深 0.2～1.0m。由于冻结层上水的浸润和溢出，地表常形成沼泽和湿地，有些地段溢出而成泉，汇流而成溪。泉流量一般为 0.5～5L/s，大者 8～9L/s。泉群处的流量可达 60～65L/s。

多年冻结层之下，深厚的更新统冰川冰水相沉积层及下伏中新生界地层中，赋存有冻结层下弱承压水。

ZK11 号孔，位于大通河北岸山前倾斜平原中部，孔深 125.21m 未见基岩，冻结层下水埋深 43.89m，含水层为中更新统含泥卵砾石及泥砾层，单位涌水量 0.266L/（s·m），计算涌水量为 190.84m³/d。

第三系、侏罗系地层中的冻结层下弱承压水，为 ZK60、10 号孔所揭露。ZK60 号孔位于大通河南岸，物探测井揭示，0.8～3.8m 为冻土层，第四系砂卵石层厚 17.10m，下伏三叠系砂页岩中冻结层下弱承压水，水位 +0.28m 而自流，单位涌水量为 0.22L/（s·m）；ZK10 号孔，位于盆地东缘扎隆水河谷中，钻探揭露至 30.87m，发现新第三系泥岩中有冰屑。其冻结层下含水层为砾岩，承压水水头（负水头）高出顶板 25.88m。单位涌水量 0.04L/s。

木里—江仓盆地山前倾斜平原松散岩类孔隙水天然资源量为：

径流模数法：47.47×10⁴m³/d

断面法：10.32×10⁴m³/d

门源盆地：在门源盆地，冷龙岭山前倾斜平原，西起永安河水文站，东至胜利乡，长 70km，南北宽 6～12km，面积 460km²，范围与山前拗陷带一致。有大小十几条源于高山深谷的河流注入，这些河流在山区的汇水面积比山前平原面积还要大 120km²。按老虎沟水文站观测的年平均径流模数（20.2L/s·km²）和野外实测渗漏率（70.5%）计算，地表水渗漏量为 71×10⁴m³/d。至山前倾斜平原前缘沿着大通河谷坡脚则有大量泉水泄出，据统计泉水流量达 6.6×10⁴m³/d，其中门源镇南一段 2.5km 宽泉群流量为 5.5×10⁴m³/d，门源镇自来水公司水源地位于此处。

山前倾斜平原地下水位埋深、含水层岩性及富水性在空间变化很大，前缘 2～5km 和沿支流河谷地带，水位埋深小于 100m，含水层主要为上更新统晚期冰水堆积含泥少的砂卵石层，厚度小于 100m。单孔换算涌水量，沿支流河谷为 500～1000m³/d，河间地段为 100～500m³/d；倾斜平原后缘即山前地带，水位埋深约在 100～180m 以上，含水层岩性主要为下更新统含泥较高的砂卵石。

据民井水位动态观测和泉水流量变化的访问，年内夏季丰水。井水位年变化幅度，山前倾斜平原前缘为 1~2m，后缘大于 4.2m。

门源盆地冷龙岭山前倾斜平原区地下水天然资源量：入渗量总和法计算为 70.49×10⁴m³/d，断面法计算为 72.91×10⁴m³/d。

（2）河谷孔隙潜水

木里—江仓盆地：在木里—江仓盆地的松散岩类冻结层分布区，大通河在其中部形成河谷带状融区，宽度 1~2km，厚度 15~50m，含水层岩性为砂砾石，接受河流入渗补给和冻结层上水侧向补给，水位埋深 0.5~2.0m。

断面法计算的天然资源量为 3335m³/d。

在门源盆地主要富水河段如下：

①大通河流经门源盆地长 47km，河谷宽 1.5~2.5km，两岸断续分布有 2~3 级堆积阶地。潜水位埋深小于 10m。含水层以砂卵石为主夹砂砾石透镜体，厚 15~55m，南岸靠大坂山麓较薄，北岸冷龙岭山前倾斜平原沉降带厚度较大。平均渗透系数为 96.9m/d。地下水主要接受冷龙岭山前倾斜平原地下水径流补给，此外还有降水和季节性河水调节补给。钻孔涌水量为 1300~2000m³/d。

根据青石嘴河谷一级阶地民井潜水位动态观测资料，春季枯水，夏季丰水，水位年变幅为 1~2m。

断面法计算的天然资源量为：青石嘴断面：2.18×10⁴m³/d，门源断面 1.85×10⁴m³/d。

②永安西河下游：永安西河是大通河北岸一条较大的常年有水的山区支流，源于冷龙岭南坡，大梁以上汇水面积 254km²，年平均流量 2.93m³/d。大部属侵蚀型河谷，发育基座阶地，阶地上覆盖层一般不含水。惟流经托勒山南麓北西西向沉降带与多束山帚状构造一条北北东向斜的复合部位则变为堆积型河段，该段东岸二级阶地（沿向斜轴）宽达 2km，阶地中央有一宽浅洼地，因迁扎道弯山北西西向隆起，洼地中有泉水溢出，流量达 10.27L/s；在河口，沿大通河谷泉群流量达 117L/s（计 1.01×10⁴m³/d）。地下水主要是永安西河河水沿着上述两条沉降带复合部位渗入补给的。

2. 基岩山区地下水

基岩山区地下水资源量及计算方法详见表 2-38。

表 2-38　大通河流域基岩区地下水资源量计算结果表　　×10⁴m³/d

计算方法	基岩裂隙水	碳酸盐岩岩溶水	碎屑岩类裂隙孔隙水	冻结层水 基岩类	冻结层水 松散岩类	合计	取值
地下径流模法	22 676	7306	4961	44 975	24 391	104 309	104 039
降水入渗法	20 706	2380	3116	27 335	16 346	69 883	

（二）黑河流域

黑河西起走廊南山南麓，南东向穿越托勒山与走廊南山之间的山间谷地，经野马嘴峡谷、野牛台河谷、野牛沟—扎麻什段山区，于黄藏寺接受北西向汇入的八宝河支流补给，之后向北穿越祁连山脉流出本区。

八宝河东起景阳岭，北西向穿越八宝河谷、阿力克—黄藏寺山区，是黑河主要支流。

1. 松散岩类孔隙水

（1）山前倾斜平原孔隙潜水　在托勒山与走廊南山之间、野马嘴以上的山间谷地，有大面积分布的山前倾斜平原松散岩类孔隙水，含水层岩性为冰碛、冰水堆积物，厚度 $100\sim500m$。

在野马嘴段，断面法计算的地下水天然资源量为 $14.33\times10^4m^3/d$。

（2）河谷区孔隙潜水　在野牛台段，河谷宽度 $2\sim4km$，含水层厚度 $450m$，断面法计算的地下水天然资源量为 $1.97\times10^4m^3/d$。

在八宝河中游地段，河谷宽度 $3\sim6km$，含水层厚 $30\sim70m$，断面法计算的地下水天然资源量为 $1.25\times10^4m^3/d$。

2. 基岩山区地下水

基岩山区地下水资源量及计算方法详见表 2－39。

表 2－39　黑河流域基岩山区地下水资源计算结果表　　　　　　　　$\times10^4m^3/d$

计算方法	基岩裂隙水	碳酸盐岩岩溶水	碎屑岩类裂隙孔隙水	冻结层水		合计	取值
				基岩类	松散岩类		
地下水径流模数法	–	3017	3407	21329	5449	33202	33202
降水入渗法	–	3378	3733	27807	7992	42910	

（三）党河、疏勒河、托勒河流域

党河、疏勒河、托勒河 3 个流域在区内主要位于基岩山区。地下水资源计算结果见表2－40。

表 2－40　党河、疏勒河、托勒河流域地下水资源计算结果表　　　　　$\times10^4m^3/d$

流域名称	计算方法	基岩裂隙水	碳酸盐岩岩溶水	碎屑岩类裂隙孔隙水	冻结层水		合计	取值
					基岩类	松散岩类		
党河	地下径流模数法	–	–	1016	3940	1011	5967	5967
	降水入渗法	–	–	1352	8388	2422	12162	
疏勒河	地下径流模数法	–	11221	2072	10468	3218	26979	26979
	降水入渗法	–	12271	2757	22285	7708	45021	
托勒河	地下径流模数法	–	3858	–	8122	1544	13524	13524
	降水入渗法	–	4319	–	10589	2280	17188	

（四）哈拉湖盆地

哈拉湖盆地至今仍是水文地质工作的空白区，据邻区资料类比计算的地下水资源量见表 2－41。

表 2 - 41　哈拉湖盆地地下水资源计算结果表　　　　　　　　×10⁴ m³/d

计算方法	基岩裂隙水	碳酸盐岩岩溶水	碎屑岩类裂隙孔隙水	冻结层水		合计	取值
				基岩类	松散岩类		
地下径流模数法	–	2341	417	3416	5888	12 062	12 062
降水入渗法	–	2692	583	4649	14831	22 755	

第六节　土　壤

一、土壤分布

土壤是在特定的地理位置、地貌地质、气候和植被的综合影响下形成的。祁连山地区由于地形复杂，直接影响着热量和水分的再分配。地势由高向低过渡，温度逐渐升高；由东向西过渡，水分逐渐减少，温度降低，导致植被明显变化。这给土壤的形成奠定了基础。由于山体的变化，海拔由低向高或由高向低土壤垂直分布明显；由于不同的经纬度，影响着生物气候条件，土壤的变化为水平分布规律；由中小地形和区域性水文地质条件的影响引起的土壤组合与分布规律，即为"隐域性土壤"。

1. 地带性土壤

土壤类型依海拔高度呈明显的垂直分布规律。由高处向低处分别有高山寒漠土、高山草甸土、山地（高中山地带）草甸土、灰褐土、黑钙土、栗钙土。土壤垂直状况是：在海拔 5254 ~ 3900（4000）m 为高山寒漠土，3900（4000）~ 3600（3500）m 为高山草甸土，3600 ~ 3100（3200）m 为山地草甸土和灰褐土，3100（3200）~ 2700m 为黑钙土，2700 ~ 2400m 为栗钙土。冷龙岭南坡和大坂山的北坡，切割严重，起伏变化剧烈，形成条件各有差异。因此，在过渡地带，各土类分布的海拔高度上限和下限因地貌的变化而发生上伸和下延，土类界线并非平滑地沿等高线分开，而是犬齿交错、镶嵌在一起。

2. 非地带性土壤

潮土、沼泽土和新积土为非地带性土壤。它们受地下水、山地渗出水和融冰水的作用。潮土和新积土分布在河谷一级阶地或新围垦的河漫滩上，在旧河床上也有分布。沼泽土分布在地下径流露头出的泉水边和河流凸岸或小的牛轭湖边，山地的地下径流汇集处有箕形沟头亦有沼泽土发育，但分布比较零星，面积小，在高山的崖壑平缓处，古冰斗和凹形地的积水地方，都发育有沼泽土。

这几种土的成土过程都受地下水或者积水的影响，不受地带和气候带的限制，故称为非地带性的土壤。

二、土壤分类

土壤是由所处的地形、地貌、母质、气候、植被、时间诸成土因素互相制约，共同作用下形成的。广厚的第四纪沉积物，复杂的地质岩石，奠定了土壤形成的物质基础，地貌的多样性和复杂变化导致了水热和植被状况的分异；变化多端的气候和植被推动了土壤的发育。

根据《全国第二次土壤普查暂行技术规程》和《补充规定》中有关土壤分类的意见，土壤分类采用我国习惯使用的土类、亚类、土属、土种、变种 5 级分类制。

土类：是高级分类的基本单元，是在一定的生物气候条下，具有独特的成土过程，并产生与其相适应的土壤属性的一群土壤。不同土类有质的差别，如栗钙土、黑钙土、山地草甸土、高山草甸土、高山寒漠土等。

亚类：是在主导土壤成土因素作用以外，还受另一些次要成土过程的作用而形成的土类与土类之间的过渡类型。如暗栗钙土亚类，由于它处于气候等条件向黑钙土过渡的地带，因此土壤有机质含量增高，钙积层出现部位深而且扩散，碳酸钙的含量低。

土属：是亚类和土种之间承上启下的分类单元。主要根据区域因素，如母质类型与性质、土壤质地、水文地质、农业措施影响下的土壤水热状况等地域性因素进行划分。如黑钙土亚类可分为滩地黑钙土、山地耕种黑钙土和滩地耕种黑钙土等土属。

土种：是土壤分类的基本单元。自然界的土壤，都是由一个一个土种构成的，土种是在相同的母质基础上，具有类似的发育程度、土体构型和土壤特性、耕作土壤的熟化程度，耕性与肥力高低，也亦是划分土种的依据。

变种：是土种范围内的变化，以表层或耕层某些变异作为区分依据。

农业土壤是在自然土壤基础上耕垦、改良、熟化而成。两者的关系既具联系性、统一性又具有发育阶段上的差异性。在分类时，依据发生学土壤分类原则和土壤形成条件、形成过程与土壤特性三者紧密结合的原则进行。由于本区的垦种历史不长，施肥、灌水等人为影响较轻，种植指数小等原因，耕作土壤的剖面形态和土壤属性改变不大。因此就耕作土壤而言，未单独分出土类，而只在亚类或土属上反映出来，如灌淤型栗钙土亚类，滩地耕种黑钙土土属等。

根据调查资料统计，保护区土壤有 11 个土类，28 个亚类，黑钙土和栗钙土两个土类共分 27 个土种（表 2－42）。

表 2－42　土壤分类系统表

土类	亚类	土属	土种
高山寒漠土	高山寒漠土		
	高山石质土		
高山草甸土	高山草甸土		
	高山草原草甸土		
	高山灌丛草甸土		
高山草原土	高山草甸草原土		
	高山草原土		
	高山荒漠草原土		
山地草甸土	山地草甸土		
	山地草原草甸土		
	山地灌丛草甸土		

（续）

土类	亚类	土属	土种
草甸土	草甸土 林灌草甸土 耕种草甸土		
灰褐土	淋溶灰褐土 灰褐土		
黑钙土	淋溶黑钙土	滩地黑土	山地石渣土
			薄层滩地黑土
			中层滩地黑土
			厚层滩地黑土
		耕种淋溶黑钙土	山地油黑土
			滩地油黑土
		黑钙土	中层黑钙土
			厚层黑钙土
	黑钙土	山地耕种黑钙土	黑土（黑鸡粪）
			黄黑土（山地黄麻土）
			红砂土
	石灰性黑钙土	滩地耕种黑钙土	薄层滩地耕种黑土
			中层滩地耕种黑土
			厚层滩地耕种黑土
			滩地黄黑土
			滩地黑砂土
栗钙土	暗栗钙土	砂质暗栗钙土	厚层砂质暗栗钙土
		耕种暗栗钙土	黑黄土（黑麻土）
			黑红土
	栗钙土	黄土性栗钙土	黄土性栗钙土
	淡栗钙土	淡栗钙土	淡栗钙土
		白黄土	白黄土
		红黄土	砂质红黏土
	灌溉型栗钙土	灌淤型黄土	灌淤黄麻土
			灌淤黑麻土
		灌淤型砂土	灌淤黑麻砂土
		灌淤型红土	灌淤红麻土
沼泽土	草甸沼泽土 泥炭腐殖质沼泽土 沼泽土		
潮土	潮砂土	泥澄土 砾土石	白淤土 砾土石
新积土	堆垫土	人工堆垫土	人工垫土

三、主要土壤类型特征

（一）高山寒漠土

高山寒漠土是高山寒冷气候带发育的土壤。此带气温低，雷雨多，岩石碎片上集聚着炻器与水珠，在重力作用下，水珠常汇集成水线下流，整个高山碎石带似浸在水中。

该土带是脱离现代冰川不久，部分处在现代冰川的冰缘之下，因此，除受云雾水汽的影响之外，还强烈地受融冰水的作用。冰水透过岩屑及石片缝隙，流下水坡，汇集于沟谷或洼地形成河流或水斗湖。近期脱离现代冰川地区，母质为冰碛物，或冰水沉积物；时间较久的为冻融风化（破裂）的巨大岩块，灰岩和花岗岩或片麻岩巨石颇多，火山碎屑岩和紫色砂岩及泥岩为碎片，呈倒石堆，表面粗而松散，细粒很少，夏季消溶不过 20~40cm，有终年永冻层。

高山寒漠带植被稀少，只有岩生地衣等一类的矮小植物。在向原始高山草甸土亚类过渡地带，生成有稀疏的嵩草、唐松草、圆穗蓼、毛茛等，覆盖度极低，一般为 1%~2%。

高山寒漠土有机质的积累和分解都很缓慢，土壤颜色极淡。水分处于饱和状态，而且流动性强，易溶盐分不便积累，除了含有碳酸钙的灰岩之外，对盐酸都不起泡沫反应。

高山寒温带发育高山寒漠土，根据水分和植被状况，分为高山寒漠土和高山石质土两个亚类。

（1）高山寒漠土亚类　分布在现代冰川下缘，土被且不连片，母质为冰碛物和岩石风化残积物。水分饱和，20~40cm 以下为冻土层。冻土层之上径流发达，土色极淡。向阳面岩片表面覆有少量的岩生地衣等低等植物，几乎无有机质的积累。

（2）高山石质土亚类　与高山寒漠土亚类相比，高山石质土亚类不受冰川融水作用，冻土层在 0cm 以下，古冰斗和平缓高山洼地中生长有嵩草、唐松草和圆穗蓼等矮小植被。在岩屑坡下部和阳山湾的土被较稳定处，亦有类似植被生长，植被总覆盖度不超过 10%。土壤有机质含量可达 1%~3%，土壤腐殖质中胡敏酸与富里酸之比约为 0.3。

高山石质土是高山寒漠土向原始高山草甸土亚类过渡的土壤类型，淋溶作用强，无石灰反应。剖面发育极弱，为 A—D 型。它主要分布在冷龙岭和大坂山向其两侧伸出的高山碎石带（表 2-43、表 2-44）。

表 2-43　高山寒漠土机械组成

剖面号	地点	深度(cm)	各级颗粒（粒径：mm）							<0.01mm 总量	质地
			1.0~0.5	0.5~0.25	0.25~0.1	0.1~0.05	0.05~0.01	0.01~0.001	<0.001		
383	瓦瓮山	0~13	5.69	7.83	10.66	37.52	22.17	6.05	10.08	16.13	砂壤土

表 2-44　高山寒漠土化学性质

剖面号	地点	深度(cm)	pH 值	CaCO₃(%)	有机质(%)	全氮(%)	全磷(%)	全钾(%)	碱解氮(mg/kg)	速效磷(mg/kg)	速效钾(mg/kg)	C/N
383	瓦瓮山	0~13	8.3	5.19	2.40	0.01	0.10	3.53	46	11	73	139.21

（二）高山草甸土

高山草甸土分高山高原草甸土、高山草甸土和高山灌丛草甸土 3 个亚类。

（1）高山草原草甸土　主要分布在高山草甸土带的最上部，与高山石质土衔接，气候特点是低温潮湿，干湿季节不明显。原生植被主要是矮嵩草、小嵩草、雪莲、唐松草、圆穗蓼，还有稀疏的金露梅等，但矮小稀疏且不连片。地形陡峭，阳坡多石堆，阴坡多为风化差的巨石，母质多为灰岩、片岩、碎屑岩等残积物和残积—坡积物。

高山草原草甸土属淋溶型土壤，生草过程弱，A 层薄，不连续。一般土体无石灰反应，只有在灰岩残积物上发育的高山草原草甸土，其基岩部分才有泡沫反应。土壤剖面多呈 A—D 型或 A—AC—D 型。

裸露岩石将土被截断，呈斑块状存在，整个土被覆盖度为 50% 左右。由于有机质矿化速率低，在有土被的生草处，土壤中仍积累有大量的有机质，表层有机质平均值为 55.91% 左右，N 含量丰富，碱解 N 向下部淋溶，P 养分极度缺乏，全 P 仅 0.103%，速效 P 平均 8mg/kg（表 2-45、表 2-46）。

表 2-45　高山草原草甸土剖面特征

剖面地点及海拔高度（m）	层次深度（cm）	干土壤颜色	质地	土壤结构	松紧度	根系	新生体	侵入体	石灰反应	pH 值
大西沟山顶 4193	0~7	黑灰色	砂壤土	粒状	松	较多	-	-	-	7.2
	7~20	灰黑色	砂壤土	小粒状	较松	少	-	-	-	6.4
	20 以下			基岩						

表 2-46　高山草原草甸土化学性质

剖面地点及海拔高度（m）	层次深度（cm）	有机质（%）	全氮（%）	全磷（%）	全钾（%）	碱解氮（mg/kg）	速效磷（mg/kg）	速效钾（mg/kg）	CaCO$_3$（%）	代换量（mmol/100g 土）
大西沟山顶 4193	0~7	5.91	0.316	0.103	1.81	293	8	369	0.19	27.50
	7~20	4.24	0.252	-	1.53	250	3	169	0.03	26.5
	20 以下	-	-	-	-	-	-	-	-	-

（2）高山草甸土　位于高山草原草甸土之下。母质以岩石风化的残积—坡积物为主。土体中混有较多的砾石和岩屑，粗骨性强。植被以矮嵩草和苔草为主，高度 10cm 左右，覆盖度 50%~80%。阴坡多巨石，植被盖度较小。平缓坡和峰间谷地与古冰斗凹地土层一般较厚，常因季节性积水而发生沼泽化。土体发育不全，无明显 B 层（淀积层）。生草层盘根错节，相似毡状，富有弹性，厚度 3~10cm，根系深达基岩。腐殖质层厚 8~40cm，阳山坡呈灰黑色，阴山坡呈灰黑色或黑灰色。由于冻融的影响，坡面呈不规则的阶梯形。

高山草甸土属林溶型土壤。土体各层碳酸钙含量多低于 1%。仅有个别高山阳坡小气候较好，热量稍多，蒸发量较大。多数土壤剖面对盐酸无泡沫反应或在剖面中下部才出现石灰反应。

表层土壤平均含有机质 10.29%，全 N 0.525%，碱解 N 387mg/kg，全 P 0.170%，速效

P 2mg/kg；全 K 2.57%，速效 K 69%；阳离子代换总量 32 mmol/100g 土，pH 值为 6.7（表 2 - 47、表 2 - 48）。

表 2 - 47 高山草甸土剖面特征

剖面地点及海拔高度（m）	层次深度（cm）	干土壤颜色	质地	土壤结构	松紧度	根系	新生体	侵入体	石灰反应	pH 值
绵羊岭达坂南 3803	0 ~ 4	灰棕色	轻壤土	团粒	较紧	多	-			7.1
	4 ~ 35	浅灰棕	中石质中壤	块状	较紧	多	-			7.1
	35 以下	-	基岩	块状						

表 2 - 48 高山草甸土化学性质

剖面地点及海拔高度（m）	层次深度（cm）	有机质（%）	全氮（%）	全磷（%）	全钾（%）	碱解氮（mg/kg）	速效磷（mg/kg）	速效钾（mg/kg）	$CaCO_3$（%）	代换量（mmol/100g 土）
绵羊岭达坂南 3803	0 ~ 4	10.29	0.525	0.170	2.57	387	2	69	0.04	32.0

（3）高山灌丛草甸土 主要发育在高山阴坡和半阴坡的坡积物上。在高山草甸土接壤或海拔近 4000m 的阳坡及山顶亦有高山灌丛草甸土发育。植被生长良好，密度大。建群植物有高山柳、金露梅、鬼箭锦鸡儿，草本植物有嵩草、苔草等，覆盖度达 90% 以上。水分充足，土壤物理性黏粒多达 50% 上下，为重壤至轻黏土。

高山灌丛草甸土剖面特点是由枯枝落叶和活苔藓组成的 A_0 层，腐殖质积累明显。由于凝冻冰年复一年的挤压作用，土体 20 ~ 30cm 深处出现层片状结构暴露的断面，此层呈碎片状。碎片表面带有铁锈斑纹，之下土层常有黏化现象，呈青色或蓝灰色。随土层的薄厚不一亦相应地出现薄厚不相同的有机质层，一般厚 10 ~ 40cm，有机质含量 10% ~ 20%。有机质层阳坡与山顶呈灰色或黑棕色，阴坡呈灰黑色或黑色。胡敏酸与富里酸之比 <1，多为粗腐殖质。

高山灌丛草甸土淋溶过程和腐殖质累积明显。碳酸钙含量 1%，剖面通体无石灰反应，各层 N、P 养分含量均一。

表层土壤平均含有机质 13.05%，碱解 N 515mg/kg，阳离子代换量 40 ~ 50mmol/100g 土，土壤水分常维持在 5% 上下（表 2 - 49、表 2 - 50）。

表 2 - 49 高山灌丛草甸土剖面特征

剖面地点及海拔高度（m）	层次深度（cm）	干土壤颜色	质地	土壤结构	松紧度	根系	新生体	侵入体	石灰反应	pH 值
老虎沟东岔大东沟口 3720	0 ~ 5	灰黑	石质轻壤	粒状	松	多				
	5 ~ 19	灰黑	石质轻壤	粒状	松	较多				6.7
	19 ~ 32	蓝灰黑	中壤土	小粒状	松	少	锈斑			6.5
	32 ~ 45	蓝灰	中壤土	块状	较松	无	-			6.4

表2-50 高山灌丛草甸土化学性质

剖面地点及海拔高度（m）	层次深度（cm）	有机质（%）	全氮（%）	全磷（%）	全钾（%）	碱解氮（mg/kg）	速效磷（mg/kg）	速效钾（mg/kg）	CaCO₃（%）	代换量（mmol/100g 土）
老虎沟东岔大东沟口 3720	0~5	–	0.121	0.186	1.60	–	–	183	–	–
	5~19	18.93	0.787	0.210	2.01	688	4	266	0.19	57
	19~32	15.6	0.683	0.201	1.68	644	2	246	0.04	42.3
	32~45	10.53	0.401	0.192	1.17	601	2	232	0.04	34.9

（三）高山草原土

主要分布在托勒、疏勒高山地带，海拔高度和高山草甸土类相同。由于经度偏西，高山阻挡，海洋性气流难以到达，主要受新疆、河西走廊干旱气候的影响。因此，气候干旱多风，植被生长稀疏。草地类型为山地草地类，优势植物有疏花针茅、紫花针茅、扁穗冰草，伴生有赖草、马先蒿、紫菀、细叶苔草等，盖度35%~60%。母岩为火山碎屑岩风化的坡积物。土体干燥，通气条件良好，有机质分解快，含量低，淋溶弱，从剖面表层起就有石灰反应，呈碱性。根据土壤发育因素之间的差异和产生的相应土壤特征，高山草原土分为高山草甸草原土、高山草原土和高山荒漠草原土3个亚类。

（1）高山草甸草原土 主要分布托勒、疏勒等地的半阳坡，母质为坡积物。生长的植物有针茅、扁穗冰草、嵩草、细叶苔草、早熟禾等，盖度40%~60%。地表形成松散的草皮层，呈栗色或灰棕色。平均土层厚40cm左右，质地较粗。多为砂壤，剖面有轻微的淋溶，从剖面表层起就有石灰反应（表2-51、表2-52）。

表2-51 高山草甸草原土机械组成

剖面号	地点	深度（cm）	各级颗粒（粒径：mm）							<0.01mm 总量	质地
			1.0~0.5	0.5~0.25	0.25~0.1	0.1~0.05	0.05~0.01	0.01~0.001	<0.001		
435	大白石头沟	0~6	0.36	0.56	1.97	11.88	46.67	12.18	10.15	38.56	中壤土
		6~30	4.20	2.29	5.13	39.75	26.34	8.11	14.15	22.26	轻壤土
		30~54	6.20	2.14	4.13	34.68	22.36	8.13	10.16	30.49	中壤土

表2-52 高山草甸草原土化学性质

剖面号	地点	深度（cm）	pH值	CaCO₃（%）	有机质（%）	全氮（%）	全磷（%）	全钾（%）	碱解氮（mg/kg）	速效磷（mg/kg）	速效钾（mg/kg）	C/N
435	大白石头沟	0~6	7.6	0.029	8.29	0.42	0.07	2.96	506	6	511	11.5
		6~30	8.3	19.91	3.46	0.20	0.07	2.44	229	24	234	9.9
		30~54	8.5	30.29	2.16	0.12	0.05	2.32	148	0	182	10.8

（2）高山草原土 主要分布在山地阳坡及半阳坡。植被为耐旱的针茅、扁穗冰草等，植被稀疏，盖度30%~40%，坡度陡，土层薄，除高山寒漠土外，是本区土壤最薄的土壤。地表布满一层更碎的石块，侵蚀比较严重，土壤表层没有明显的生草层，只有较薄的有机质

层，就过渡到 C 层，全剖面富含石砾（表 2 - 53、表 2 - 54）。

表 2 - 53　高山草原土机械组成

剖面号	地点	深度（cm）	各级颗粒（粒径：mm）							< 0.01mm 总量	质地
			1.0 ~ 0.5	0.5 ~ 0.25	0.25 ~ 0.1	0.1 ~ 0.05	0.05 ~ 0.01	0.01 ~ 0.001	< 0.001		
438	热水沟	0 ~ 15	6.57	3.67	4.95	20.03	30.51	10.08	10.08	34.27	中壤土
		15 ~ 22	8.24	2.11	2.20	22.93	28.23	10.08	10.08	36.29	中壤土

表 2 - 54　高山草原土化学性质

剖面号	地点	深度（cm）	pH 值	CaCO₃（%）	有机质（%）	全氮（%）	全磷（%）	全钾（%）	碱解氮（mg/kg）	速效磷（mg/kg）	速效钾（mg/kg）	C/N
438	热水沟	0 ~ 15	8.3	7.87	2.05	0.14	0.07	2.92	162	19	202	8.7
		15 ~ 22	8.4	14.49	1.52	0.10	0.06	2.54	142	13	102	8.5

（3）高山荒漠草原土　分布在海拔 3800 ~ 4100m 的山地阳坡和哈拉湖盆地。气候干旱，植被为荒漠植被，主要优势种有优若藜、红景天、针茅等，盖度 5% ~ 15%。坡积—残积物母质，薄土石质性强，表层常有皱纹状薄结皮和黑色地衣，有 8 ~ 12cm 的浅色有机质层，有机质含量 0.8% ~ 1.3%，碱性有石灰反应，盐分略有表聚（表 2 - 55、表 2 - 56）。

表 2 - 55　高山荒漠草原土剖面特征

剖面地点及海拔高度（m）	层次深度（cm）	干土壤颜色	质地	土壤结构	松紧度	根系	新生体	侵入体	石灰反应	pH 值
宗务隆乡	0 ~ 12	棕色	砂壤碎石	块状	较紧松	较多	—	—	+ + +	8.1
查干哈达	12 ~ 25	淡棕色	砂壤碎石	块状	较紧	少	—	—	+ + +	7.7
4170	25 以下		母质风化碎石	—	—	—	—	—	—	6.4

表 2 - 56　高山荒漠草原土化学性质

剖面地点及海拔高度（m）	层次深度（cm）	有机质（%）	全氮（%）	全磷（%）	速效氮（mg/kg）	速效磷（mg/kg）	速效钾（mg/kg）	CaCO₃（%）	全盐（%）
宗务隆乡查干哈达 4170	0 ~ 12		0.098	0.095	75	40.5	459	—	0.424
	12 ~ 25	1.38	0.052	0.132	43	11.9	304	—	0.259

（四）山地草甸土

主要分布在中山地带，海拔高度 3250 ~ 3600m（3700m）。植被为灌丛草甸和草原化草甸。有机质累积量大，腐殖质层深厚，土壤养分比较丰富。土层因受地形影响，各处薄厚不一，厚可达 1m 以上，薄的仅几厘米至十几厘米。因地形的差异，各处所接受的太阳辐射热量有多有少。根据土壤发育因素之间的差异和产生的相应土壤特征，山地草甸土分为山地草甸土、山地草原化草甸土和山地灌丛草甸土 3 个亚类。

（1）山地草甸土　主要分布在阴坡、半阴坡，水分充足，生草旺盛茂密，盖度90%以上。土被连片，土层深厚，为黄土母质。土体中混有石渣和岩屑，冬春季直至夏初，土壤剖面中存有凝冰。60cm左右有小片状结构层，呈灰黑色，以下为青色的块状结构黏化层。腐殖质层一般厚15～50cm，厚者可达80cm。分水岭两侧的腐殖质层棕黑色或暗棕色，土壤多粗有机质（表2－57、表2－58）。

表2－57　山地草甸土剖面特征

剖面地点及海拔高度（m）	层次深度（cm）	干土壤颜色	质地	土壤结构	松紧度	根系	新生体	侵入体	石灰反应	pH值
靳家湾后山 3340	0～14	黑灰	石质中壤	小粒状	松	多	－	－	－	7.2
	14～36	黑灰	石质轻壤	碎块状	松	中	－	－	－	7.2
	36～70	蓝灰	重石质重壤	碎片状	较紧	少	锈斑	－	－	7.1

表2－58　山地草甸土化学性质

剖面地点及海拔高度（m）	层次深度（cm）	有机质（%）	全氮（%）	全磷（%）	全钾（%）	碱解氮（mg/kg）	速效磷（mg/kg）	速效钾（mg/kg）	CaCO₃（%）	代换量（mmol/100g土）
靳家湾后山 3340	0～14	17.08	0.750	0.236	2.00	565	3	43	－	57.8
	14～36	8.33	0.422	0.173	2.64	416	2	123	－	41.4
	36～70	5.99	0.306	0.173	2.19	260	2	67	－	33.3

（2）山地草原化草甸土　主要分布在山地阳坡及半阳坡。气候温和，年蒸发量大于1000mm。土壤淋溶弱，土体通层或中下层有石灰反应。土层较薄，一般10～70cm，坡根或低凹处土层可达1m以上。母质复杂，多坡积物和黄土性物质。混有棱角锋利的碎石片和碎岩屑。植被为耐旱的矮嵩草、赖草、针茅等。土壤多粗有机质，有机质层棕色、暗棕色和黄棕色，含量5%～13%，厚10～40cm。表层碳酸钙含量2.67%，淀积层可达24.8%左右。

山地草原化草甸土，土体干燥，从表面起就有石灰反应。淀积层出现在25～40cm深处，钙积层厚度一般30～60cm，剖面A—B—C—（D）型，残积岩块表面常被黄白色的碳酸钙膜，淀积层胶结紧实（表2－59、表2－60）。

表2－59　山地草原化草甸土剖面特征

剖面地点及海拔高度（m）	层次深度（cm）	干土壤颜色	质地	土壤结构	松紧度	根系	新生体	侵入体	石灰反应	pH值
桌子掌 3260	0～7	暗棕	轻壤	粒状	较紧	极多	－	－	＋	7.7
	7～24	棕灰	轻壤	团粒状	松	多	－	－	＋＋	7.9
	24～39	黄灰	重壤	块状	松	少	少量假菌丝	－	＋＋＋	8.1
	39～55	浅黄灰	重壤	块状	较紧	极少	假菌丝	－	＋＋＋	8.2

表 2 - 60　山地草原化草甸土化学性质

剖面地点及海拔高度（m）	层次深度（cm）	有机质（%）	全氮（%）	全磷（%）	全钾（%）	碱解氮（mg/kg）	速效磷（mg/kg）	速效钾（mg/kg）	CaCO₃（%）	代换量（mmol/100g 土）
	0 ~ 7	13. 29	0. 667	0. 189	2. 26	492	10	258	2. 67	37. 7
桌子掌	7 ~ 24	4. 39	0. 279	0. 147	1. 53	140	8	110	13. 33	18. 3
3260	24 ~ 39	1. 12	0. 074	0. 136	2. 02	42	6	68	24. 77	7. 5
	39 ~ 55	1. 20	0. 067	0. 133	1. 21	42	1	63	24. 47	7. 3

（3）山地灌丛草甸土　主要分布在祁连山和大坂山北坡的阴坡和半阴坡，在中山带（亚高山带）的沟谷两侧。气候湿润，水分充沛。土层一般较薄，20 ~ 40cm，在凹形地处土层较厚，可达 60cm 以上。母质多残积坡积物，亦有少部分黄土和黄土性物质，但混进砾石片多。坡度大，易侵蚀。在灌木林下，有 A₀（枯枝落叶）层剖面。有机质层常达基岩，厚度 10 ~ 40cm，有机质含量一般 5% ~ 17%，平均 16. 27%；全 N 0. 7617%，碱解 N 575mg/kg，C/N 比 14. 3，全 P 0. 2227%，速效 P 8. 8mg/kg，全 K 2. 084%，速效 K 184mg/kg。

山地灌丛草甸土属淋溶型土壤，碳酸钙含量 <1%，pH6. 5，无石灰反应，多数酸性。土壤湿度大，水分常维持在 30% 左右，土壤质地黏重，常发生沼泽化现象。剖面中有弱灰黏化层，剖面自表层有铁锈斑，5 月份 50cm 深处仍有冻土层，20 ~ 40cm 深处为小片状冻土结构（表 2 - 61、表 2 - 62）。

表 2 - 61　山地灌丛草甸土剖面特征

剖面地点及海拔高度（m）	层次深度（cm）	干土壤颜色	质地	土壤结构	松紧度	根系	新生体	侵入体	石灰反应	pH 值
西岔沟	0 ~ 24	暗棕黑	石质重壤	团块状	较松	多	锈斑	-	-	6. 4
3480	24 ~ 43	黑灰	石质轻黏土	小片状	稍紧	多	锈斑	-	-	6. 3
	43 以下	蓝灰	石质轻黏土	块状	紧	少	锈斑	-	-	

表 2 - 62　山地灌丛草甸土化学性质

剖面地点及海拔高度（m）	层次深度（cm）	有机质（%）	全氮（%）	全磷（%）	全钾（%）	碱解氮（mg/kg）	速效磷（mg/kg）	速效钾（mg/kg）	CaCO₃（%）	代换量（mmol/100g 土）
西岔沟	0 ~ 24	8. 80	0. 674	0. 238	2. 23	189	3	157	0. 02	44. 0
3480	24 ~ 43	8. 63	0. 409	0. 210	2. 31	267	4	67	0	29. 4

（五）灰褐土

灰褐土是湿润或半湿润地区森林覆被下发育的土壤，降水量 450 ~ 600mm，干燥度 ≤1。根据土壤淋溶状况，分为淋溶灰褐土和灰褐土两个亚类。

（1）淋溶灰褐土　它是阴山坡青海云杉林和部分阴山针阔混交林等森林植被下发育起来的土壤。成土母质复杂，有黄土及黄土性物质、紫泥岩、红砂岩及火山碎屑等的风化残积物或坡积物。土体厚 20 ~ 100cm 不等，混有风化岩块。通层无石灰反应。表层有机质

16%～28%,平均24.04%。

土壤剖面有枯枝落叶层,厚3～10cm,松软而有弹性,多生有苔藓,枯枝落叶层下为棕色朽木状的腐殖质层,之下是黑灰色的腐殖质层,整个腐殖质层厚40～70cm(表2-63、表2-64)。

表2-63 淋溶灰褐土剖面特征

剖面地点及海拔高度(m)	层次深度(cm)	干土壤颜色	质地	土壤结构	松紧度	根系	新生体	侵入体	石灰反应	pH值
聚羊沟阴山上部3161	0～7	黑灰	中壤	小粒状	松	少	-	-	-	7.5
	7～16	棕黑	总壤	小粒状	较紧	多	-	-	-	7.8
	16～37	棕灰	中壤	粒状	较紧	多	-	-	-	7.7
	37以下	-	基岩	-	-	-	-	-	-	-

表2-64 淋溶灰褐土化学性质

剖面地点及海拔高度(m)	层次深度(cm)	有机质(%)	全氮(%)	全磷(%)	全钾(%)	碱解氮(mg/kg)	速效磷(mg/kg)	速效钾(mg/kg)	CaCO₃(%)	代换量(mmol/100g土)
聚羊沟阴山上部3161	0～7	27.77	1.15	0.204	1.02	640	9	432	0.39	72.3
	7～16	16.24	0.605	0.186	1.75	331	26	360	0.21	42.8
	16～37	14.01	0.596	0.156	1.40	221	-	239	0.10	518

(2)灰褐土 主要发育在阳坡的圆柏林、阔叶林和云杉林之下。土壤剖面有石灰反应,土色较淡,有机质层薄,一般30～40cm,碳酸钙含量一般8%～30%,pH7.8～8.6。土壤养分在剖面中分布是上部高、下部低,集中在腐殖质层。阳离子代换量平均38.5mmol/100g土(表2-65、表2-66)。

表2-65 灰褐土剖面特征

剖面地点及海拔高度(m)	层次深度(cm)	干土壤颜色	质地	土壤结构	松紧度	根系	新生体	侵入体	石灰反应	pH值
龙义沟阴山中部2800	0～10	暗棕灰	中壤	团粒状	松	多	-	-	+	7.8
	10～50	棕灰	砂壤	粒状	松	多	假菌丝	-	+ +	8.2
	50以下	灰白	基岩	块状	较紧	无	-	-	+ + +	8.6

表2-66 灰褐土化学性质

剖面地点及海拔高度(m)	层次深度(cm)	有机质(%)	全氮(%)	全磷(%)	全钾(%)	碱解氮(mg/kg)	速效磷(mg/kg)	速效钾(mg/kg)	CaCO₃(%)	代换量(mmol/100g土)
龙义沟阴山中部2800	0～10	14.45	0.618	0.183	2.29	417	5	320	2.19	43.4
	10～50	9.22	0.444	0.176	2.49	291	9	292	8.20	33.0
	50以下	10.3	0.045	0.116	2.03	36	-	93	30.22	3.3

（六）黑钙土

黑钙土（黑土）是本区主要土壤类型，在土壤垂直带谱中，上接山地草甸土和灰褐土类，下接栗钙土类。在海拔 2760~3300m 广阔的中山地区，有大面积连片集中的黑钙土发育。母质为第四纪沉积物和坡积物，部分黑钙土发育在第三纪红砂岩风化壳上。根据成土条件影响的不同，黑钙土分为 3 个亚类，即淋溶黑钙土、黑钙土和草甸黑钙土。

（1）淋溶黑钙土亚类　植被主要有小嵩草、矮嵩草、针茅、苔草等，发育在黄土性母质和岩石风化残积—坡积物上。淋溶作用强，表层或通体无石灰反应。pH 值 7.3 左右。土层薄厚因地而异，平缓及凹处土层较厚，达 50~65cm 或更深，较陡的山坡处土层薄，且混有多量石渣。有机质含量 1.31%~15.99%，氮钾养分较丰富，速效磷不足（表 2-67、表 2-68）。

（2）黑钙土亚类　含碳酸盐黑钙土，主要分布在 3300m 以下的冬春草场地区。土层厚度一般 60cm 左右，剖面 A—B—C 型或 A—C 型结构。有机质层 50cm 左右。生草层多根系，多年生牧草根系互相交织在一起，挤压紧实，富有一定弹性。有机质层暗棕或黄棕色，含量 3.22%~4.11%。

表 2-67　淋溶黑钙土机械组成

剖面号	地点	深度（cm）	各级颗粒（粒径：mm）						总量（%）			质地
			>3	1~3	1~0.25	0.25~0.05	0.05~0.01	0.01~0.005	<0.001	<0.01	>0.01	
542	窑洞沟前台地	0~9	–	–	–	39.24	47.86	4.16	6.66	12.9	87.1	砂壤土
		9~24	1.82	3.12	10.19	28.07	23.51	6.13	18.81	38.23	61.77	重壤土
		24~33	1.38	7.38	7.20	35.16	18.39	4.09	20.85	39.25	60.75	重壤
		33~61	60.6	11.4	3.91	30.52	14.25	12.22	22.81	51.32	48.68	中黏土

表 2-68　淋溶黑钙土化学性质

剖面号	地点	深度（cm）	pH 值	CaCO₃（%）	有机质（%）	全氮（%）	全磷（%）	全钾（%）	碱解氮（mg/kg）	速效磷（mg/kg）	速效钾（mg/kg）	C/N
542	窑洞沟前台地	0~9	6.8	0.04	15.99	0.71	0.09	2.23	702	9	263	13.1
		9~24	7.2	0.02	4.11	0.24	0.07	2.75	205	8	144	9.9
		24~33	7.5	0	1.82	0.24	0.07	2.64	200	7	91	13.2
		33~61	7.5	0	1.31	0.05	0.03	2.67	122	0	71	15.2

此土属季节淋溶型。剖面自表层即出现石灰反应，钙积层扩散，呈白粉沫状。表层含碳酸钙 4% 左右，钙积层出现在 40~50cm 深处，厚 30~50cm 含碳酸钙 4%~15%。土壤受生草层密集的根系影响，通透性很差，降水不易保存，土温低。碳氮比（C/N）9~12；阳离子交换平均每 1.4mmol/100g 土，剖面上层高于下层。pH 值平均 7.7（表 2-69、表 2-70）。

表 2 - 69　黑钙土剖面特征

剖面地点及海拔高度（m）	层次深度（cm）	干土壤颜色	质地	土壤结构	松紧度	根系	新生体	侵入体	石灰反应	pH 值
西窑沟河滩中部3043	0 ~ 10	暗棕黑	砂壤	团粒状	松	多	-	-	+	7.2
	10 ~ 37	黄灰黑	轻壤	粒状	较松	少	-	-	+ +	8.8
	37 以下	-	砾石	-	-	-	-	-	+ +	

表 2 - 70　黑钙土化学性质

剖面地点及海拔高度（m）	层次深度（cm）	有机质（%）	全氮（%）	全磷（%）	全钾（%）	碱解氮（mg/kg）	速效磷（mg/kg）	速效钾（mg/kg）	CaCO₃（%）	代换量（mmol/100g 土）
西窑沟河滩中部3043	0 ~ 10	4.11	0.184	0.150	1.53	141	10	116	4.08	10.7
	10 ~ 37	3.22	0.158	0.148	1.52	120	7	81	4.11	10.1
	37 以下	-	-	-	-	-	-	-	-	-

（3）草甸黑钙土亚类　母质为水成沉积物，剖面底部有砾石层，砾石与砂粒被碳酸钙胶结紧实，透水性差。原生植被为草原化草甸。由于高山现代冰川的退却，水源供应减少。目前，大部分土体脱离地下潜育作用的影响，但剖面中仍然有铁锈斑纹的痕迹（表 2 - 71、表 2 - 72）。

表 2 - 71　草甸黑钙土（薄层滩地耕种黑土）剖面特征

剖面地点及海拔高度（m）	层次深度（cm）	干土壤颜色	质地	土壤结构	松紧度	根系	新生体	侵入体	石灰反应	pH 值
浩门农场一中队七号地3069	0 ~ 15	暗棕黑	中壤	团粒状	松	多	-	-	+	7.2
	15 ~ 24	棕灰黑	中壤	碎片状	紧	中	假菌丝	-	+ + +	8.8
	24 以下	蓝灰白	砾石	-	紧	-	假菌丝	-	+ + +	-

表 2 - 72　草甸黑钙土（薄层滩地耕种黑土）化学性质

剖面地点及海拔高度（m）	层次深度（cm）	有机质（%）	全氮（%）	全磷（%）	全钾（%）	碱解氮（mg/kg）	速效磷（mg/kg）	速效钾（mg/kg）	CaCO₃（%）	代换量（mmol/100g 土）
浩门农场一中队七号地3069	0 ~ 15	3.68	0.149	0.206	2.60	110	6	187	2.34	9.7
	15 ~ 24	4.03	0.180	0.171	2.56	151	13	129	0.48	15.3
	24 以下	-	-	-	-	-	-	-	-	-

（七）栗钙土

栗钙土，处于向黑钙土的过渡地带，分布在海拔 2300 ~ 2700m 的河谷中山阳坡上，成土母质复杂，以黄土和冲积次生黄土为多，冰碛物和混有残积—坡积物的黄土性母质次之。自然植物主要是草地，以旱生和中旱生的禾草为主。土层较厚，坡度较小的栗钙土已开垦，在长期人为农业活动影响下，有机质层的有机质含量一般都大为降低，土壤肥力下降，结构变坏。但采用正确的农业技术措施，土壤肥力得到提高，如灌淤型栗钙土，耕层土壤有机质可维持在3%上下，土壤结构良好，生产力较高。

土壤剖面发育完整，有栗色的有机质层，浅栗色或灰黄色的沉积层及淡灰黄色的母质层，土体受季节性淋溶作用，碳酸钙在剖面中大量沉积，形成较紧实的钙积层，钙积层上部呈假菌丝状，下层呈细颗粒状，钙积层出现于30~60cm处，阳坡出现层位高，厚度一般在25~60cm。碳酸钙含量10%~17%，最高27.58%。

有机质主要分布在剖面表层，有机质含量自然土壤4%~7%，耕作土壤耕层有机质降低至2%~3%，严重的降至0.5%以下。

栗钙土分暗栗钙土、栗钙土、淡栗钙土和灌淤栗钙土4个亚类。

（1）暗栗钙土亚类　暗栗钙土包括砂质暗栗钙土和耕种暗栗钙土两个土属。

砂质暗栗钙土：有机质含量平均4.76%，高者9%上下，呈暗栗色或暗棕黑色，质地较轻。为轻石质轻壤土或砂壤土，表层碳酸钙含量平均9.1%，钙积层出现层位40cm上下，碳酸钙含量20%左右，pH8.8，呈碱性（表2-73、表2-74）。

表2-73　砂质暗栗钙土剖面特征

剖面地点及海拔高度（m）	层次深度（cm）	干土壤颜色	质地	土壤结构	松紧度	根系	新生体	侵入体	石灰反应	pH值
纳隆山	0~10	暗棕黑	砂壤	团粒状	松	多	-	-	+	7.2
上部	10~37	黄灰黑	轻壤	粒状	较松	少	-	-	++	8.8
2650	37以下	-	砾石						++	

表2-74　砂质暗栗钙土化学性质

剖面地点及海拔高度（m）	层次深度（cm）	有机质（%）	全氮（%）	全磷（%）	全钾（%）	碱解氮（mg/kg）	速效磷（mg/kg）	速效钾（mg/kg）	CaCO₃（%）	代换量（mmol/100g 土）
西窑沟	0~10	4.11	0.184	0.150	1.53	141	10	116	4.08	10.7
河滩中部	10~37	3.22	0.158	0.148	1.52	120	7	81	4.11	10.1
3043	37以下	-	-	-	-					

（2）栗钙土亚类　该亚类只有黄土性栗钙土土属，零星分布在低中山的阳山坡低上，成土母质黄土，混有岩石风化残积物或坡积物，表层有机质平均3.25%，全N 0.195%；全P 0.15%；全K 1.81%，速效K 102mg/kg。表层含CaCO₃8.3%，钙积层20%左右，pH值8.3，微碱性，代换量每100土8.7mmol/100g土（表2-75、表2-76）。

表2-75　黄土性栗钙土剖面特征

剖面地点及海拔高度（m）	层次深度（cm）	干土壤颜色	质地	土壤结构	松紧度	根系	新生体	侵入体	石灰反应	pH值
麻当一队	0~13	栗	轻壤	粒状	较紧	多	-	-	+	8.4
2650	13~26	浅栗	轻壤	小块状	紧	中	-	-	+++	8.3
	26~60	浅栗	砂土		较紧	少	-	-	+++	8.6

表 2-76　黄土性栗钙土化学性质

剖面地点及海拔高度（m）	层次深度（cm）	有机质（%）	全氮（%）	全磷（%）	全钾（%）	碱解氮（mg/kg）	速效磷（mg/kg）	速效钾（mg/kg）	CaCO₃（%）	代换量（mmol/100g 土）
麻当一队 2650	0~13	3.05	0.187	0.167	1.77	157	8	118	12.50	8.2
	13~26	2.67	0.178	0.181	2.26	144	9	0	14.86	7.7
	26~60	2.79	0.094	0.160	1.77	72		43	17.19	6.1

（3）淡栗钙土亚类　淡栗钙土分白黄土与红黄土两个土属。

白黄土属只有一个白黄土土种。成土母质黄土，质地为中壤土或轻壤土，剖面中下层质地较轻。有机质主要分布在剖面上层，呈棕黄或淡栗色。含有机质 0.123%~0.45%，碱解 N 平均 27mg/kg，速效 P 9.8mg/kg，速效 K 135mg/kg，氮磷的总贮藏量和速效养分都很缺乏，碳氮比（C/N）7 左右，肥力水平低。

红黄土属只有一个砂质红黏土种。砂质红黏土成土母质为第三纪红色砂红岩风化物，混杂有部分黄土。粗粒为细砂，细粒红黏土。有机质层（耕作层）红棕或红栗色，含量 2%（表 2-77、表 2-78）。

表 2-77　白黄土剖面特征

剖面地点及海拔高度（m）	层次深度（cm）	干土壤颜色	质地	土壤结构	松紧度	根系	新生体	侵入体	石灰反应	pH 值
旱台后山前湾湾 2910	0~17	黄棕	轻壤	团块	松	多	－	－	+++	8.2
	17~25	浅黄棕	轻壤	块状	紧	少	－	－	+++	8.8
	25~93	浅黄	轻壤	片状	极紧	极少	－	－	+++	8.8
	93~150	黄白	砂壤	片状	坚硬	－			+++	8.8

（4）灌淤栗钙土亚类　灌淤栗钙土成土母质为河流冲积物。在施肥和灌水及洪水的影响下，灌淤层 30cm 左右，属栗钙土在灌淤等条件作用下形成的一个亚类，剖面无明显的钙积层或钙积层出现的层位深，且碳酸钙含量不高。

表 2-78　白黄土化学性质

剖面地点及海拔高度（m）	层次深度（cm）	有机质（%）	全氮（%）	全磷（%）	全钾（%）	碱解氮（mg/kg）	速效磷（mg/kg）	速效钾（mg/kg）	CaCO₃（%）	代换量（mmol/100g 土）
旱台后山前湾湾 2910	0~17	0.45	0.033	0.143	2.23	27	15	248	14.28	4.3
	17~25	0.23	0.017	0.141	1.72	27	16	228	14.40	4.9
	25~93	0.25	0.020	0.165	2.44	27	3	121	14.18	4.7
	93~150	0.31	0.016	0.163	2.13	27	5	111	14.25	6.2

灌淤型栗钙土亚类含灌淤性黄土、灌淤性砂土和灌淤性红土 3 个土属（表 2-79、表2-80）。

表 2-79 灌淤性黄麻土剖面特征

剖面地点及海拔高度（m）	层次深度（cm）	干土壤颜色	质地	土壤结构	松紧度	根系	新生体	侵入体	石灰反应	pH值
孔家庄四队前滩 2710	0~29	黄栗	轻壤	粒状	松	多	—	—	++	8.2
	29~48	黄栗	中壤	块状	紧	多	—	—	+++	8.3
	48~100	浅栗	轻黏土	块状	紧	少	—	—	+++	8.3
	110~155	浅栗	轻黏土	块状	紧	—	—	—	+++	8.3
	155以下	—	砾石	—	—	—	—	—	+++	—

表 2-80 灌淤性黄麻土化学性质

剖面地点及海拔高度（m）	层次深度（cm）	有机质（%）	全氮（%）	全磷（%）	全钾（%）	碱解氮（mg/kg）	速效磷（mg/kg）	速效钾（mg/kg）	CaCO₃（%）	代换量（mmol/100g土）
孔家庄四队前滩 2710	0~29	1.68	0.064	0.167	1.87	70	3	106	11.22	5.5
	29~48	1.79	0.074	0.167	1.95	84	3	118	11.28	6.4
	48~100	2.29	0.076	0.169	1.63	84	0.3	206	13.40	8.4
	110~155	1.59	0.074	0.174	1.62	78	0.6	98	13.25	9.9

（八）沼泽土

沼泽土主要分布于山间洼地，地下水位高，地表有季节性积水或终年积水现象。由于寒冷低温、土壤积水、通气不良，有机质不能充分分解，表层土壤腐殖质化或泥炭化，下部土壤发生灰黏化过程。沼泽土分为草甸沼泽土、泥炭腐殖质沼泽土和沼泽土3个亚类（表2-81、表2-82、表2-83、表2-84、表2-85、表2-86）。

表 2-81 草甸沼泽土剖面特征

剖面地点及海拔高度（m）	层次深度（cm）	干土壤颜色	质地	土壤结构	松紧度	根系	新生体	侵入体	石灰反应	pH值
西滩中部 3150	0~7	暗棕	轻壤	块状	松	多	—	—	+	7.9
	7~22	棕灰	轻壤	块状	松	多	—	—	++	7.9
	22~90	蓝灰	中壤	碎片	紧	少	锈纹	—	+++	8.0
	90以下	—	砂砾	块状	坚硬	—	—	—	+++	—

表 2-82 草甸沼泽土化学性质

剖面地点及海拔高度（m）	层次深度（cm）	有机质（%）	全氮（%）	全磷（%）	全钾（%）	碱解氮（mg/kg）	速效磷（mg/kg）	速效钾（mg/kg）	CaCO₃（%）	代换量（mmol/100g土）
西滩中部 3150	0~22	11.22	0.669	0.241	1.75	542	3	94	8.64	37.9
	22~90	2.95	0.166	0.156	2.14	105	1	163	13.33	15.7

表2-83　泥炭腐殖质沼泽土剖面特征

剖面地点及海拔高度（m）	层次深度（cm）	干土壤颜色	质地	土壤结构	松紧度	根系	新生体	侵入体	石灰反应	pH值
乱海子南 3208	0~7	棕	中壤	粒状	松	极多	-	-	+	7.6
	7~30	暗棕	中壤	块状	松	极多	锈纹	-	++	7.6
	30~50	黑灰	重壤	块片	较紧	少	-	-	++	8.1
	50~78	蓝灰	轻黏土	块片	紧	-	-	-	++	8.1
	78以下	蓝灰	冻土	块状	硬	-	-	-	++	8.1

表2-84　泥炭腐殖质沼泽土化学性质

剖面地点及海拔高度（m）	层次深度（cm）	有机质（%）	全氮（%）	全磷（%）	全钾（%）	碱解氮（mg/kg）	速效磷（mg/kg）	速效钾（mg/kg）	CaCO₃（%）	代换量（mmol/100g土）
乱海子南 3208	0~30	21.62	0.898	0.193	1.26	727	7	102	24.26	50.1
	30~50	8.16	0.294	0.130	2.12	177	6	106	10.46	27.5
	50~78	4.01	0.166	0.093	2.36	101	1	108	11.28	16.9

表2-85　沼泽土剖面特征

剖面地点及海拔高度（m）	层次深度（cm）	干土壤颜色	质地	土壤结构	松紧度	根系	新生体	侵入体	石灰反应	pH值
上尔扎图 3558	0~6	黄褐	轻壤	块状	松	多	-	-	-	6.7
	6~20	褐色	中壤	块状	紧	中	-	-	-	6.7
	20~40	蓝灰	重壤	块片	较紧	少	-	-	-	6.9
	40~60	-	岩石							

表2-86　沼泽土化学性质

剖面地点及海拔高度（m）	层次深度（cm）	有机质（%）	全氮（%）	全磷（%）	全钾（%）	碱解氮（mg/kg）	速效磷（mg/kg）	速效钾（mg/kg）	CaCO₃（%）	代换量（mmol/100g土）
上尔扎图 3558	0~20	22.1	0.816	0.196	2.25	635	7	166	0.03	67.9
	20~40	16.29	0.588	0.183	2.55	483	4	69	-	55.1

第三章 植物资源

第一节 植物区系

一、植物区系历史

植物区系是研究世界或某一地区所有植物种类的组成、现代和过去分布上以及它们的起源和演化历史的科学，其研究对象是某一特定区域内的植物种类。因此，对青海祁连山自然保护区植物区系的研究可以追溯到 18 世纪，国外做过比较多研究工作的是俄、英、法三国，主要是在植物种类描述等方面。其中，主要是前苏联的植物学家的工作较为细致深入。但是由于前人对本区植物的研究是在较大范围内进行的，专门对本区的研究工作很少。当然，对本区植物研究得更多的植物学家是马克西姆维兹（C. Maximowicz）。他是 20 世纪西方研究我国植物的数个最有代表性的学者之一，也是曾亲自到我国采集过生物标本的少数几个著名的植物学家之一。马克西姆维兹是前沙俄时期彼得堡植物园的首席植物学家、沙俄帝国科学院院士和彼得堡植物博物馆主任。他鉴定发表了许多俄国考察队和东正教使团人员采回的植物标本，还有普热瓦尔斯基（N. M. Przewalski）、普塔宁（G. N. Potanin）、皮尔塞卿斯基（P. J. Piasetski）等人在我国西北和西南广大地区采得的植物标本，大多由他整理发表。有关本区植物的重要论著主要有《亚洲植物新种汇要》（Diagnoses Plantarnm Novarum Asiaticarum）、《唐古特植物》（Flora Tangutica 1889）第一卷第一分册（具花托花和盘花植物）及《普塔宁和皮埃塞泽钦所采的中国植物》（Plantae Chinenses Potanianae et Piasezkianae 1889）的第一分册（从毛茛科到马桑科），这些论著涉及了我国东北三省、内蒙古、新疆、甘肃、青海、陕西、山西等以及俄国毗邻地区等广大地区，并对这些地区的植物区系做了广泛的研究工作。

与马克西姆维兹同时期及其之后，还有不少俄国、英国、法国等国家的植物学家研究过本区植物。如雷格尔（E. Regel）、贺德（Fr. V. Herder）、柯马洛夫（V. L. Komarov）、胡克（J. D. Hooker）、林德赖（J. Lindley）、汉斯（H. F. Hance）、贝克尔（J. G. Baker）、边沁（G. Bentham）、赫姆斯莱（W. B. Hemsly）、斯密思（W. W. Smith）、迪赛森（J. Decaisne）、弗朗谢（A. Franchet）、代尔斯（L. Diels）、韩马迪（H. Handel – Mazzetti）等等。这些学者的研究虽然所涉及的是较大范围内的植物区系工作，但是对本区植物区系的研究具有重要意义。

国内涉及本区植物区系研究的工作首推 19 世纪 30 年代左右我国植物学家郝景盛，其"青海植物地理研究"和"柳属植物志要"等论文是国内有关本区植物区系研究最早的论著。其后，我国的一些植物学家也对本区的植物进行过专项采集和研究，如钟补求等人。

国家从 20 世纪 50 年代起就对祁连山地区进行过各种考察和采集，如黄河考察队、黄河上游植物考察等等。20 世纪 70 年代起，国家加大了对祁连山地区植物的本底调查力度，主要调查祁连山地区植物资源分布、种类，较为重要的如"全国中草药普查"、"全国农业区划普查"等等。这些工作多多少少涉及了本区的植物区系。值得一提的是 20 世纪 90 年代实施的国家重大项目"中国植物区系研究"。该项目将唐古特地区列为重点研究区域之一，并由中国科学院西北高原生物研究所组织了大规模植物考察，对祁连山地区的植物进行了较为深入的采集和研究，发表了多篇论著，为本区植物区系研究奠定了坚实的基础。

二、植物区系的特征

根据初步统计，本区现有高等植物 257 属 616 种，隶属 68 科。其中蕨类植物 8 科 9 属 11 种，裸子植物 3 科 3 属 6 种，被子植物 57 科 245 属 599 种。种子植物合计 58 科 248 属 605 种，分别占北祁连山地区种子植物总科数的 71.6%、总属数的 57.5%、总种数的 49.5%，物种种类较为丰富多样。

根据种子植物属的分布区类型分析，该地区的植物区系完全是温带性质，并属于中国—喜马拉雅植物地区、唐古特植物亚区中的祁连山小区。其区系成分以北温带为主；旧大陆温带、中亚和温带亚洲成分都占一定比例；东亚成分较少。我国特有属有 4 属，地区特有类群有 6 个，青藏高原及其毗邻山地分布到该冰缘地区的特有种很多，显示出该地区植物区系与青藏高原植物区系，特别是祁连山地区植物区系的密切关系，并共同具有的年轻、衍生的特征。

①在该地区植物区系成分中，北温带成分仍然占有绝对优势地位，使这个区系具有明显的北温带性质。

②该地区植物区系的高山特化、旱化适应现象也很突出，具有明显的高山高原特色。

③在该地区植物区系中，世界广布属同样占有相当高的比例；在种类组成上缺乏特有属及古老原始的属，大多数单型属和少型属均是它们广布的近缘属的衍生物。这些均说明这个区系是一个年轻的、衍生的区系。

④经统计，该地区与唐古特地区（或其中的祁连山小区）共有程度最高，属的相似性系数最大，而与其他地区的共有程度较低，属的相似性系数也较低。由此表明，该地区的植物区系与唐古特地区植物区系的关系最为密切，而与其他地区的关系较为疏远。

⑤本区的植被类型有温性河谷草原、森林、高寒灌丛、高寒草甸及高山流石滩稀疏植被等。温性草原是以针茅类 *Stipa* spp. 等禾本科植物为主要建群种，森林是以青海云杉 *Picea crassifolia* 为主要建群种的针叶林及以和红桦 *Betula albo-sinensis*、糙皮桦 *B. utilis*、白桦 *B. platyphylla* 和山杨 *Populus davidiana* 为建群种的阔叶针叶混交林。高寒灌丛主要有杜鹃灌丛 *Rhododendron*、山生柳灌丛 *Salix oritrepha* 及鬼箭锦鸡儿 *Caragana jubata* 灌丛；高寒草甸是以嵩草 *Kobresia* 为优势种的草甸；高山流石滩稀疏植被则以垂头菊 *Cremanthodium* spp.、风毛菊 *Saussurea* spp.、红景天 *Rhodiola* spp. 及短管兔耳草 *Lagotis brevituba* 等为优势植物。与祁连山地区植被及其临近地区植被比较发现，它与唐古特地区的性质完全一样，而与其他地区却相差甚远。

第二节 植 被

青海省祁连山自然保护区是指由门源县、祁连县为主体（包括大通县和天峻县北部部分地区）所构成的自然区域，位于青藏高原的东北部，地理位置界于北纬 37°10′~39°18′，东经 96°20′~102°38′。保护区属北祁连山区，由冷龙岭、大坂山、托勒山和托勒南山构成区域基本框架，河流有外流河的大通河以及内流河的黑河、疏勒河、托勒河。本区气候类型属典型高原大陆型气候特征。土壤类型主要有高山寒漠土、高山草甸土、亚高山草甸土、高山草原土、灰褐土、沼泽土、山地森林土等。由于受其地理位置、地貌特征、气候条件、海拔梯度以及土壤类型等综合影响，形成了复杂多样的生境类型，使其拥有复杂的植被类型，成为我国山地生物多样性的重要区域之一。

一、主要植被类型

植被是泛指地球表面或某个地区所有植物群落的总体。根据植物群落学原则（中国植被编委会，1980），把青海省祁连山自然保护区自然植被划分为森林、灌丛、草原、草甸等类型。现就本区主要植被类型及其基本特点简述如下：

1. 森林

森林是以乔木植物为建群种所组成的植物群落类型之一，是陆地最重要的生态系统类型。它具有涵养水源、保持水土、防风固沙等一系列重要的生态功能。本区的天然森林主要分布于水热条件较好的地区，年降水量一般在 400mm 以上。土壤为灰褐土。森林分布特征明显，主要沿河流两侧山地呈片状或零星块状分布，并具有明显的坡向性，常见于沟谷坡面的特定位置（陈桂琛等，1994）；随着海拔升高，片状的森林趋于缩小，并呈现明显的疏林化现象。森林代表树种有青海云杉 *Picea crassifolia*、祁连圆柏 *Sabina przewalskii*、油松 *Pinus tabulaefomis*、山杨 *Populus davidiana*、白桦 *Betula platyphylla*、红桦 *B. albo - sinensis*、糙皮桦 *B. utilis* 等。根据建群种的差异划分为寒温性常绿针叶林和温性落叶阔叶林，其主要特征如下：

（1）寒温性常绿针叶林　是本区最主要的森林类型。主要分布于大通河中下游、黑河中上游等河流两侧的山地，海拔一般为 2400~3400m。集中分布在大通河流域的朱固、仙米克图等地的山地以及黑河中上游的八宝、扎麻什、野牛沟等地。由于坡向等因子不同而导致其生境条件的明显差异，建群树种也有所不同。以青海云杉、油松等为建群种构成的森林主要分布山地阴坡或半阴坡；以祁连圆柏等适应半干旱、寒冷（干冷气候）及瘠薄土壤的树种多占据山地阳坡或半阴坡，常以疏林的形式存在，是青藏高原重要的森林景观类型。本区由东部向西部随海拔升高及生境寒旱化之后，森林群落结构相对简单，呈片状散布和疏林化（青海森林资源编写组，1988）。林下灌木及草本植物组成以温带分布类型的属种为常见，灌木常见有蔷薇 *Rosa* spp.、忍冬 *Lonicera* spp.、小檗 *Berberis* spp.、柳 *Salix* spp.、金露梅 *Potentilla fruticosa*、银露梅 *P. glabra* 等。草本植物常见有珠芽蓼 *Polygonum viviparum*、早熟禾 *Poa* spp.、羊茅 *Festuca* spp.、苔草 *Carex* spp.、藓生马先蒿 *Pedicularis musciola*、东方草莓 *Fragaria orientalis* 等。在山地阴坡的青海云杉林下，由于生境潮湿，常有苔藓层出现。

（2）温性落叶阔叶林　主要分布于大通河流域的两侧山地阴坡、半阴坡、坡麓及部分支流的沟谷地带，海拔为2400~3800m，主要建群种有山杨、白桦、红桦、糙皮桦等。温带落叶阔叶林是原始针叶林破坏之后形成的具有次生性质的森林植被类型。森林郁闭度一般为0.55~0.75。灌木种类有柳 Salix spp.、唐古特忍冬 Lonicera tangutica、沙棘 Hippophae rhamnoides、金露梅 Potentilla fruticosa、茶藨子 Ribes himalense、冰川茶藨 Ribes glaciale 等。林下草本植物有苔草 Carex spp.、东方草莓 Fragaria orientalis、双花堇菜 Viola biflora、短腺小米草 Euphrasia regelii 等。苔藓层多发育不良。针叶树种和阔叶树种在部分山地常形成针阔混交林。

2. 灌丛

灌丛是以灌木树种为建群种或优势种所组成的植物群落类型，是保护区重要的景观生态类型。灌丛多集中分布于山地、山麓及河谷滩地，其分布面积较大，类型相对稳定，植物生长密集，组成种类丰富，对涵养水源、保持水土具有十分重要的意义。灌丛主要分布于水热条件相对较好的地区，年降水量一般为380~580mm。土壤为灌丛草甸土。这是本区较为广泛分布的植被类型。主要包括温性灌丛（分布于森林线附近）和高寒灌丛（发育于森林线以上）。

（1）温性灌丛　温性灌丛是以蔷薇 Rosa spp.、沙棘、忍冬 Lonicera spp.、栒子 Cotoneaster spp.、锦鸡儿 Caragana spp.、小檗 Berberis spp.、川西锦鸡儿 Caragana erinacea、具鳞水柏枝 Myricaria squamosa、柳 Salix spp. 等为优势种或常见灌木组成的灌丛植被，主要分布于保护区的东部及东北部山地河谷及坡麓地区，常见于森林带附近的林缘、林间空地及局部山地坡麓，或见于河流宽谷滩地上，海拔一般为2300~3500m，斑块状或条带状。常见伴生草本植物有粗喙苔草 Carex scabrirostris、高原早熟禾 Poa alpigena、垂穗披碱草 Elymus nutans、黄芪 Astragalus spp. 等。群落总盖度65%~90%。

（2）高寒灌丛　是祁连山地的典型灌丛植被类型，广泛分布于森林线以上的高山区域，海拔为3100~4000m的山地阴坡、半阴坡或沟谷滩地。群落典型优势种有头花杜鹃 Rhododendron capitatum、百里香杜鹃 Rh. thymifolium、金露梅 Potentilla fruticosa、山生柳 Salix oritrepha、鬼箭锦鸡儿 Caragana jubata、高山绣线菊 Spiraea alpina、窄叶鲜卑花 Sibiraea angustata、肋果沙棘 Hippophae neurocarpa 等。这些优势种多分布于山地阴坡或沟谷地段，在不同地区、不同海拔高度及地貌上有不同的组合，或以多种优势植物共同形成群落，或构成各自的优势群落类型。如金露梅则可在山地缓坡及滩地上形成金露梅灌丛。杜鹃以及山生柳主要分布于山地阴坡或坡麓地带。随着海拔升高，灌木植株趋于矮化，常斑块状镶嵌于高寒草甸之中，形成灌丛草甸。草本层常见植物有线叶嵩草 Kobresia capillifolia、黑褐苔草 Carex atrofusca、垂穗鹅观草 Roegneria nutans、珠芽蓼 Polygonum viviparum、柔软紫菀 Aster flaccidus 等。群落总盖度80%~95%。

3. 草原

草原是以寒旱生的多年生草本植物和小半灌木为优势所组成的植物群落，是保护区重要的景观生态类型之一。草原主要分布于本区西部的山地阳坡、山间谷地、河谷滩地等，在本区东部的砾质滩地也有分布。对防风固沙、保持水土具有十分重要的生态意义。草原区年降水量一般为330~400mm。土壤为高山草原土和栗钙土等。主要包括高寒草原和温性草原两大类。

（1）温性草原　以针茅 Stipa bungeana、S. breviflora、S. krylovii、赖草 Leymus secalinus、芨芨草 Achnatherum splendens、蒿 Artemisia spp. 等为优势种构成的温性草原主要分布于本区东北部的干旱谷地及山前地带，本类型分布面积较小，海拔为 2300～3200m。常见的伴生植物有青海苔草 Carex ivanovae、落草 Koeleria cristata、沙蒿 Artemisia desertorum、阿尔泰狗哇花 Heteropappus altaicus、黄芪 Astragalus spp. 等。群落总盖度为 35%～55%。

（2）高寒草原　以紫花针茅 Stipa purpurea、青藏苔草 Carex moorcroftii 等为优势种构成的高寒草原主要分布于保护区的西北部，集中分布于疏勒河和托勒河海拔 3500～4200m 的山地阳坡、山间谷地及砾质滩地。紫花针茅还可与羊茅 Festuca ovina、高山嵩草 Kobresia pygmaea 等植物构成草甸化草原，分布于相对潮湿的滩地及山地半阴坡。高寒草原常见的伴生植物有黄芪 Astragalus spp.、棘豆 Oxytropis spp.、青海苔草、落草、粗壮嵩草 Kobresia robusta、冷蒿 Artemisia frigida、羊茅 Festuca spp.、阿尔泰狗哇花、卷鞘鸢尾 Iris potaninii、蒿 Artemisia spp. 等。群落总盖度为 25%～65%。

4. 草甸

草甸是以多年生中生、湿中生草本植物为优势所形成的植物群落，是祁连山高山地区重要的生态景观类型之一。草甸主要分布于河谷阶地、浑圆山地、山间坡麓等，对涵养水源、保持水土具有十分重要的生态意义。草甸区年降水量一般为 360～560mm。土壤为高山草甸土和草甸土等。本区的草甸主要包括高寒草甸和高寒沼泽草甸两大类。

（1）高寒草甸　广泛分布于本区海拔 2500～4500m 的滩地和山地，优势种以嵩草属 Kobresia 和苔草属 Carex 植物为主，主要有高山嵩草、矮嵩草 Kobresia humilis、线叶嵩草 K. capillifolia 等，除此之外，还有多种苔草 Carex spp.、珠芽蓼、圆穗蓼 Polygonum macrophyllum 等。在本区部分海拔较低滩地还出现以禾本科植物为优势的草甸类型，主要优势种有垂穗披碱草等。群落常见的伴生植物有早熟禾 Poa spp.、垂穗鹅观草 Reogneria nutans、柔软紫菀、蓝白龙胆 Gentiana leucomelaena、喜山葶苈 Draba oreades、黄芪 Astragalus spp.、棘豆 Oxytropis spp.、高山唐松草 Thalictrum alpinum 等。群落总盖度为 50%～90%。

（2）高寒沼泽草甸　广泛分布于祁连山河源区海拔 3000～4800m 的河岸阶地、湖群洼地、河源积水滩地及高山冰积洼地等湿地生境中。主要集中分布于大通河、疏勒河以及托勒河的河源区。其主要优势种有西藏嵩草 Kobresia schoenoides、粗喙苔草 Carex scabrirostris、华扁穗草 Blysmus sinocompressus、杉叶藻等。群落常见的伴生植物有穗三毛 Trisetum spicatum、云生毛茛 Ranunculus nephelogenes、小早熟禾 Poa calliopsis、篦齿眼子菜 Potamogeton pectinatus、柔软紫菀 Aster flaccidus、金莲花 Trollius pumilus、灯心草 Juncus bufonius、弱小火绒草 Leontopodium pusillum、黄芪 Astragalus spp.、棘豆 Oxytropis spp.、花葶驴蹄草 Caltha scaposa、柔小粉报春 Primula pumilio 等。群落总盖度为 80%～95%。

5. 高寒流石坡植被

高寒流石坡稀疏植被是以高山冰雪植物所形成的稀疏植物群落类型。广泛分布于本区海拔 3900m 以上的山体顶部，上接冰川雪被，下连高寒草甸带。群落组成以菊科高山植物和垫状植物为常见，代表植物有水母雪莲 Saussurea medusa、鼠曲风毛菊 S. gnaphalodes、矮垂头菊 Cremanthodium humile、短管兔耳草 Lagotis brevituba、簇生柔籽草 Thylacospermum *caespitosum*、唐古特红景天 *Rhodiola tangutica* 等。群落盖度很低，一般仅为 5%～15%。

6. 水生植被

水生植被是指以沉水植物为主要代表组成的植物群落，属隐域性植被类型。广泛分布于本区的湖泊浅水区、河流缓流区或微弱流动的溪流以及湖塘洼地等水生环境。水生植被的主要优势植物有眼子菜 *Patamogeton pectinatus*；*P. pusillus*、水毛茛 *Batrachium bungei*、穗状狐尾藻 *Myriophyllum spicatum* 等，这些水生植物常生长于水底泥土、水流停滞或微弱流动的浅水生境中。水生植被往往随湖泊或河流呈环带状、条带状或斑块状分布。群落分布的海拔高度为 2600～4200m。群落常为单种群落类型，有时在浅水区常可见有荸荠 *Eleocharis* spp.、沿沟草 *Catabrosa aquatica*、杉叶藻、水麦冬 *Triglochin palustre*、三裂叶碱毛茛 *Halerpestes tricuspis* 等挺水植物相伴生。

二、植被的生态学特征

本区地处青藏高原东北部，受其地理位置、地貌特征、气候条件以及土壤类型等综合影响，植被的生态特征表现十分独特，主要表现为：

（1）高原生态地理边缘效应　青藏高原的隆起和存在导致和形成了众多的生态界面或地理边缘，从而引起复杂交错的边缘效应（张新时，1990）。祁连山作为青藏高原东北部的一个巨大边缘山系，以其巨大隆起的海拔高度和大致东西走向山势，阻挡了蒙古—西伯利亚反气旋的继续南侵，其东南部受到了东亚季风的影响，加上青藏高原本身产生的热力学和动力学作用，致使本区气候复杂化和多样化，其高原生态地理边缘效应显著。区系成分的多样性是生态过渡带与边缘效应的基本特征之一。本区植物区系特征属温带性质，不同地理成分在这里接触、交叉、渗透和特化。植被类型也表现出一定的过渡与边缘特征，北坡山前丘陵地带及西部受中亚荒漠植被类型的影响，东部为黄土高原过渡区，有许多黄土高原植被类型的渗透和延伸。祁连山地区主体则以青藏高原的各类高寒植被占据绝对优势。嵩草高寒草甸是青藏高原隆起所引起的高寒气候的产物，成为典型的高原地带性植被类型。紫花针茅高寒草原以青藏高原为分布中心，是高原隆升之后生境寒冷干旱发生、发展起来的。青藏高原的高山植物，在适应高原特殊的生态环境方面，其内部结构表现出多方面的特异性。并具有一系列适应高山环境的形态——生态学特征（王为义，1985；陈庆诚等，1966）。由此可见，其植被类型及其组合表现出一定的过渡特征及镶嵌结构特点，具有明显的高原生态地理边缘效应特征。

（2）祁连山植被的特殊性　祁连山地区植被的基本特征与它所处的地理位置、地质历史时期的强烈隆升所获得的巨大海拔高度，以及复杂的地形地貌相联系。祁连山地区自晚第三纪以来，经历了与青藏高原主体相似的构造运动。就现代自然地理特征而言，祁连山地区与青藏高原主体具有巨大的海拔高程，这种地势及海拔又引起水热状况的不同组合，加上山脉地形走势，其水汽来源主要受到东亚季风的影响，气候表现为由东南向西北由半湿润向干旱的水平分异，具有典型高原大陆性气候特征。在这种背景特征下，祁连山地区植被与高原面植被有很大的一致性，各类高寒植被占有绝对优势，其水平变化也具有高寒灌丛、高寒草甸带→高寒草原带的高原地带性特征（张新时，1978），表明这两者高寒植被在发生发展上的密切联系。本区植被也有其特殊性，这就是山地发育的森林建群种为青海云杉、祁连圆柏等，与高原中部、南部分布的川西云杉 *Picea balfouriana*、大果圆柏 *Sabina tibetica* 等不同。

本区分布的杜鹃灌丛种类也主要分布于西倾山的东北部地区，与西藏、川西的植物种类也有所不同。其特殊性是与其区域植被的优势种地理分布的过渡特征及物种分化相联系的。

三、植被分布规律

本区地处青藏高原东北部，受其地理位置、气候特征及地形海拔等因素的影响，致使本区植被呈现较为复杂的分布规律，具有一定的区域分异及明显的垂直变化。

（1）水平分布规律　本区东部海拔3100m以下的河谷山地有小面积温性草原分布，这主要是受到东部相对较低的地势特征和干旱的气候环境条件的影响，造成毗邻地区的草原植被向河谷地带的扩展分布。森林主要沿大通河中下游以及黑河中游的两侧山地分布，以斑块状或片状形式出现。寒温性针叶林在黑河中游（约为东经99°30′）以东的山地阴坡。就整体而言，由东南向西北随着海拔升高以及水分和热量的梯度变化，使植被分布呈现明显的规律性变化，即表现为森林灌丛—灌丛草甸—高寒草原的替代变化（周兴民等，1987；周立华等，1990）。植被的这一水平变化格局与青藏高原高寒植被由东南向西北的变化基本一致。就其现代气候特征而言，与保护区整体地势及气候环境特征所表现出来的由东南向西北呈现的半湿润、半干旱、干旱的变化相一致。

（2）垂直地带性　祁连山及其支脉疏勒南山、托勒山等由一些大致相互平行的西北—东南走向的山脉和峡谷组成，植被垂直带谱由东南向西北趋于简化（陈桂琛等，1994）。植被垂直带结构的不同反映了从高原边缘向高原内部随海拔升高所引起的植被系列变化，这与高原主体系列变化相一致，即表现为山地上部发育着特殊的高寒植被垂直带（王金亭，1988；中国科学院植物研究所等，1988）。特别是阴阳坡有所不同，且自北向南同类型植被的分布高度逐步提高（表3-1），植被垂直分布明显（图3-1）。海拔4600m以上属高山冰雪裸露地带，几无植物生长。海拔3500~4000m地带属高山草甸类型。有苔草、嵩草等草本。灌木为金露梅、山生柳、箭叶锦鸡儿等。土壤为高山草甸土，土体潮湿，土温较低，植物的残体分解不良，有弱石灰反应或淋溶现象。海拔3500m以下，为亚高山草原草甸带，大部分阴坡以苔草、嵩草为主，局部地区有森林分布。海拔3400~3700m的祁连八宝、峨堡、野牛沟、门源的景阳岭一带以灌丛为主，海拔较低的阴坡有云杉林及阔叶林，林下灌木和草本稀疏，有的地区苔藓层较厚。林下土壤是灰褐色森林土与草甸草原土壤镶嵌分布。祁连山林区云杉林下土温低，有的地段在40~60cm以下有永冻层；有的地段，夏秋多雨，土壤水分呈饱和状态，加上温度低，抑制了微生物的活动，植物残体分解缓慢而成泥炭。八宝地区灌木林下土壤剖面有碳酸盐新生体、土粒松散易受侵蚀。大通河林区有青海云杉、青杆、圆柏、桦木、山杨、油松等树种的纯林及混交林，油松林海拔分布上限达2650m（仙米林场初麻沟口）。

表3-1　祁连山冷龙岭—达坂山植被垂直分布

植被带	阳坡（海拔高度m）	阴坡（海拔高度m）
山地森林草原带	2000~2800	2000~2600
山地森林草甸草原带	2800~3200	2600~3000
高山灌丛草甸带	3200~3700	3000~3500
高山草甸带	3700~4000	3500~3900
高山荒漠带	4000~4500	3900~4500
永久积雪带	4500以上	4500以上

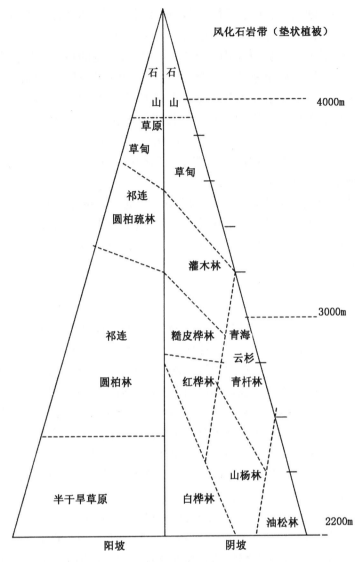

图 3 – 1　大通河林区植被垂直分布示意图

四、影响植被分布的自然因素

青海省祁连山保护区属祁连山东段山地，其北部与甘肃省境内的祁连山相连，接河西走廊荒漠区，东部为甘肃省境内的黄土高原区，南部为青海省境内的青海湖区和湟水地区，西部为青海省境内的哈拉湖盆地。影响该区植被分布的自然因素主要有地貌特征、气候条件和土壤因素等。

（1）**地貌特征**　本区地处祁连山系的东段，地势高耸多山。北有妖妍多姿的走廊南山、冷龙岭，南有巍峨起伏的大坂山、大通山，西有耸立挺拔的疏勒南山、托勒南山。山体多为东南—西北走向，区内山峦重叠，沟谷相间。山峰海拔在 4000m 以上，河谷海拔为 2400～3300m，盆地海拔为 2700～3200m，山地海拔在 3000 m 以上。冷龙岭和疏勒南山有现代冰川发育。地形变化复杂，地貌以高山、丘陵、盆地、河谷等基本地貌类型为主，具有明显的过渡性和复杂性。主要河流水系有外流的大通河，内流的黑河、疏勒河等。

（2）气候条件　该地区气候受东南季风和高空西风急流的控制，气候具有高原大陆性特点，主要表现冬季寒冷、夏季凉爽、气温偏低、太阳辐射强烈等。气温受海拔及地形的影响较大，总体表现为由西南向东北逐渐变冷。东部的门源县，年均温度为0.8℃，1月份平均气温－13.3℃，7月份平均气温12.1℃。西北部的托勒，年均温度为－2.7℃，1月份平均气温－17.7℃，7月份平均气温10.4℃。无霜期短。降水量少，主要集中在5~9月，降水量总体趋势随东南季风的减弱而减少。如东南部的门源县年均降水量为525.0mm，西北部的祁连县年均降水量为401.0mm。

（3）土壤因素　土壤是由所处的地形、地貌、母质、气候等因素相互作用共同形成的。本区土壤类型主要有高山寒漠土、高山草甸土、山地草甸土、高山草原土、黑钙土、灰褐土、沼泽土等。这些土壤类型分布于不同的地段，并具有明显的垂直分布特点，从而影响自然植被的类型和分布。

五、植被分区

根据周兴民等1987年对青海植被分区的研究，青海省祁连山自然保护区在青海省植被分区中隶属青海东北部和青南高原西部草原区，祁连山东段山地高寒灌丛、高寒草甸地带，大通河—黑河山地高寒灌丛、高寒草甸地区。该植被地区的主要特点简述如下：

该地区位于青海省的东北部，包括祁连山东段的大通河流域、黑河流域、疏勒河和托勒河上游，是自然保护区的主体。其基本骨架为祁连山地，由走廊南山、冷龙岭与大坂山之间狭长的山间谷地和两侧山地所构成。气候具有明显的大陆性特点，冬季寒冷，夏季凉爽，气温偏低，大气温度受海拔及地形的影响较大，总体表现为由西南向东北逐渐变冷。该地区受东南季风和高空西风急流的控制，夏季西风环流被高大的祁连山所阻而减弱，东南季风逆大通河河谷而上，受祁连山的拦截而凝集降水，为青海省境内降水较多的地区之一。降水量总体趋势随东南季风的减弱而减少。如东南部的门源县年均降水量为525.0mm，平均相对湿度61%；西北部的祁连县年均降水量为401.0mm，平均相对湿度53%。典型土壤类型为高山灌丛草甸土。主要植被类型为高寒灌丛和高寒草甸。此外，局部山地发育有片状分布的青海云杉林（山地阴坡）和祁连圆柏疏林（山地阳坡）。在海拔3000m以下的河谷阶地和山前洪积扇，由于地形平坦，土层较厚，多数已被垦为农田，种植耐寒作物青稞 *Hordeum valgare* var. *mudum* 和油菜 *Brassica campestis*（一年一熟制）。该地区根据地貌特征、土壤类型、气候条件以及植被类型可进一步划分为2个亚地区，即：祁连山东部大通河—黑河山地高寒灌丛、高寒草甸亚地区和祁连山西部疏勒河—托勒河山地高寒草原亚地区。

第三节　植物种类

祁连山自然保护区有高等植物257属617种，隶属68科。其中蕨类植物8科9属11种，裸子植物3科3属7种，被子植物57科245属599种。种子植物合计58科248属605种，分别占祁连山种子植物总种数的71.6%、总属数的57.5%、总种数的49.5%，物种种类较为丰富多样。

一、蕨类植物

（一）Equisetaceae 木贼科

    1. *Equisetum arvense* L. 问荆

    2. *Hippochaete ramosissima*（Desf.）Böerner 节节草

（二）Sinopteridaceae 中国蕨科

    3. *Cryptogramma stelleri*（Gmél.）Prantl 稀叶珠蕨

    4. *Aleuritoperis argentea*（Gynel.）Fee 银粉背蕨

（三）Pteridaceae 凤尾蕨科

    5. *Pteridium aquilinum*（L.）Kuhn. var. *latiusculum*（Desv.）Underw. ex Heller 蕨（蕨菜、如意菜、狼萁）

（四）Athyriaceae 蹄盖蕨科

    6. *Cystopteris dickieana* Sim. 皱孢冷蕨

    7. *C. montana*（Lam.）Bernh. 高山冷蕨

（五）Aspleniceae 铁角蕨科

    8. *Asplenium nesii* Christ 西北铁角蕨

（六）Dryopteridaceae 鳞毛蕨科

    9. *Dryopteris subbarbigera* Ching 近多鳞鳞毛蕨

（七）Polypodiaceae 水龙骨科

    10. *Lepisorus thaipaiensis* Ching et S. K. Wu 太白瓦韦

（八）Drynariaceae 槲蕨科

    11. *Drynaria sinica* Diels 秦岭槲蕨

二、裸子植物

（一）Pinaceae 松科

    1. *Picea crassifolia* Kom. 青海云杉（泡松、松树）

    2. *Pinus tabulaeformis* Carr. 油松（黑松、短叶松）

（二）Cupressaceae 柏科

    3. *Sabina przewalskii* Kom. 祁连圆柏（柏树、柏香树）

（三）Ephedraceae 麻黄科

    4. *Ephedra monosperma* Gmel. ex C. A. Mey. 单子麻黄（麻黄草）

    5. *E. equisetina* Bunge 木贼麻黄

    6. *E. gerardiana* Wall. ex C. A. Mey. 山岭麻黄

    7. *E. minuta* Florin 矮麻黄

三、被子植物

（一）Salicaceae 杨柳科

1. *Populus simonii* Carr. 小叶杨

2. *P. cathayana* Rehd. 青杨（家白杨、大叶柳）

3. *P. davidiana* Dode 山杨（山白杨）

4. *Salix pseudo - wallichiana* Gorz 青皂柳

5. *S. rehderiana* Schneid. 川滇柳

6. *S. oritrepha* Schneid. 山生柳（高山柳）

7. *S. spathulifolia* Seenen 匙叶柳（铁杆柳）

8. *S. myrtillacea* Anderss 坡柳

9. *S. paraplesia* Schneid. 康定柳（绵柳）

10. *S. cheilophila* Schneid. 乌柳（筐柳）

11. *S. hylonoma* Schneid. 川柳

12. *S. sinica*（Hao）C. Wang et C. F. Fang 中国黄花柳

13. *S. taoensis* Gorz 洮河柳

14. *S. obscura* Anderss. 毛坡柳

15. *S. alfredi* Gorz 秦岭柳

（二）Betulaceae 桦木科

16. *Betula platyphylla* Suk. 白桦（桦树）

17. *B. albosinensis* Burk. 红桦

18. *B. utilis* D. Don 糙皮桦（紫桦）

19. *Ostryopsis davidiana* Decne. 虎榛子

（三）Moraceae 桑科

20. *H. lapulus* L. var. *cordifolius*（Miquel）Maxim. 华忽布花

（四）Urticaceae 荨麻科

21. *Urtica triangularis* Hand. - Mazz. subsp. *pinnatifida*（Hand. - Mazz.）C. J. Chen 羽裂荨麻

22. *U. triangularis* Hand. - Mazz. subsp. *trichocarpa* C. J. Chen 毛果荨麻

（五）Polygonaceae 蓼科

23. *Fagopyrum tataricum*（L.）Gaertn. 苦荞麦

24. *Koenigia islandica* L. 冰岛蓼

25. *Polygonum aviculare* L. 扁蓄

26. *P. convolvulus* L. 卷茎蓼

27. *P. glaciale*（Meissn.）Hook. f. 冰川蓼

28. *P. hubertii* Lingelsh. 陕甘蓼

29. *P. hydropiper* L. 水蓼

30. *P. lapathifolium* L. 酸模叶蓼

31. *P. macrophyllum* D. Don 头花蓼（圆穗蓼）

32. *P. nepalense* Meissn. 尼泊尔蓼

33. *P. pilosum*（Maxim.）Forbes et Hemsl. 毛蓼

34. *P. sibiricum* Laxm. 西北利亚蓼（剪刀股）

35. *P. suffultum* Maxim. 支柱蓼

36. *P. viviparum* L. 珠芽蓼

37. *Rheum pumilum* Maxim. 矮大黄

38. *R. acetosa* L. 酸模

39. *R. aquaticus* L. 水生酸模

40. *R. patientia* L. 巴天酸模

（六）Chenopodiaceae 藜科

41. *Atriplex sibirica* L. 西伯利亚滨藜

42. *Chenopodium album* L. 白藜

43. *Ch. foetidum* Schrad. 菊叶香藜

44. *Ch. glaucum* L. 灰绿藜

45. *Ch. hybridum* L. 杂配藜

46. *Ceratoides latens*（I. E. Gmel.）Reveal et Holmgren 驼绒藜（白蒿子）

47. *Corispermum decliatum* Steph. ex Stev. 蝇虫实

48. *Salsola collina* Pall. 猪毛菜

49. *Suaeda corniculata*（C. A. Mey.）Bunge 角果碱蓬

50. *S. glauca*（Bunge）Bunge 碱蓬

（七）Caryophyllaceae 石竹科

51. *Arenaria kansuensis* Maxim. 甘肃雪灵芝

52. *A. melanandra*（Maxim.）Mattf. ex Hand. – Mazz. 黑蕊无心菜

53. *A. przewalskii* Maxim. 福禄草

54. *A. roborowskii* Maxim. 青藏雪灵芝

55. *A. saginoides* Maxim. 漆姑无心菜

56. *Cerastium arvense* L. 卷耳

57. *C. caespitosum* Gilib. 簇生卷耳

58. *C. pusillum* Ser. 苍白卷耳

59. *Dianthus superbus* L. 瞿麦

60. *Lepyrodiclis holosteoides*（Edgew.）Fisch. et C. A. Mey. 薄朔草

61. *Melandrium apetalum*（L.）Fenzl 无瓣女娄菜

62. *M. apricum*（Turcz.）Rohrb. 女娄菜

63. *M. glandulosum*（Maxim.）F. N. Williams 腺女娄菜

64. *Pseudostellaria sylvatica*（Maxim.）Pax ex Pax et Hoffm. 窄叶太子参

65. *Sagina japonica*（Swartz）Ohwi 漆姑草

66. *Silene conoidea* L. 麦瓶草

67. *S. nepalensis* Majumdar 尼泊尔蝇子草

68. *S. repens* Patrin 蔓麦瓶草

69. *S. tenuis* Willd. 细蝇子草

70. *Stellaria decumbens* Edgew. var. *pulvinata* Edgew. et Hook. f. 垫状偃卧繁缕

71. *S. graminea* L. var. *linearis* Fenzl 线叶繁缕

72. *S. media*（L.）Cyrill 繁缕

73. *S. uda* F. N. Williams 湿地繁缕

74. *S. uliginosa* Murray 雀舌草

75. *S. umbellata* Turcz. 伞花繁缕

（八）Ranunculaceae 毛茛科

76. *Aconitum flavum* Hand. – Mazz. 伏毛铁棒锤（草乌）

77. *A. gymnandrum* Maxim. 露蕊乌头

78. *A. sinomontanum* Nakai 高乌头

79. *A. tanguticum*（Maxim.）Stapf 唐古特乌头（甘青乌头）

80. *Adonis coerulea* Maxim. 蓝花侧金盏

81. *Anemone* L. 银莲花属（世界分布）

82. *A. exigua* Maxim. 小银莲花

83. *A. imbricata* Maxim. 叠裂银莲花

84. *A. obtusiloba* D. Don subsp. *ovalifolia* Brühl 疏齿银莲花

85. *A. rivularis* Buch. – Ham. ex DC. 草玉梅（溪畔银莲花）

86. *A. trullifolia* Hook. f. et Thoms. var. *linearia*（Brühl）Hand. – Mazz. 条叶银莲花

87. *Aquilegia ecalcarata* Maxim. 无距耧斗菜

88. *A. oxysepala* Trautv. et C. A. Mey. var. *kansuensis* Brühl 甘肃耧斗菜

89. *A. viridiflora* Pall. 耧斗菜（绿花耧斗菜）

90. *Batrachium bungei*（Steud.）L. Liou 水毛茛

91. *B. foeniculaceum*（Gilib.）V. Krecz. 硬叶水毛茛

92. *Cimicifuga foetida* L. 升麻

93. *Circaester agrestis* Maxim. 星叶草

94. *Clematis brevicaudata* DC. 短尾铁线莲

95. *C. glauca* Willd. 灰绿铁线莲

96. *C. macropetala* Ledeb. 大瓣铁线莲

97. *C. rehderiana* Craib 长花铁线莲

98. *C. tangutica*（Maxim.）Korsh. 甘青铁线莲

99. *Delphinium albocoeruleum* Maxim. 蓝白翠雀

100. *D. beesianum* W. W. Smith 宽距翠雀

101. *D. caeruleum* Jacq. ex Camb. 蓝花翠雀

102. *D. grandiflorum* L. var. *glandulosum* W. T. Wang 腺毛翠雀

103. *D. pylzowii* Maxim. 大通翠雀

104. *Halerpestes cymbalaris*（Pursh.）Green 水葫芦苗

105. *H. tricuspis*（Maxim.）Hand. – Mazz. 三裂碱毛茛

106. *Oxygraphis glacialis*（Fisch. ex DC.）Bunge 鸦跖花

107. *Paeonia veitchii* Lynch 川赤芍

108. *Paraquilegia anemonoides*（Willd.）Engl. ex Ulbr. 乳突拟耧斗菜

109. *P. microphyllum*（Royle）Drumm. et Hutch. 拟耧斗菜

110. *Ranunculus brotherusii* Freyn 鸟足毛茛

111. *R. chinensis* Bunge 茴茴蒜

112. *R. chuanchingensis* L. Liou 川青毛茛

113. *R. dielsianus* Ulbr. var. *leiogynus* W. T. Wang 大通毛茛

114. *R. nephelogenes* Edgew. 云生毛茛

115. *R. pulchellus* C. A. Mey. 美丽毛茛

116. *R. tanguticus*（Maxim.）Ovcz. 高原毛茛

117. *Thalictrum alpinum* L. 高山唐松草

118. *Th. baicalense* Turcz. 贝加尔唐松草

119. *Th. foetidum* L. 香唐松草（腺毛唐松草）

120. *Th. minus* L. 小唐松草（亚欧唐松草）

121. *Th. petaloideum* L. 蕊瓣唐松草（肾叶唐松草）

122. *Th. przewalskii* Maxim. 长柄唐松草

123. *Th. rutifolium* Hook. f. et Thoms. 芸香唐松草

124. *Th. simplex* L. var. *brevipes* Hara 短梗箭头唐松草

125. *Th. squarrosum* Steph. ex Willd. 展枝唐松草

126. *Trollius farreri* Stapf 矮金莲花

127. *T. pumilus* D. Don var. *tanguticus* Bruhl 青藏金莲花

128. *T. ranunculoides* Hemsl. 毛茛状金莲花

（九）Berberidaceae 小檗科

129. *Berberis dasystachya* Maxim. 直穗小檗

130. *B. diaphana* Maxim. 鲜黄小檗

131. *B. kansuensis* Schneid. 甘肃小檗

132. *B. purdomii* Schneid. 延安小檗

133. *B. vernae* Schneid. 西北小檗

134. *B. vulgaris* L. 刺檗

135. *Sinopodophyllum hexandrum*（Royle）T. S. Ying 桃儿七

（十）Papaveraceae 罂粟科

136. *Chelidonium majus* L. 白屈菜

137. *Corydalis adunca* Maxim. 灰绿紫堇

138. *C. bokuensis* L. H. Zhou 宝库黄堇

139. *C. curviflora* Maxim. ex Hemsl. 弯花紫堇

140. *C. dasysptera* Maxim. 叠裂紫堇

141. *C. linearioides* Maxim. 条裂紫堇

142. *C. pauciflora*（Steph.）Pers. var. *latiloba* Maxim. 宽瓣延胡索

143. *C. pauciflora*（Steph.）Pers. var. *foliosa* L. H. Zhou 大板山延胡索

144. *C. straminea* Maxim. ex Hemsl. 草黄花紫堇

145. *C. trachycarpa* Maxim. 糙果紫堇

146. *Hypecoum leptocarpum* Hook. f. et Thoms. 细果角茴香

147. *Meconopsis horridula* Hook. f. et Thoms. 多刺绿绒蒿

148. *M. horridula* Hook. f. et Thoms. var. *racemosa*（Maxim.）Prain 总花绿绒蒿

149. *M. integrifolia*（Maxim.）Franch. 全缘绿绒蒿

150. *M. quintuplinervia* Regel 五脉绿绒蒿

151. *Papaver nudicaule* L. subsp. *rubro - aurantiacum*（DC.）Fedde 山罂粟

（十一）Cruciferae 十字花科

152. *Brassica juncea*（L.）Gzern. 野油菜

153. *Capsella bursa - pastoris*（L.）Medic. 芥菜

154. *Cardamine tangutorum* O. E. Schulz 紫花碎米荠

155. *Cheiranthus roseus* Maxim. 红花桂竹香

156. *Coelonema draboides* Maxim. 穴丝草（陇犬草）

157. *Descurainia sophia*（L.）Webb ex Prantl 播娘蒿

158. *Draba altaica*（C. A. Mey.）Bunge 阿尔泰葶苈

159. *D. eriopoda* Turcz. 毛葶苈

160. *D. glomerata* Royle 球果葶苈

161. *D. ladyginii* Pohle. 苞序葶苈

162. *D. lanceolata* Royle 锥果葶苈

163. *D. lanceolata* Royle var. *leiocarpa* O. E. Schulz 光果葶苈

164. *D. lasiophylla* Royle 毛叶葶苈

165. *D. nemorosa* L. 葶苈

166. *D. oreades* Schrenk 喜山葶苈

167. *Eruca sativa* Mill. 芝麻菜（飘儿菜、芸芥）

168. *Eutrema heterophylla*（W. W. Smith）Hara 异叶山俞菜

169. *Hedinia tibetica*（Thoms.）Ostenf. 藏荠

170. *Lepidium apetalum* Willd. 毛萼独行菜（辣辣）

171. *Malcolmia africana*（L.）R. Br. 涩荠（马康草）

172. *Megadenia pygmaea* Maxim. 大腺芥（双果荠）

173. *Nasturtium tibeticum* Maxim. 西藏豆瓣菜

174. *Thlaspi arvense* L. 遏兰菜

175. *Torularia humilis*（Mey.）O. E. Schulz 念珠芥（蚓果芥）

（十二）Crassulaceae 景天科

176. *Hylotelephium angustum*（Maxim.）H. Ohba 狭穗八宝

177. *Rhodiola algida*（Ledeb.）Fisch. et Mey. var. *tangutica*（Maxim.）Fu 唐古特红景天

178. *Rh. quadrifida*（Pall.）Fisch. et Mey. 四裂红景天

179. *Rh. subopposita*（Maxim.）Jacobsen 对叶红景天

180. *Sedum aizoon* L. 费菜

181. *S. roborovskii* Maxim. 阔叶山景天

（十三）Saxifragaceae 虎耳草科

182. *Chrysosplenium nudicaule* Bunge 裸茎金腰

183. *Parnassia oreophila* Hance 细叉梅花草（苍耳七）

184. *P. trinervis* Drude 三脉梅花草

185. *Ribes giraldii* Jancz. 腺毛茶藨

186. *R. glaciale* Wall. 冰川茶藨

187. *R. himalense* Royle ex Decne. 糖茶藨

188. *Saxifraga atrata* Engl. 黑虎耳草

189. *S. cernua* L. 零余虎耳草

190. *S. montana* H. Smith 山地虎耳草

191. *S. przewalskii* Engl. 青藏虎耳草

192. *S. tangutica* Engl. 唐古特虎耳草

193. *S. unguiculata* Engl. 爪瓣虎耳草

194. *Philadelphus incanus* Koehne 山梅花

（十四）Rosacea 蔷薇科

195. *Acomastylis elata*（Royle）F. Bolle var. *humilis*（Royle）F. Bolle 矮生羽叶花

196. *A. elata*（Royle）F. Bolle var. *leiocarpa*（Evans）F. Bolle 光果羽叶花

197. *Agrimonia pilosa* Ledeb. 龙牙草

198. *Cerasus stipulacea*（Maxim.）Yü et Li 托叶樱桃

199. *C. trichostoma*（Koehne）Yü et Li 川西樱桃

200. *Chamaerhodos erecta*（L.）Bunge 直立地蔷薇

201. *Coluria longifolia* Maxim. 长叶无尾果

202. *Comarum salesovianum*（Steph.）Aschers. et Graebn. 西北沼委陵菜

203. *Cotoneaster acutifolius* Maxim. 灰栒子

204. *C. adpressus* Boiss. 匍匐栒子

205. *C. multiflorus* Bunge 水栒子

206. *Fragaria orientalis* Losinsk. 东方草莓

207. *F. vesca* L. 野草莓

208. *Geum aleppicum* Jacq. 路边青

209. *Potentilla acaulis* L. 星毛委陵菜

210. *P. angustiloba* Yü et Li 窄裂委陵菜

211. *P. anserina* L. 蕨麻

212. *P. bifurca* L. 二裂委陵菜

213. *P. fruticosa* L. 金露梅

214. *P. glabra* Lodd. 银露梅

215. *P. multicaulis* Bunge 多茎委陵菜

216. *P. multifida* L. 多裂委陵菜

217. *P. parvifolia* Fisch. ex Lehm. 小叶金露梅

218. *P. potaninii* Wolf 华西委陵菜

219. *P. saundersiana* Royle 钉柱委陵菜

220. *P. simulatrix* Wolf 等齿委陵菜

221. *P. tanacetifolia* Willd. ex Schlecht. 菊叶委陵菜

222. *Rosa moyesii* Hemsl. et Wils. 华西蔷薇

223. *R. omeiensis* Rolfe 峨眉蔷薇

224. *R. sweginzowii* Koehne 扁刺蔷薇

225. *R. willmottiae* Hemsl. 小叶蔷薇

226. *Rubus irritans* Focke 紫色悬钩子

227. *R. sachalinensis* Levl. 库页悬钩子

228. *Sanguisorba officinalis* L. 地榆

229. *Sibbaldia adpressa* Bunge 伏毛山莓草

230. *S. tetrandra* Bunge 四蕊山莓草

231. *Sibiraea angustata*（Rehd.）Hand. – Mazz. 窄叶鲜卑花（西番柳）

232. *Sorbus hupehensis* Schneid. 湖北花楸

233. *S. koehneana* Schneid. 陕甘花楸

234. *S. taipaiana* Schneid. 太白花楸

235. *S. tianschanica* Rupr. 天山花楸

236. *Spiraea alpina* Turcz. 高山绣线菊

237. *S. mongolica* Maxim. 蒙古绣线菊

（十五）Leguminosae 豆科

238. *Astragalus adsurgens* Pall. 地丁（直立黄芪）

239. *A. chilienshanerrsis* Y. C. Ho 祁连山黄芪

240. *A. chrysopterus* Benth. ex Bunge 金翼黄芪

241. *A. confertus* Benth. 丛生黄芪

242. *A. datunensis* Y. C. Ho 大通黄芪

243. *A. densiflorus* Kar. et Kir. 密花黄芪

244. *A. floridus* Benth. 多花黄芪

245. *A. licentianus* Hand. – Mazz. 甘肃黄芪

246. *A. mahoschanicus* Hand. – Mazz. 马衔山黄芪

247. *A. melilotoides* Pall. 草木樨状黄芪

248. *A. membranaceus*（Fisch.）Bunge 膜荚黄芪

249. *A. monadelphus* Bunge ex Maxim. 单体蕊黄芪

250. *A. polycladus* Bur. et Franch. 多枝黄芪

251. *A. przewalskii* Bunge 黑紫花黄芪

252. *A. satoi* Kitagawa 小米黄芪

253. *A. scaberrimus* Bunge 糙叶黄芪

254. *A. tanguticus* Batalin 青海黄芪

255. *A. weigoldianus* Hand. – Mazz. 肾形子黄芪

256. *Caragana brevifolia* Kom. 短叶锦鸡儿

257. *C. jubata*（Pall.）Poiret 鬼箭锦鸡儿

258. *Hedysarum algidum* L. Z. Shue 块茎岩黄芪

259. *H. multijugum* Maxim. 红花岩黄芪

260. *Medicago lupulina* L. 天兰苜蓿

261. *Melilotoides archiducis – nicalai*（Sirj.）Yakov. 青藏扁宿豆

262. *M. ruthenicus*（L.）C. W. Chang 扁宿豆

263. *Oxytropis bicolor* Bunge 二色棘豆

264. *O. deflexa*（Pall.）DC. 急弯棘豆

265. *O. kansuensis* Bunge 甘肃棘豆

266. *O. ochrocephala* Bunge 黄花棘豆

267. *O. pauciflora* Bunge 少花棘豆

268. *Thermopsis lanceoelata* R. Br. 披针叶黄华

269. *Th. licentiana* Pet. – Stib. 光叶黄华

270. *Tibetia himalaica*（Baker）H. P. Tsui 高山豆

271. *Vicia amoena* Fisch. 山野豌豆（宿根巢菜）

272. *V. angustifolia* L. 窄叶野豌豆

273. *V. bungei* Ohwi 三齿萼野豌豆

274. *V. cracca* L. 广布野豌豆

275. *V. sativa* L. 救荒野豌豆

276. *V. unijuga* A. Br. 歪头菜

（十六）Geraniaceae 牻牛儿苗科

277. *Geranium pratense* L. 草地老鹳草

278. *G. pylzowianum* Maxim. 甘青老鹳草

279. *G. sibiricum* L. 鼠掌老鹳草（白毫花）

（十七）Zygophyllaceae 蒺藜科

280. *Tribulus terrestris* L. 蒺藜

（十八）Polygalaceae 远志科

281. *Polygala sibirica* L. 西伯利亚远志

（十九）Euphorbiaceae 大戟科

282. *Euphorbia helioscopia* L. 泽漆

283. *E. stracheyi* Boiss. 高山大戟

（二十）Celastraceae 卫矛科

284. *Euonymus przemalskii* Maxim. 八宝茶（鬼箭羽、打鬼条）

（二一）Rhamnaceae 鼠李科

285. *Rhamnus tangutica* J. Vass. 甘青鼠李（糙叶鼠李）

（二二）Malvaceae 锦葵科

    286. *Malva verticillata* L. 冬葵

（二三）Hypericaceae 金丝桃科

    287. *Hypericum przewalskii* Maxim. 突脉金丝桃

（二四）Tamaricaceae 柽柳科

    288. *Myricaria paniculata* P. Y. Chang et Y. J. Chang. 三春水柏枝（砂柳、三春柳）

    289. *M. squamosa* Desv. 具鳞水柏枝

（二五）Violaceae 堇菜科

    290. *Viola biflora* L. 双花堇菜

    291. *V. dissecta* Ledeb. 裂叶堇菜

    292. *V. kunawareensis* Royle 西藏堇菜

    293. *V. tuberifera* Franch. 块茎堇菜

    294. *V. rockiana* W. Beck. 圆叶小堇菜

（二六）Thymelaeaceae 瑞香科

    295. *Daphne tangutica* Maxim. 甘青瑞香（唐古特瑞香、冬夏青、祖师麻）

    296. *Stellera chamaejasme* L. 狼毒

（二七）Elaeagnaceae 胡颓子科

    297. *Hippophae neurocarpa* S. W. Liu et T. N. He 肋果沙棘（大头黑刺）

    298. *H. thibetana* Schlecht. 西藏沙棘（酸达列、十字棵、鸡爪柳）

    299. *H. rhamnoides* Linn. subsp. *sinensis* Rousi 中国沙棘（黑刺）

（二八）Onagraceae 柳叶菜科

    300. *Chamaenerion angustifolium* （L.）Scop. 柳兰

    301. *Circaea alpina* L. 高山露珠草

    302. *Epilobium palustre* L. 沼生柳叶菜

（二九）Araliaceae 五加科

    303. *Acanthopanax giraldii* Harms. var. *pilosulus* Rehd. 毛叶五加

    304. *A. cissifolius* （Griff.）Harms. 乌蔹莓五加

（三十）Umbelliferae 伞形科

    305. *Carum buriaticum* Turcz. 田葛缕子

    306. *C. carvi* L. 葛缕子

    307. *Ligusticum thomsonii* C. B. Clarke 长茎川芎

    308. *Notopterygium forbesii* H. Boiss. 大头羌活

    309. *N. incisium* Ting ex H. T. Chang 蚕羌

    310. *Sanicula chinensis* Bunge 变豆菜

    311. *Sphallerocarpus gracilis* （Bess.）K. – Pol. 迷果芹

    312. *Tongoloa elata* Wolff 大东俄芹

（三一）Ericaceae 杜鹃花科

    313. *Rhododendron przewalskii* Maxim. 陇蜀杜鹃（枇杷）

314. *Rhododendron anthopogonoides* Maxim. 烈香杜鹃（洋枇杷、白香柴）

315. *Rhododendron thymifolium* Maxim. 千里香杜鹃

316. *Rhododendron capitatum* Maxim. 头花杜鹃（黑香柴）

317. *Arctouc alpinus*（L.）Nied. 北极果

（三二）Primulaceae 报春花科

318. *Androsace erecta* Maxim. 直立点地梅

319. *A. gmelinii*（Gaerzn.）Roem. et Schlut 高山点地梅

320. *A. mariae* Kanitz 西藏点地梅

321. *A. yargongensis* Petitm. 雅江点地梅

322. *Glaux maritima* L. 海乳草

323. *Primula farreriana* Balf. f. 大通报春

324. *P. fasciculata* Balf. f. et Ward. 束花报春

325. *P. nutans* Georgi 天山报春

326. *P. tangutica* Duthie 唐古特报春

327. *P. woodwardii* Balf. 岷山报春

（三三）Plumbaginaceae 兰雪科

328. *Plumbagella micrantha*（Ledeb.）Spach 刺矶松

（三四）Oleaceae 木犀科

329. *Syringa microphylla* Diels 小叶丁香（四季丁香）

（三五）Gentianaceae 龙胆科

330. *Comastoma falcatum*（Turcz. ex Kar. et Kir.）Toyokuni 镰萼喉毛花

331. *C. pulmonarium*（Turcz.）Toyokuni 喉毛花

332. *Gentiana aristata* Maxim. 刺芒龙胆

333. *G. burkillii* H. Smith 白条纹龙胆

334. *G. grumii* Kusnez. 南山龙胆

335. *G. lawrencei* Burk. var. *farreri*（I. B. Balf.）T. N. Ho 线叶龙胆

336. *A. nubigena* Edgew. 云雾龙胆

337. *G. pseudoaquatica* Kusnez. 假水生龙胆

338. *G. pudica* Maxim. 偏翅龙胆

339. *G. squarrosa* Ledeb. 鳞叶龙胆

340. *G. straminea* Maxim. 麻花艽

341. *G. striata* Maxim. 条纹龙胆

342. *G. trichotoma* Kusnez. 三岐龙胆

343. *Gentianella azurea*（Bunge）Holub. 黑边假龙胆

344. *Gentianopsis barbata*（Froel.）Ma 扁蕾

345. *G. paludosa*（Hook. f.）Ma 湿生扁蕾

346. *Halenia elliptica* D. Don 椭圆叶花锚

347. *Lomatogonium gamosepalum*（Burk.）H. Smith apud S. Nilsson 合萼肋柱花

348. *L. rotatum*（L.）Fries ex Nym. 辐状肋柱花

349. *Swertia bifolia* Batal. 二叶獐牙菜

350. *S. dichotoma* L. 歧伞獐牙菜

351. *S. przewalskii* Pissjauk. 祁连獐牙菜

352. *S. tetraptera* Maxim. 四数獐牙菜

353. *S. wolfangiana* Gruning 华北獐牙菜

（三六）Polemoniaceae 花葱科

354. *Polemonium coeruleum* L. var. *chinensis* Brand. 花葱

（三七）Boraginaceae 紫草科

355. *Asperugo procumbens* L. 糙草

356. *Cynoglossum gansuense* Y. L. Liu 甘青琉璃草

357. *Lappula redowskii*（Hornem.）Greene 卵盘鹤虱

358. *Micorula pseudotrichocarpa* W. T. Wang 甘青微孔草

359. *M. sikkinensis*（C. B. Clarke）Hemsl. 锡金微紫草

360. *M. trichocarpa*（Maxim.）Johnst. 长叶微孔草（毛果弱草）

361. *Trigonotis peduncularis*（Trev.）Benth. ex Baker et Moore 附地菜

362. *T. petiolaris* Maxim. 具柄附地菜

（三八）Labiatae 唇形科

363. *Dracocephalum purdomii* W. W. Smith 岷山毛建草

364. *D. tanguticum* Maxim. 唐古特青兰

365. *Elsholtzia densa* Benth. 密穗香薷

366. *Galeopsis bifida* Boenn. 鼬瓣花

367. *Lamium amplexicaule* L. 宝盖草

368. *Mentha haplocalyx* Briq. 薄荷

369. *Nepeta prattii* Lévl. 康藏荆芥

370. *Salvia roborowskii* Maxim. 粘毛鼠尾草

371. *Scutellaria scordifolia* Fisch. ex Schrank 并头黄芩

372. *Stachys sieboldii* Miq. 甘露子

373. *Thymus mongolicus* Ronn. 百里香

（三九）Solanaceae 茄科

374. *Anisodus tanguticus*（Maxim.）Pascher 唐古特莨菪

375. *Lycium chinense* Mill. var. *potaninii*（Pojark）A. M. Lu 北方枸杞（野枸杞）

（四十）Scrophularicaeae 玄参科

376. *Euphrasia pectinata* Ten. 小米草

377. *E. regelli* Wettst. 短腺小米草

378. *Lagotis brachystachya* Maxim. 短穗兔耳草

379. *L. brevituba* Maxim. 短管兔耳草

380. *Lancea tibetica* Hook. f. et Thoms. 肉果草（兰石草）

381. *Limosella aquatica* L. 水茫草

382. *Pedicularis alaschanica* Maxim. 阿拉善马先蒿

383. *P. brevilabris* Franch. 短唇马先蒿

384. *P. cheilanthifolia* Schrenk 碎米蕨叶马先蒿

385. *P. chinensis* Maxim. 中国马先蒿

386. *P. kansuensis* Maxim. 甘肃马先蒿

387. *P. lasiophrys* Maxim. 毛颏马先蒿

388. *P. longiflora* Rudolph ssp. *tubiformis*（Klotz.）Tsoong 斑唇马先蒿

389. *P. muscicola* Maxim. 藓生马先蒿

390. *P. oederi* Vahl. var. *sinensis*（Maxim）Hurus. 华马先蒿（变种）

391. *P. pilostachya* Maxim. 绵穗马先蒿

392. *P. przewalskii* Maxim. 青海马先蒿

393. *P. rhinanthoides* Schrenk subsp. *labellata*（Jacq.）Tsoong 大唇马先蒿

394. *P. roylei* Maxim. 青藏马先蒿

395. *P. rudis* Maxim. 粗野马先蒿

396. *P. ternata* Maxim. 三叶马先蒿

397. *P. verticillata* L. 轮叶马先蒿

398. *Veronica anagallis – aquatica* L. 水苦荬

399. *V. biloba* L. 二裂婆婆纳

400. *V. ciliata* Fisch. 长果婆婆纳

401. *V. eriogyne* H. Winkl. 毛果婆婆纳

402. *V. rockii* Li 光果婆婆纳

（四一）Bignoniaceae 紫葳科

403. *Incarvillea compacta* Maxim. 密花角蒿

404. *I. sinensis* Lamk. var. *przewalskii*（Batalin）C. Y. Wu et W. C. Yin 黄花角蒿

（四二）Orobanchaceae 列当科

405. *Boschniakia himalaica* Hook. f. et Thoms. 丁座草

（四三）Plantaginaceae 车前科

406. *Plantago asiatica* L. 车前

407. *P. depressa* Willd. 平车前

（四四）Rubiaceae 茜草科

408. *Galium boreale* L. 砧草

409. *G. verum* L. 蓬子草

410. *Rubia cordifolia* L. 茜草

（四五）Caprifoliaceae 忍冬科

411. *Lonicera caerulea* L. var. *edulis* Turcz. ex Herd. 蓝果忍冬

412. *L. chrysantha* Turcz. 黄花忍冬

413. *L. hispida* Pall. ex Roem. et Schult. 粗毛忍冬

414. *L. microphylla* Wall. ex Roem. et Schult. 小叶忍冬

415. *L. nervosa* Maxim. 红脉忍冬

416. *L. rupicola* Hook. f. et Thoms. var. *syringantha*（Maxim.）Zabel 红花岩生忍冬

417. *L. tangutica* Maxim. 唐古特忍冬

418. *Sambucus adnata* Wall. 贴生接骨木

419. *Triosteum pinnatifidum* Maxim. 莛子薦

420. *Viburnum mongolicum* Rehd. 蒙古荚蒾

（四六）Adoxaceae 五福花科

421. *Adoxa moschatellina* L. 五福花

（四七）Valerianaceae 败酱科

422. *Valeriana officinalis* L. 缬草

423. *V. tianschanica* Kryer ex Hand. – Mazz. 天山缬草

（四八）Dipsacaceae 山萝卜科

424. *Morina chinensis*（Batal. ex Diels）Pei 摩苓草

（四九）Campanulaceae 桔梗科

425. *Adenophora himalayana* Feer 喜马拉雅沙参

426. *A. potaninii* Korsh. 泡沙参

427. *A. stenanthina*（Ledeb.）Kitagawa 长柱沙参

（五十）Compositae 菊科

428. *Achillea alpina* L. 高山蓍

429. *Ajania khartensis*（Dunn）Shih 铺散亚菊

430. *A. salicifolia*（Mattf.）Poljak. 柳叶亚菊

431. *A. tenuifolia*（Jacq.）Tzvl. 细叶亚菊

432. *Anaphalis flavescens* Hand. – Mazz. 淡黄香青

433. *A. hancockii* Maxim. 玲玲香青

434. *A. lactea* Maxim. 乳白香青

435. *Artemisia desertorum* Spreng. 沙蒿

436. *A. frigida* Willd. 冷蒿

437. *A. gmelinii* Web. et Stechm. 细裂叶莲蒿

438. *A. hedinii* Ostenf. 臭蒿

439. *A. mattifeldii* Pamp. var. *etomentosa* Hand. – Mazz. 无茸粘毛蒿

440. *A. mongolica* Fisch. ex Bess. 蒙古蒿

441. *A. moorcroftiana* Wall. ex DC. 小球花蒿

442. *A. phaeolepsis* Krasch. 褐苞蒿

443. *A. scoparia* Waldstein et Kitaibel 猪毛蒿

444. *A. sieversiana* Willd. 大籽蒿

445. *A. tangutica* Pamp. var. *etomentosa* Ling et Y. R. Ling 无毛甘青蒿

446. *A. vestita* Willd. 毛莲蒿

447. *Aster ageratoides* Turcz. 三脉紫菀

448. *A. diplostephioides*（DC.）C. B. Clarke 重冠紫菀

449. *A. flaccidus* Bunge 柔软紫菀

450. *Cacalia roborowskii*（Maxim.）Ling 蛛毛蟹甲草

451. *Carduus crispus* L. 飞廉

452. *Carpesium lipskyi* C. Winkl. 高原天名精

453. *Cirsium setosum*（Willd.）M. Bieb. 刺儿菜

454. *C. souliei*（Franch.）Mattf. 葵花大蓟

455. *Cremanthodium ellisii*（Hook. f.）Kitamura 车前状垂头菊

456. *C. humile* Maxim. 小垂头菊

457. *Crepis flexuosa*（Ledeb.）Benth. et Hook. f. 弯茎还羊参

458. *Erigeron acer* L. 飞蓬

459. *Heteropappus altaicus*（Willd.）Novopokr. 阿尔泰狗哇花

460. *H. crenatifolius*（Hand. – Mazz.）Griers. 圆齿狗哇花

461. *Ixeris chinensis*（Thunb.）Nakai 黄瓜菜

462. *Leibnitzia anandria*（L.）Nakai 大丁草

463. *Leontopodium dedekensii*（Bur. et Franch.）Beauv. 戟叶火绒草（分枝火绒草）

464. *L. haplophylloides* Hand. – Mazz. 香芸火绒草

465. *L. leontopodioides*（Willd.）Beauv. 火绒草

466. *L. longifolium* Ling 长叶火绒草

467. *L. pusillum*（Beauv.）Hand. – Mazz. 小火绒草

468. *Ligularia sagitta*（Maxim.）Mattf. 箭叶橐吾

469. *L. virgaurea*（Maxim.）Mattf. 黄帚橐吾

470. *Neopallasia pectinata*（Pall.）Poljak. 栉叶蒿

471. *Olgaea tangutica* Iljin. 唐古特鳍菊

472. *Picris hieracioides* L. subsp. *japonica* Krylv. 毛连菜

473. *Saussurea chingiana* Hand. – Mazz. 仁昌风毛菊

474. *S. gnaphalodes*（Royle）Sch. – Bip. 鼠曲雪兔子（鼠曲风毛菊）

475. *S. katochaete* Maxim. 重齿风毛菊

476. *S. medusa* Maxim. 水母雪兔子（水母雪莲）

477. *S. nigrescens* Maxim. 瑞苓草

478. *S. parviflora*（Poir.）DC. 小花风毛菊

479. *S. superba* Anthony 美丽风毛菊

480. *S. sylvatica* Maxim. 林生风毛菊

481. *S. tangutica* Maxim. 紫苞风毛菊（唐古特雪莲）

482. *Senecio dubitabilis* C. Jeffrey et Y. L. Chen 北千里光

483. *S. thianschanicus* Regel et Schmalh 天山千里光

484. *Serratula strangulata* Iljin. 蕴苞麻花头

485. *Sinacalia tangutica*（Maxim.）B. Nord. 羽裂华蟹甲草

486. *Sonchus arvensis* L. 苣荬菜

487. *Soroseris hookeriana*（C. B. Clarke）Stebb. ssp. *erysimoides*（Hand. – Mazz.）Stebb. 糖芥绢毛菊

488. *Taraxacum leucanthum*（Turcz.）Ledeb. 白花蒲公英

489. *T. mongolicum* Hand. – Mazz. 蒙古蒲公英

490. *Xanthopappus subacaulis* C. Winkl. 黄冠菊

491. *Youngia tenuifolia*（Willd.）Babc. et Stebb. 细叶黄鹌菜

（五一）Juncaginaceae 水麦冬科

492. *Triglochin maritimum* L. 海韭菜

493. *T. palustre* L. 水麦冬

（五二）Gramineae 禾本科

494. *Achnatherum chingii*（Hitchs.）Keng ex P. C. Kuo 细叶芨芨草

495. *A. inebrians*（Hance）Keng 醉马草

496. *A. splendens*（Trin.）Nevski 芨芨草

497. *Agropyron cristatum*（L.）Gaertn. 冰草

498. *Agrostis gigantea* Roth 巨序剪股颖

499. *A. hugoniana* Rendle 甘青剪股颖

500. *Aristida triseta* Keng 三刺草

501. *Avena fatua* L. var. *glabrata* Peterm. 光稃野燕麦

502. *Beckmannia syzigachne*（Steud.）Fern. 菵草

503. *Brachypodium sylvaticum*（Huds.）Beauv. var. *breviglume* Keng 小颖短柄草

504. *Bromus plurinodis* Keng 多节雀麦

505. *B. tectorum* L. 旱雀麦

506. *Calamagrostis pseudophragmites*（Hall. f.）Koel. 假苇拂子茅

507. *Catabrosa aquatica*（L.）Beauv. 沿沟草

508. *Deschampsia caespitosa*（L.）Beauv. 发草

509. *D. koelerioides* Regel 穗发草

510. *D. littoralis*（Gaud.）Reuter 滨发草

511. *Deyeuxia arundinacea*（L.）Beauv. 野青茅

512. *D. flavens* Keng 黄花野青茅

513. *D. scabresens*（Griseb.）Munro ex Duthie 糙野青茅

514. *Duthiea brachypodium*（P. candargy）Keng et Keng f. 毛蕊草

515. *Elymus dahuricus* Turcz. 披碱草

516. *E. nutans* Griseb. 垂穗披碱草

517. *E. sibiricus* L. 老芒麦

518. *Festuca brachyphylla* Schult. et Schult. f. 短叶羊茅

519. *F. coelestis*（St. – Yves）V. Krecz. et Bobr. 矮羊茅

520. *F. dolichantha* Keng 长花羊茅

521. *F. kirilovii* Steud. 毛稃羊茅

522. *F. nitidula* Stapf 微药羊茅

523. *F. ovina* L. 羊茅

524. *F. rubra* L. 紫羊茅

525. *F. sinensis* Keng 中华羊茅

526. *Helictotrichon tibeticum*（Roshev.）Holub 藏异燕麦

527. *Hierochloe glabra* Trin. 光稃香草

528. *Koeleria cristata*（L.）Pers. 落草

529. *K. litvinowii* Dom. 芒落草

530. *Leymus angustus*（Trin.）Pilger 窄颖赖草

531. *L. secalinus*（Georgi）Tzvel. 赖草

532. *Melica kozlovii* Tzvel. 柴达木臭草

533. *M. przewalskyi* Roshev. 甘肃臭草

534. *M. scabrosa* Trin. 臭草

535. *Oryzopsis munroi* Stapf 落芒草

536. *O. tibetica*（Roshev.）P. C. Kuo 藏落芒草

537. *Pennisetum centrasiaticum* Tzvel. 白草

538. *Phragmites australis*（Cav.）Trin. ex Steud. 芦苇

539. *Poa alpigena*（Franch.）Lindm. 高原早熟禾

540. *P. annua* L. 早熟禾

541. *P. bomiensis* C. Ling 波密早熟禾

542. *P. calliopsis* Litv. 小早熟禾

543. *P. crymophila* Keng 冷地早熟禾

544. *P. lipskyi* Roshev. 开展早熟禾

545. *P. litwinowiana* Ovcz. 中亚早熟禾

546. *P. orinosa* Keng 山地早熟禾

547. *P. poiphagorum* Bor 波伐早熟禾

548. *P. pratensis* L. 草地早熟禾

549. *P. tibetica* Munro ex Stapf 西藏早熟禾

550. *Ptilagrostis concinna*（Hook. f.）Roshev. 太白细柄茅

551. *P. dichotoma* Keng ex Tzvel. 双叉细柄茅

552. *Roegneria breviglumis* Keng 短颖鹅观草

553. *R. leiantha* Keng 光花鹅观草

554. *R. nutans*（Keng）Keng 垂穗鹅观草

555. *Stipa aliena* Keng 异针茅

556. *S. baicalensis* Roshev. 狼针草

557. *S. capillacea* Keng 丝颖针茅

558. *S. penicillata* Hand. – Mazz. 疏花针茅

559. *S. przewalskyi* Roshev. 甘青针茅

560. *Trisetum clarkei* (Hook. f.) R. R. Stewart 长穗三毛草

561. *T. sibiricum* Rupr. 西伯利亚三毛草

562. *T. spicatum* (L.) Richt. 穗三毛

（五三）Cyperaceae 莎草科

563. *Carex agglomerata* C. B. Clarke 圆序苔草

564. *C. atrofusca* Schkuhr. 黑褐苔草

565. *C. capillaris* L. 丝柄苔草

566. *C. hancockiana* Maxim. 华北苔草

567. *C. moocroftii* Falc. ex Boott 青藏苔草

568. *Kobresia bellardii* (All.) Degl. 嵩草

569. *K. capillifolia* (Decne.) C. B. Clarke 线叶嵩草

570. *K. humils* (C. A. Mey.) Serg. 矮嵩草

571. *K. pygmaea* C. B. Clarke 高山嵩草

572. *K. royleana* (Nees) Boeck. 喜马拉雅山嵩草

（五四）Juncaceae 灯芯草科

573. *Luzula multiflora* (Retz.) Lej 多花地杨梅

574. *Juncus bufonius* L. 小灯芯草

575. *J. castaneus* Smith. 栗花灯芯草

576. *J. thomsonii* Buchen. 展苞灯芯草

（五五）Liliaceae 百合科

577. *Allium cyaneum* Regel 天蓝韭

578. *A. herderianum* Regel 金头韭

579. *A. polyrhizum* Turcz. ex Regel 碱韭（紫花韭）

580. *Asparagus longiflorus* Franch. 长花天门冬（鸡马桩）

581. *Fritillaria przewalskii* Maxim. 甘肃贝母

582. *Gagea pauciflora* Turcz. 小花顶冰花

583. *Lilium pumilum* DC. 山丹（细叶百合）

584. *Polygonatum odorotum* (Mill.) Druce 玉竹

585. *Polygonatum verticillatum* (L.) All. 轮叶黄精

（五六）Iridaceae 鸢尾科

586. *Iris goniocarpa* Baker 锐果鸢尾

587. *I. lactea* Pall. var. *chinensis* Koidzumi 马蔺

588. *I. loczyri* Kanitz 天山鸢尾

589. *I. potaninii* Maxim. 卷鞘鸢尾

590. *I. songarica* Schrenk 准噶尔鸢尾

（五七）Orchidaceae 兰科

591. *Coeloglossum viride* (L.) Hartm. 凹舌兰

592. *Cypripedium macranthon* Sw. 大花杓兰

593. *C. shansianum* S. C. Chen 山西杓兰

594. *Herminium monorchis*（L.）R. Br. 角盘兰

595. *Neottianthe cucullata*（L.）Schltr. 二叶兜被兰

596. *Platanthera chlorantha* Cust. ex Rochb. 二叶舌唇兰

597. *Spiranthes sinensis*（Pers.）Ames 绶草

598. *Tulotis asiatica* Hara 蜻蜓兰

第四节　森林资源

一、森林类型、分布及规律

（一）青海云杉林

青海云杉 *Pieca crassifolia* 材质良好，生长迅速，适应性较强，是我国特有树种。祁连山地垂直气候带上为顶极群落，分布面积广、稳定，是青海针叶林中的主要类型之一。

1. 分布及生境

祁连山地是一系列高山峻岭和地陷谷地组成强烈褶皱的山脉，山势走向自西北向东南伸展，山峰海拔高度一般在4000m以上，具有显著的高山，深谷陡坡地貌。在同一地貌区内，由于垂直高度和坡向的不同，各部水、热、光照等条件有显著差异。青海云杉对温度和湿度的要求，可以从不同的坡向分布看出。林分多呈块状，零星分布于高山峡谷的阴坡和半阴坡，垂直分布范围在海拔2100～3500m，集中分布带在海拔2700～3100m，常与分布在半阳坡的草地镶嵌。大通河林区青海云杉的分布高度上限是3300m，祁连山区为3400m。

分布地区属于山地森林气候。其特点是寒润或温润，气温低而日夜温差大，雨量少而集中，冬春季寒冷，干旱多风，日照时间长，热辐射强，年平均气温低于2℃，最热月平均气温为12℃左右，最冷月约-12℃。如果以祁连县气象站（北纬38°11′，东经100°15′，海拔2789.4m）最热月平均气温12.9℃为标准，垂直高度每升高100m，温度降低0.65℃为基数进行推算，青海云杉垂直分布范围上限最热月的平均气温约为7℃，其分布下限最热月平均气温约为15℃。降水量的分布状况对青海云杉的分布与生长同样有着密切的关系，大体上看，在祁连山东南部，地势渐低，受到海洋风的影响，较为湿润，年降水量可达500mm以上，利于云杉林生长。西段受西北干风的侵袭，逐渐转为干旱，山地降水量不足300mm，云杉林尚有分布，可见其耐干旱程度。但一般青海云杉林分布区，年降水量多在400m上下。

2. 组成与结构

（1）组成　青海云杉构成乔木层主要的建群种，有明显的数量优势，多为同龄的单层纯林，伴生树种有祁连圆柏、山杨、白桦、红桦。但具体地段的林分组成是单层纯林还是复层混交林，则随生态条件的不同而异。

就其林下植物的种类组成，大致可分为以耐荫灌木为主的青海云杉林，以草类为主的青海云杉林和以苔藓为主的青海云杉林三大类。

（2）层次结构　青海云杉林一般为单层，复层林很少见。生态层次可分为乔木层、下木层、草本植物层、苔藓层及层外植物，在大多数的林型中林下层次不完整，仅有 1 ~ 2 个层次发育良好而稳定。

从林下植被看，藓类在各林型中一般都比较发育，水分条件较好的阴坡，苔藓层发育极好，盖度可达 80% ~ 90%，厚度达 10cm 以上，现将青海云杉林主要林型层次结构和测树因子列表 3 - 2。

表 3 - 2　青海云杉林主要林型层次结构和测树因子

林型名称	自然条件	林下层状况	组成	林分总疏密度	层次	平均胸径（cm）	平均树高（m）	蓄积量（m³/hm²）
藓类青海云杉林	祁连林区，海拔 2950m，阴坡、坡度 33°	金露梅、鬼箭锦鸡儿，盖度 15%，高 0.5 ~ 1.0m，草本不成片，零星分布，藓类盖度 90%，层外植物不发达	10 云	0.7	I	24.5	17	350
灌丛青海云杉林	祁连林区，海拔 3150m，阴坡、坡度 38°	柳、鬼箭锦鸡儿、金露梅，盖度 50%，高 0.9 ~ 1.5m，草本盖度 40%，高 0.2 ~ 0.3m，藓类盖度 60%	10 云	0.55	I	22	15.5	220
草类青海云杉林	祁连林区，河滩林，海拔 2990m，平坦	银露梅、忍冬，盖度 75%，高 1.5m，草本盖度 70%，高 0.6m，藓类盖度 30%，层外植物发育一般	10 云	0.75	I	25.5	19.5	94
					II	10	6	35
藓类青海云杉林	大通东峡林区，海拔 2820m，阴坡、坡度 19°	无灌木，草本不成片，零星分布；藓类盖度 95%	10 云	0.85	I	20.5	13.5	247

3. 林型

青海云杉林的生态条件取决于气候条件和海拔高度及坡向等因子，在山地的不同生态条件下，青海云杉林与其他乔灌木及草本植物共同构成以下不同林型。

（1）**藓类青海云杉林**　藓类青海云杉林是青海云杉林中分布最广、面积最大、生产力最高的一个林型，一般呈带状分布于海拔 2700 ~ 3300m 的阴坡。主林层由青海云杉构成，均为单层纯林，藓类盖度 70% ~ 80%，林下植被简单，有金露梅、鬼箭锦鸡儿、珠芽蓼、苔草等，表现出北方暗针叶林的外貌特征。

（2）**草类青海云杉林**　分布在青海云杉林的最下部，海拔 2700m 以下的阴坡、半阴坡或河滩台地及半阳坡，草地和森林相互交错，多呈带状分布，面积不大且不稳定。草本层盖度 60% 以上，以苔草占优势，其次为马先蒿、蓼、棘豆和紫菀。藓类盖度约 30%，以山羽藓和欧灰藓为主。

（3）**灌丛青海云杉林**　该林型一般位于青海云杉林分布的上限。在立地条件较好的青海云杉林上部林缘处，原有云杉林破坏后，金露梅、鲜卑木、鬼箭锦鸡儿等入侵，也伴有莎草科及蓼科等草类生长，气候寒冷，生境比较严酷，乔木层稀疏，灌木得到发育，盖度可达 40% ~ 60%。

4. 生长规律

青海云杉属较大型的常绿乔木，树干挺直，干型饱满，高可达 30m 以上，直径可达 100cm 以上，自然成熟龄在 450 年以上，但多自 130 年开始发生心腐，祁连林区 220 龄的林木，病腐株数可达 90% 以上（表 3 - 3）。现实林分测树因子差异较大，通常的情况是：平均林龄 80 ~ 180 年，平均树高 15 ~ 20m，平均胸径 20 ~ 28cm，平均郁闭度 0.5 ~ 0.6，小区地段上可达 0.7 ~ 0.9，甚至 1.0，平均每公顷蓄积量 140 ~ 300m³。林分蓄积量自然枯损率在 0.05%（大通河林区） ~ 0.36%（祁连林区）。祁连林区青海云杉林各密度级测树因子见表 3 - 4。

表 3 - 3 青海云杉林病腐与林龄的关系

林龄（年）	121 ~ 140	141 ~ 160	161 ~ 180	181 ~ 200	201 ~ 220	220 以上
病株（%）	0	10.1	23.1	40.8	66.7	91.0
病株材积（m³）	0	11.7	23.4	44.8	67.4	94.0

表 3 - 4 祁连林区青海云杉林各密度级测树因子

密度级	郁闭度	每公顷株树	平均树高（m）	平均胸径（cm）	高径比	每公顷蓄积量（m³）
疏林	0.3 以下	318	11.7	19.3	61:1	70
中林	0.4 ~ 0.6	1089	12.4	19.1	65:1	201
密林	0.7 以下	1253	14.3	18.8	76:1	187

5. 更新与演替

（1）更新情况 青海云杉林一般 40 ~ 60 年开始结实，火烧迹地上的散生幼树 30 年即开始结实，孤立木 20 年便能结实。随着年龄的增长，结实量增加，在正常情况下，每隔 4 ~ 5 年结实盛期（种子年）重复 1 次。每 100 个球果可得纯种子 82.5g，每 26kg 球果可得纯种子 1kg。种子发芽率一般在 85% 左右，保存期 3 ~ 5 年。种子传播距离 50 ~ 100m（表 3 - 5）。

表 3 - 5 祁连林区云杉林各林型天然更新情况

林型（或混交林）	郁闭度	苔藓层盖度（%）	相对湿度（%）（地上 2m）	更新情况（每公顷云杉幼苗株数）						合计（株数/hm²）（%）
				1 年生（%）	2 ~ 5 年（%）	6 ~ 10 年（%）	11 ~ 15 年（%）	16 ~ 20 年（%）	21 ~ 30 年（%）	
藓类青海云杉林	0.6	90	64.2	36 000 97.4	1000 2.3	167 0.3				37 167 (100)
草类青海云杉林	0.4	无	29.8	2666 84.2	500 15.8					3166 (100)
青海云杉杨树混交林	0.6	5 ~ 10	38.1	62 666 74.8	16 833 20.1	834 1.0	1667 1.9	1167 1.4	667 0.8	83 834 (100)

青海云杉幼树在 1～15 年期间喜上方庇荫, 15～30 年期间上方透光而侧方庇荫, 是一个中等耐荫的树种。在郁闭度大的林分中天然更新一般较差。祁连林区的藓类青海云杉林, 郁闭度 0.6, 每公顷有更新幼苗 37 167 株, 但 1 年生苗即达 36 000 株, 占 97.4%; 2～5 年生只有 1000 株, 占 2.3%; 6～10 年生的仅占 0.3%。草类青海云杉林, 每公顷幼苗只有3000 余株, 只有河谷的青海云杉杨树混交林更新较好。

（2）演替 在自然条件下, 青海云杉林内阴暗, 气温低, 湿度大, 不仅使其他树种难以生长, 也抑制着青海云杉幼苗的生长。当上层林冠逐渐衰老枯倒后, 幼苗即在林窗处生长, 从而实现世代更替, 保持着稳定状态。如果发生林火或经采伐破坏后, 则将发生两种情况: 当迹地保护不好, 人为干扰较大, 原有幼苗幼树损失殆尽或种源不足时, 则将产生逆向演替, 即沦为灌丛或草地, 森林难以恢复, 此种情况在各林区均有, 尤其在道路两侧。与此相反, 如果迹地得到保护, 原有幼苗损失轻微或种源充足, 则也可直接实现顺向演替。

在针阔混交林带上, 青海云杉的演替过程比较复杂。有一部分林分可以实现自身的不断更替, 但大部分林分却并非如此。当青海云杉林受到火烧, 采伐或破坏后, 短时期难以恢复成林, 这时, 山杨和桦树等即行侵入并占据迹地, 形成阔叶林, 发生了树种更替。山杨林多在半阴坡和半阳坡形成, 桦树林均在阴坡, 桦树包括白桦、红桦和糙皮桦, 以白桦林最多。杨、桦生长较快, 迅速形成上层林冠, 创造了庇荫条件, 青海云杉的幼苗幼树即在其下茁壮生长, 当达到主林层高度时, 成为针阔混交林, 这个阶段通常比较短暂, 当青海云杉的高度超过阔叶树并郁闭成为更高的主林层时, 喜光的杨、桦树便逐渐枯死, 最后全部被淘汰, 又成为稳定的青海云杉林。大通河林区白桦青海云杉混交林的演替层次（见表 3－6）和青海云杉演替图示意, 见图 3－2。

表 3－6 白桦青海云杉林各演替层测树因子

地点	自然条件	树种	层次	年龄（年）	平均高（m）	平均胸径（cm）	每公顷株数
仙米林场套拉口	山坡下部, 海拔 2720m, 半阴坡 29°	白桦	主林层	52	8.5	12.0	330
		云杉	演替层	38	5.2	6.5	250
		云杉	更新层	20	0.5～1.0	—	190
仙米林场巴哈沟	山坡中部, 海拔 2880m, 半阴坡 27°	云杉	主林层	65	16.5	20.0	260
		白桦	演替层	37	7.5	10.5	560
		云杉	更新层	10	0.5 以下	—	60

上述演替过程也有两种例外情况, 一种是青海云杉更新很差或继续破坏, 少量幼树随意就升至阔叶树冠以上, 不能郁闭, 透光度大, 杨、桦树仍可生长, 青海云杉需要再度更新, 才能最终淘汰阔叶树。这样, 阔叶树林便可繁衍数代, 形成了相对稳定阔叶林或针阔混交林。另一种例外是阔叶林或针阔混交林遭到严重破坏, 环境改变或附近种源不足, 不仅不能恢复青海云杉林, 即使阔叶树也难以生长, 发生逆向演替, 成为草地或裸露地。当然, 如果采取人工措施, 如封山育林、造林等, 森林仍然可以得到恢复。

（二）祁连圆柏林

祁连圆柏 *Sabina przewalskill* 是我国圆柏属中的一个特有种, 它为建群种所形成的天然林

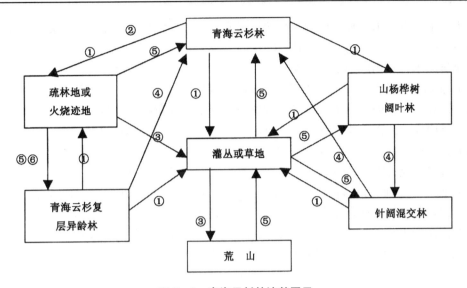

图 3 - 2 青海云杉林演替图示
①火烧、采伐、破坏 ②自然枯死 ③垦、滥樵、过度放牧
④自然演替 ⑤封育 ⑥天然更新

集中分布在青藏高原的东北部和黄土高原的西部边缘。青海省主要分布在祁连山地，成为阳坡最常见的森林。它生态适应幅度大，能耐高寒气候和贫瘠、干旱的土壤，是良好的水土保持林和水源涵养林。

1. 分布与环境

祁连圆柏分布区的自然环境和水热条件变动范围很大。分布的最冷区在祁连山区，年平均气温 -3.4℃。分布的最干旱区在柴达木盆地东部山区，年降水量为 176.4mm（都兰），相对湿度 40%。分布的最潮湿区在玛可河林区，年降水量为 638.4mm（班玛）。极端气候区域的指标表明了祁连圆柏能忍耐寒冷而不耐高温；能抵抗干旱，而不耐过于潮湿的环境，是一个典型的寒温带旱生树种。

祁连圆柏林下土壤为山地灰褐土，无明显地带性特征，受局部地形条件或植被组成的影响，土壤性状差别很大。在半阴坡、半阳坡或较缓坡地（30°以下）的中等密度（郁闭度 0.5 ~ 0.7）林分内，土壤发育一般良好。土层多在 60cm 以上，层次明显，具有 A_1、A_2、B_1、B_2 等层。A 层厚 20 ~ 30cm，呈褐色，往下逐渐变浅，腐殖质含量较丰富，呈半分解状态，有较强的持水性能，通气良好，肥力中等。而在多数阳坡较稀疏的林分中，各层次石砾含量较多，流失严重，持水性差，森林生产力较低。

2. 林型与结构

祁连圆柏林多呈单层纯林，可分为 2 个较大的林型。

（1）苔草祁连圆柏林 苔草祁连圆柏林是生产力最高的一个林型，林相整齐，立木密度大，径阶小，每公顷 800 株以上，平均胸径 18 ~ 22cm，郁闭度 0.6 以上，每公顷蓄积量可达 250 ~ 350m³。

此林型只有乔木和草本两个层次。草本总盖度 50% ~ 70%，以苔草和嵩草占绝对优势，生长繁茂，草层间有相当数量的苔藓和枯枝落叶，形成整齐松软的地被层。

林下几乎没有灌木或只有极少数耐荫性灌木，呈单株散生状。主要有银露梅、蒙古绣线菊 Spiraer mongolica、狭果茶藨子 Ribes lurejense、秦岭小檗 Berberis circumserrata、短叶锦鸡儿和少数柳属灌木，不构成明显的层次。

（2）灌木祁连圆柏林　灌木祁连圆柏林是较常见的一个林型，它有青海云杉、桦树交错分布，同处一个带内，林中也常见它们的植株混生。分布高度 2700～3400m，多见于阳坡半阳坡。林内立木疏密不均，常呈 3～5 株小团状分布，多代同林，郁闭度 0.3～0.6，生长参差不齐，整枝不良，径阶变幅大。

林下有较明显的灌木、草本 2 个层次。灌木层发育良好，覆盖度 10%～30%，层高 1～3m，优势种为金露梅、银露梅、柳、鲜黄小檗、小叶忍冬等，其次有唐古特忍冬、狭果茶藨子、红花忍冬；较低处有蒙古绣线菊、短叶锦鸡儿等。

草本覆盖度 30%～60%，种类组成比较复杂，除嵩草属外，以禾本科杂草为主，如致细柄茅 Ptilagrostis concinna、小颖短柄草 Brachypodium sylvaticum var. brevglume 等，珠芽蓼有时也占优势；其次有乳白香青、香唐松草 Thalictrum foetidum、火绒草、草莓、点地梅等。

3. 生长状况

祁连圆柏生长缓慢，寿命长，生长量小。典型的苔草祁连圆柏林具有较高的生产力和较完整的径阶结构（主要测树因子见表 3－7）。

表 3－7　苔草祁连圆柏林主要测树因子

样地	地点	海拔（m）	林龄	疏密度	平均胸径（cm）	平均树高（m）	每公顷株树（株）	每公顷蓄积（m³）
48	祁连	3225	150	0.71	13.7	9.5	2000	158.8
49	仙米	3291	170	0.79	15.9	8.0	1500	152.4

大通河林区的祁连圆柏，胸径速生期约从 40 年开始，延续 110 年左右；树高则由苗期开始至 120 年；材积速生期在 80～160 年，数量成熟期在 190 年左右（表 3－8）。

表 3－8　大通河林区祁连圆柏生长进程

龄阶	胸径（cm）			树高（m）			材积（m³）			形数	材积生长率（%）
	总生长量	平均生长量	连年生长量	总生长量	平均生长量	连年生长量	总生长量	平均生长量	连年生长量		
20	-	-	-	1.1	0.055	-	0.00010	0.00001	-	3.267	-
40	2.3	0.058	0.135	1.7	0.068	0.080	0.00157	0.00004	0.00007	1.400	0.802
60	5.0	0.083	0.165	4.5	0.075	0.090	0.00797	0.00013	0.00032	0.902	6.709
80	8.3	0.104	0.155	6.3	0.079	0.090	0.02366	0.00030	0.00079	0.604	4.960
100	11.4	0.114	0.125	8.1	0.081	0.090	0.04828	0.00048	0.00123	0.584	3.422
120	13.9	0.116	0.080	9.7	0.081	0.080	0.07595	0.00063	0.00138	0.516	2.227
140	15.5	0.111	0.065	10.9	0.078	0.060	0.09872	0.00071	0.00114	0.480	1.304
160	16.8	0.105	0.055	11.8	0.074	0.045	0.11954	0.00075	0.00104	0.457	0.954
180	17.9	0.099	0.035	12.5	0.069	0.035	0.13935	0.00077	0.00099	0.443	0.765
200	18.6	0.093	0.035	13.0	0.065	0.020	0.15260	0.00076	0.00066	0.432	0.745
220	19.3	0.088	-	13.4	0.061	0.020	0.16543	0.00075	0.00064	0.422	0.403

4. 更新与演替

祁连圆柏在漫长的成林过程中，由于它对生境条件特殊适应的结果，在自然状态下通常不易与其他树种组成稳定的混交林。在分布区下限边缘地带，局部地段可能与青海云杉、山杨、桦木等构成不同比例关系的次生群体组合，形成过渡型的混交状态，竞争过程中它处于逆向演替的地位逐步消失。由于立地条件较差，其他树种难以侵入，多形成世代稳定的祁连圆柏林。

苔草祁连圆柏林，由于郁闭度较高，林下环境不仅不利于其他树种的生长，同时也限制了圆柏幼苗的正常发育。因而幼树稀少，每公顷仅 200～800 株，且生长不良，有 15%～20% 的不健康植株，一旦受到破坏，靠现有幼树的数量和质量很难保证更替成林，客观上也将发生逆向演替的过程，使茂密的森林为灌丛或草地所代替。

灌木祁连圆柏林是顺向发展的一个林型，它具有典型的单层异龄林结构，同林层立木年龄变幅可差 100 年以上。林内光照充足，土壤条件适宜，拥有足以促进圆柏幼苗滋生繁衍的良好条件，各种高度和各种年龄阶段的幼树都比较多，一般每公顷幼树都在 2000 株以上，其中树高 50cm 以上的可靠植株达 1000 株以上，足以保证更新，促进林分的发展。

（三）山杨林

山杨又名山白杨，属杨柳科白杨属乔木。山杨系喜光树种，对生境要求不严。多与桦木混交或成纯林。根蘖力强，生长较快，分布较广，是青海次生林区的主要先锋树种之一。

1. 分布与自然环境

山杨属东亚地理成分，是温带和暖温带地区的适生树种。分布于祁连山东段南坡的大通河，北界是祁连县的黄藏寺（约北纬 38°25'）。

山杨喜温暖湿润气候，耐寒冷。分布区具有明显的山地气候特点：四季不分明，冬季漫长而寒冷，夏季短暂而气温稍高。

分布区的土壤主要为山地灰褐土。层次过渡明显，发育完整，表土褐色，腐殖质含量一般为 2.4%～15.0%，稍具不稳定的块状结构，结持力较紧，土壤全剖面均有碳酸盐反应，表层稍弱，钙积层较厚。土层厚度 50～100cm，成土母质大部分为坡积或次生黄土，个别地段有基岩风化物。山杨喜生于排水良好、土层肥厚、湿度适中的土壤，过干过湿则生长不良。

2. 结构与组成

山杨林大多数是纯林，有时与白桦、红桦、油松、青海云杉或祁连圆柏混交或者互为伴生树种，但面积都不大。山杨林的结构一般具有 3 个层次，除了主林层外，通常还有下木层和草本层，有时下木层不明显，苔藓层不发育。

（1）草类山杨林　本林型所处地形较为平缓，坡度一般为 25°～35°，多分布在山的中、上部及山梁凹隐处，海拔 2800m 以下。

下木层盖度 15%～20%，灌木种类较少，高度一般在 1.5m 左右。主要种类有银露梅、陇塞忍冬、直穗小檗、灰栒子。还有少量的美丽蔷薇、八宝茶、红毛五加等。

草本植物盖度一般为 40%～80%，主要有小颖短柄草、光叶黄华、小花风毛菊 *Saussurea parviflora* 等，常见种有蛛毛蟹甲草、香唐松草、椭圆叶花锚、乳百香青、三褶脉紫菀、升麻、钝裂银莲花和蕨等。

（2）灌木山杨林　本林型分布较为广泛，一般位于山的上部和中下部的半阴半阳坡。在山下部的海拔高度为 2000 ~ 2700m，坡度 30° ~ 40°。林地干燥，土壤肥力较差，地位级Ⅲ ~ Ⅴ。

本林型还见于中上部和陡坡，土层厚度 20 ~ 30cm，林地干燥，土壤肥力差。由于生境恶劣，林木生长缓慢，树干低矮，干形弯曲，树冠偏斜。进入中龄阶段后多感染病菌，发生心腐和枯梢，易遭风倒、雪压，枯倒木较多，林分卫生不良。

灌木层的总盖度为 50% ~ 70%，种类主要有灰栒子、短叶锦鸡儿、银露梅、秦岭小檗。

草本层盖度 30% ~ 50%，主要有披针叶苔草 *Carex lanceolata*、光叶黄华、乳百香青、香唐松草、钩柱唐松草、川赤芍、茜草、高山金挖耳、细裂叶莲蒿。层外植物有大瓣铁线莲。

本林型由于立地条件较差，对于涵养水源、保持水土作用很大，一旦遭到破坏，很难恢复。故在经营上应采取封护措施，不宜采用以取材为目的的任何形式采伐。

3. 生长环境

山杨在祁连山地条件下，由于水热条件的不同，生长发育也有差异。总的看来，山杨仍属于生长较快的乔木之一。50 年生的山杨林，平均树高 14 ~ 16m，最高可达 19m；平均胸径 16 ~ 18cm，最大可达 27cm；平均郁闭度为 0.4 ~ 0.8。

山杨的生长情况地域差异较大，各地的生长进程也不相同。生长最快的地方是大通河林区，50 龄时，胸径达 16.6cm，树高 15.8m，单株材积 0.17m³；100 龄时，胸径达 24.9cm，树高 18.5m，单株材积 0.43 m³；数量成熟在 80 年左右。胸径的速生期在 30 年以前，10 年甚至更早即达高峰，40 年以前仍很旺盛。在此期间，胸径连年生长量保持在 0.32 ~ 0.40cm，45 年后逐渐下降，至 100 年时，生长仍未停止。

树高的速生期也同胸径一样，在 30 年以前，高峰期在 5 ~ 10 年，40 年时生长仍很旺盛，此后呈缓慢下降趋势，100 年时生长亦未停止，但每年仅以 2cm 的速率增长。材积生长自第 10 年起，即表现为持续上升的趋势，一直到 55 年后才开始下降，但下降的幅度不大，至 100 年时，材积连年生长量仍相当于 25 年时的数值。

4. 演替与更新

一般说来山杨林不是稳定群落，是针叶树种演替过程中的一个过渡类型。在多数情况下，当针叶林遭受破坏之后，特别是火灾之后，林地环境发生剧烈变化，在全光照条件下，气温变差大，常出现日灼、霜冻等自然灾害，原来林下耐荫的植物消失了。而喜光的植物，尤其是禾本科、菊科和柳叶菜科的植物迅速占据林地，形成杂草群落。新的环境，不仅适合喜光的草本植物，而且也适合一些喜光、耐寒、抗霜的杨、桦等阔叶树生长，它们在针叶林所形成的优良土壤条件下，很快形成以山杨为主的群落。

随着山杨林下环境条件的变化，喜温凉、阴湿气候的云杉等幼树开始出现。云杉初期生长很慢，到 30 ~ 40 年，山杨生长减退，针叶树生长加快，在山杨林下形成第二层，这时山杨林由于自然稀疏为针叶树生长创造了有利条件，当针叶树的生长超出了山杨并高居上层，造成严密的阴湿环境后，在林下形成深厚的酸性土壤和枯枝落叶层，喜光的山杨失去了生长的条件，逐渐被针叶纯林所替换。

山杨种子、根蘖均能繁殖，在全光照条件下天然更新能力较强。山杨的种子更新常与火灾紧密相关，如果不发生火灾，种子更新就成为偶然的了。考察青海省山杨天然更新的历史，也莫不如此。据观察，在灌木杂草丛生的林地上，土壤内根系纵横，微小的山杨种子不易和土壤接触，经风吹日晒很快失去发芽力，即使发了芽，也由于忍受不了灌木、草类的抑制而最后死亡。在火烧迹地上，林地裸露，地温较高，一旦有了适宜的水分，喜光的山杨就应运而生。

在采伐迹地上，山杨主要靠根蘖更新，青海省农林科学院试验结果表明，根蘖苗的株数与采伐方式、采伐强度密切相关，小面积皆伐比择伐强度50%的更新好。择伐强度50%的比30%的更新好。小面积皆伐每公顷根蘖枝条0.97万~2.82万株，最高达46.0万株；择伐强度50%的每公顷根蘖枝条1.168万株；择伐强度30%的每公顷有根蘖枝条6336株。

（四）白桦林

白桦 *Betula platyphylla* 是一个喜光阔叶树种，它生长快，分布广，适应性强，是森林发展过程中的先锋树种。

1. 分布与自然环境

白桦林是山地森林的重要组成部分，白桦林主要分布在祁连山的东段和中段的西部。为青海省分布最广的森林类型之一。

保护区内，由于山高陡坡，使水热条件再行分配，森林的分布表现出强烈的坡向性，在阳坡因阳光照射强烈、蒸发量大，形成土壤缺水、肥力不足等干旱环境，致使喜光和湿润的白桦不易在此生存，所以，白桦林多见于阴坡，在半阴坡也有分布。

林下土壤，在省域北部多为石灰性砂岩、板岩坡积和堆积物上或黄土母质发育成的山地灰褐土，碳酸盐反应由上而下逐渐加强。土壤厚度30~80cm，表层有2~3cm的枯枝落叶层，腐殖质层常达30cm左右，壤土质地粒状结构，土体湿润、疏松，含石砾较多，中性反应，pH7.5~8.0，有机质含量高达10%~18%，是比较肥沃的土壤。

2. 组成结构

白桦林是针叶林迹地上发展起来的次生林，由于人为活动频繁，林分结构很不稳定，即使在相似立地条件下的同林龄，树种、下木和草本层的种类也相同，而林分组成结构却出现多样性。林分以混交林为主，单层纯林和异龄林也广有分布。通常有乔木层—下木层—草本层，在阴坡还有苔藓层。

林下灌木比较发育，盖度中等。其种类在阴坡林分密度较大（郁闭度0.5以上）的情况下以忍冬属、柳属为优势；在林分透光度较大的半阴坡上，则以小檗属、锦鸡儿属、银露梅属和绣线菊属为主。但在祁连山地海拔2700m以上的白桦林中，常以杜鹃属为优势。常见的伴生种类有蔷薇属、栒子属、花楸属、卫矛属、瑞香属、五加属等。花楸属、樱属和柳属生长比较高大，高度多为4~6m，其他各属的高度一般为1.5m左右。

林下草本层发育良好，种类繁多，以蓼属、草莓属、苔草属为优势。嵩草属、风毛菊属、吾属、升麻属、碎米芥属、黄华属、柳兰属和蕨类比较多见。在阴湿的洼地或小沟中也常有黄精属、舞鹤草属、扁蕾属和苔藓等分布。盖度一般都在70%以上。

3. 主要林型

白桦林主要有苔草白桦林、杜鹃白桦林和草类白桦林3个林型。

（1）苔草白桦林　本林型分布面积最大，适生于山地中下部的半阴坡上，海拔2200~3600m，常见坡度25°~35°。林下土壤在为灰褐土。常见的林分结构有3个层次，即乔木层—灌木层—草本层。

苔草白桦林，有纯林或与云杉等针叶树构成以白桦为优势的混交林。常见的郁闭度0.4~0.7，最高可达0.9，平均林分高度6~15m，平均胸径8~18cm，林龄35~60年，Ⅳ~Ⅴ地位级，每公顷蓄积量40~120 m³。林冠下针叶树更新较好，常形成类似复层混交林结构。

林下灌木密度中等。以陇塞忍冬、银露梅、灰栒子、峨眉蔷薇、美丽蔷薇、直穗小檗、短叶锦鸡儿为主。

林下草本层中以披针叶苔草或团序苔草为主，还有紫花碎米荠、双花堇菜、珠芽蓼、草莓、光叶黄华、升麻、高乌头、贝加尔唐松草、柳兰、羽裂蟹甲草、蛛毛蟹甲草、乳白香青等。

层外植物有短尾铁线莲 Clematis brevicaudata，攀缘于灌木或乔木上，单株分布，为数极少。

（2）杜鹃白桦林　以大通河林区分布最多，海拔2700~3200m，坡向北或北东、坡度多为30°~40°。林下土壤为山地灰褐土，土层厚度30~80cm，土体湿润，壤土质地，腐殖质层厚度达30cm左右，有机质含量常达10%~15%，甚至更高，土壤相当肥沃。

乔木以白桦为优势，组成单层同龄纯林，或混有青海云杉而组成混交林，郁闭度多为0.4~0.6，平均高7~12m，平均胸径10~16cm，每公顷蓄积量40~100 m³，林龄多在40~60年。由于海拔较高，气温偏低，林地生产能力不高，地位级在Ⅴ级左右，林下地被物较厚，种子不易入土，天然更新不良。

林下灌木密生，盖度为50%~90%。主要种类以百里香杜鹃、陇塞杜鹃、川柳 Salix hylonoma 为优势。

草本层以披针叶苔草、珠芽蓼、紫花碎米荠、草莓为主。分布均匀，盖度为40%~60%。

苔藓层发育良好，以山羽藓和羽藓为优势，欧灰藓、提灯藓 Mnium sp.、扁枝平藓 Neckera complanata 也有零星分布，盖度0.3左右。

层外植物有短尾铁线莲，为数极少，单株分布。

（3）草类白桦林　本林型面积不大，主要分布在海拔2400~3200m的大沟河滩，常见的草类白桦林，多是同龄纯林，有时混生10%左右的青海云杉，郁闭度0.4左右，林龄20~40年，平均高度5~10m，平均胸径7~14cm。林下灌木以直穗小檗、甘青锦鸡儿、冰川茶藨子、金露梅、银露梅为主。盖度20%~40%，平均高度1.0~1.5 m，团状分布。草本层中以东方草莓、珠芽蓼、双花堇菜、秋唐松草、贝加尔唐松草、线叶嵩草和膜叶冷蕨、高乌头、光叶黄华等为主，盖度10%~40%，呈块状分布。层外植物有大瓣铁线莲或短尾铁线莲，为数极少。

4. 生长情况

白桦属于中等乔木，在青海高原山地条件下，幼龄期生长较快，能够迅速郁闭。30龄后随着自然稀疏的加快，林冠逐渐展开，林内光照增强，侧枝日益发育，所以林木树干下部较通直，上部多叉，干形中等，形数一般在0.50左右，郁闭度一般为0.4~0.5，最大可达0.8，林地生产力中等，地位级多在Ⅲ~Ⅳ，林分平均年龄30~50年，平均高8~12m，平均胸径 10 ~ 13cm，每公顷蓄积量 50 m³左右，出材级 Ⅰ ~ Ⅱ级。大通河林区，白桦在 100 龄时胸径仅 15.2cm，树高 17.5m，单株材积 0.149 m³。胸径和树高几乎看不出速生期，自 15 龄左右以后，连年生长量一直呈下降趋势，材积的速生期也很短暂，在 25 ~ 35 年。数量成熟龄在 80 年左右。

5. 演替

白桦林是针叶林破坏以后产生的一种次生林分，当针叶林（云杉、油松）破坏后，要经过短时期的禾草和灌木覆被阶段，才能逐步形成白桦林。据调查，在火烧 10 ~ 30 年的迹地上，常见的植物有柳、小檗、忍冬、蔷薇、线绣菊、银露梅、茶藨子、悬钩子、柳兰以及禾本科、菊科等植物。如门源宁缠林区（原第四施业区）1 号标准地记载，每公顷有各类灌木 22 262 株，组成与高度见表 3 – 9。

表 3 – 9　火烧迹地上平均每公顷灌木株数

树种	高度级（cm）				合计
	50 以下	51 ~ 100	101 ~ 200	200 以上	
柳	4762	238	–	–	5000
绣线菊	4286	238	–	–	4524
金露梅	12 500	119	–	–	12 619
其他	119	–	–	–	119
合计	21 667	595	–	–	22 262

在半阴坡或阴坡的迹地上，白桦种子侵入后，形成纯林或与山杨、红桦混生，一般需要 10 年左右的时间才能郁闭成林。在白桦林冠下，特别是在郁闭度大于 0.7 的林分中，桦杨幼树不易生长。喜光的金露梅、线绣菊、悬钩子、甘青锦鸡儿等灌木和禾草、柳兰、火绒草等草本植物逐渐被小叶忍冬、陇塞忍冬、灰栒子、甘青茶藨子以及苔草、珠芽蓼、草莓等所替代，环境条件由干燥转阴湿，为云杉幼树的生长创造了良好的条件。若白桦林的附近或林中有残留的云杉母树时，云杉的更新过程将大大加快。云杉生长到 50 ~ 70 年时，可达到主林层高度，随后逐渐形成上层林冠，白桦因得不到阳光而被淘汰，最终形成藓类（或苔草、嵩草）—云杉群落，完成其演替过程。

在没有云杉下种条件的地区，白桦以自身的下种或萌生繁衍后代。白桦在 15 龄开始结实，120 年生左右结实下降，萌蘖力以 10 ~ 30 年间最盛，60 年生后虽然还能萌蘖，但生长不良，难于成林。当前白桦林内人为活动频繁，成熟林甚少，大部处于中龄期，很难找到一块完整的、世代相传的白桦林分，而遭受破坏的白桦中龄林，只要加以保护，白桦就会在原株根际处萌发 3 ~ 5 枝的新株，并能迅速郁闭成林。

从白桦的分布和森林演替过程来看，它不仅自身能够适应较差的环境独立成林，而且还能够为针叶树创造良好的更新条件，因而白桦已成为我国北方森林更新和造林的先锋树种之一。

（五）红桦林

红桦 *Betula albo – sinensis* 属典型的北温带区系成分，是我国的特有种和北方山区森林的重要组成树种之一。

1. 分布与自然环境

红桦林主要分布在大通河林区，约占青海省红桦林的半数以上。区内属高山峡谷地貌，山体高大，山势陡峻，坡度多在 30° 左右，红桦林呈块状断续分布于海拔 220 ~ 3700m 的半阴坡或阴坡上，多居于山地的中下部。

分布地区的气候为温凉或暖温半湿润类型，主要特点是干湿季分明，冬半年受西风环流控制，气候干燥、寒冷、多风；夏半年受西南暖流和东南季风的影响，气候温暖、湿润，全年 80% 的降水集中在 6 ~ 9 月，雨热同季，利于植物生长。尤其是日照长、辐射强、昼夜温差大、多夜雨，更有利于植物的干物质积累，可以提高林木的生长量。大通河林区垂直分布 2300 ~ 2900m，垂直带宽达 600 m。

红桦林下土壤，多系在砂岩、板岩、花岗岩等风化物或黄土母质上发育起来的山地灰褐土，土层一般为 40 ~ 70cm，腐殖质层厚达 30cm，壤土质地，粒状或块状结构，多含石砾，结持力疏松，棕褐色，湿润、中性或碱性，有机质含量高达 8% ~ 15%，甚至更高，有白色假菌丝体和蚯蚓侵入，土壤相当肥沃。

2. 组成结构

红桦林属寒温性常绿针叶林带中的常见类型，林分结构和组成不甚稳定，也比较复杂。代表林型为苔草红桦林，同龄单层纯林居多，异龄林与混交林也有相当的分布。林分一般可分为乔木层、下木层、草被层、苔藓层 4 个层次。

以红桦为优势的林分，乔木层中常伴有白桦、山杨、油松和云杉。红桦与白桦、山杨在生物学特性上相近，常常组成同龄单层结构，仅因生境不同而组成的比重不同。与红桦具有更替关系的树种，在祁连山地区有油松、青海云杉。

红桦林由于林下较为阴湿，下木层主要由中生或较耐湿的种类组成，通常以忍冬属、柳属为优势，但在半阴坡中等密度以下的林分中，小檗属、锦鸡儿属、委陵菜属、绣线菊属也常稍占优势。杜鹃属仅在海拔 2800m 以上占优势。主要的伴生灌木有栒子属、茶藨子属、蔷薇属、卫矛属、花楸属和樱属等。

草本层以苔草属为优势，主要伴生草类以蓼属、草莓属、碎米荠属、委陵菜属、毛茛属、乌头属、银莲花属、黄花属等分布较广；鹿蹄草属和蕨类在阴湿的沟洼地方也生长较多，獐牙菜属、微孔草属、唐松草属、马先蒿属、茜草属、葱属、香青属和风毛菊等亦为常见。

苔藓层发育良好，以藓类为绝对优势，由 3 ~ 4 种组成，常与草被相间分布，在高密度的林冠下，盖度可达 40% 左右，厚度 3 ~ 10cm。层外植物仅有铁线莲属，零星分布。

3. 主要林型

红桦林的主要林型有苔草红桦林和灌木红桦林两种。

（1）苔草红桦林　本林型是红桦林中面积最大的林型。一般分布在海拔 2400 ~ 2800m，适生于阴坡或半阴坡上，主林层由红桦组成同龄单层纯林，下木稀疏或中等，盖度 20% ~ 50%，团状分布，一般高度 1 ~ 1.5m，最大植株可达 5 ~ 6m，常见的树种以陇塞忍冬、蓝果忍冬、红脉忍冬为优势。

草本层盖度常达 70% ~ 90%，以披针叶苔草、珠芽蓼、草莓为主。苔藓层呈团状分布，盖度 30% ~ 50%，以山羽藓为绝对优势。

（2）**灌木红桦林**　本林型面积不大，分布在海拔 2300～3200m 的阴坡上接糙皮桦林，下接苔草红桦林。层次分明，有乔木层、灌木层、草被层和苔藓层。

乔木层以红桦同龄单层纯林为主。林层平均高度 10～12m，平均胸径 12～14cm，郁闭度一般在 0.4～0.5，每公顷蓄积量多为 40～60 m³，生产力较低。灌木盖度 60%～80%，高度 1.5～4.0m，分布均匀，以陇蜀杜鹃或川柳为主，百里香杜鹃、箭叶锦鸡儿、高山绣线菊、八宝茶、刚毛忍冬次之，此外陕甘花楸、灰栒子、冰川茶藨子也有少量分布。草本层覆盖度一般为 60%～80%，均匀分布，以披针叶苔草或祁连苔草为主。

苔藓层盖度多在 20%～40%，呈小团状分布，有一些附生在林木或灌木基部，厚度 5～10cm。主要种类以山羽藓为优势，羽藓、提灯藓、平藓也有少量或零星分布。

4. 生长状况

红桦林由于生活环境的多样性，林分的生长、发育不尽相同，但总的特征是：林相不整齐，生长缓慢，树干分权多枝，干形弯曲，尖削度较大。在长期破坏的情况下，立木多呈团状分布。

在红桦集中分布的大通河林区，其生长进程具有代表性。根据解析木资料，红桦在 50 年生时，胸径为 11.0cm，树高为 11.9m，单株材积 0.06 m³；100 年生时，胸径达 16.3cm，树高 17.9m，单株材积 0.14m³。

胸径自 15 年后加速生长，30 年后开始下降，此期间连年生长量 0.26～0.32cm。高生长速生期在 10～20 年，连年生长量在此期间变动在 0.24～0.34m 之间，25 年后逐渐下降，到 100 年生时，每年仍有 0.06m 的生长量。材积速生期在 25～55 年之间，期间连年生长量在 0.0015～0.0024 m³，此后逐渐下降。数量成熟龄在 80 年左右（表 3-10）。

5. 更新与演替

红桦林以其种子的飞落进行自身繁衍。红桦 20 年生后开始结实，40 年后进入盛期，年年结实，林缘木结实最多，在通常情况下，120 年生的林木还有结实能力。红桦种子小，有翅，能随风飞播到很远的距离，有利于天然更新。幼树生长快，5 年后即可郁闭成林。

现有红桦林绝大部分都是云杉林被破坏后而形成的次生林，属云杉林分演替过程中的一个过渡阶段。

在自然状态下，红桦林总是要被云杉林所代替。由于红桦林的环境和人为活动的不同，使它的演替过程长短不一。一般说来在火烧迹地上发育起来的、周围没有云杉下种条件的红桦纯林是可以经过多代繁衍，保持较长时间的生存。在桦云混交林中，红桦则比较容易被云杉所更替，随着云杉组成比重的增大，云杉幼树的比率也随之增大。红桦纯林中，云杉幼树仅占幼树总数的 4%；9 桦 1 云的林分，云杉幼树占 8%；而 7 桦 3 云的混交林分中，云杉幼树占 14%。

红桦与云杉由于耐荫性的不同，幼树在不同的年龄阶段的生长状况也是不同的。红桦幼树随着年龄的增大，需光量也随之增加，处于主林冠下的幼树，常因不能忍受林内较弱的光照而逐渐衰弱和死亡，株数比重逐渐减少。据资料统计，红桦年龄在 10 年以下的健康幼树，占同树种幼树总数的 34%，而 10 年以上的幼树仅占 21%。云杉幼树则相反，20 龄前的健康幼树占同树种总株数的 29%，而 20 龄以上的健壮幼树竟占 52%，云杉健康幼树比重的增多，必将加快红桦林向云杉林演替的进程。

表 3-10 大通河林区红桦生长进程

龄阶	胸径（cm）			树高（m）			材积（m³）			形数	材积生长率（%）
	总生长量	平均生长量	连年生长量	总生长量	平均生长量	连年生长量	总生长量	平均生长量	连年生长量		
5				0.8	0.16		0.00004	0.00001			
10	0.9	0.09	0.18	1.8	0.18	0.20	0.00016	0.00002	0.00002	1.357	27.071
15	1.9	0.13	0.20	3.0	0.20	0.24	0.00083	0.00015	0.00013	0.973	22.151
20	3.2	0.16	0.26	4.7	0.24	0.34	0.00289	0.00029	0.00041	0.765	17.244
25	4.7	0.19	0.30	6.2	0.25	0.30	0.00727	0.00049	0.00088	0.676	13.659
30	6.3	0.21	0.32	7.6	0.25	0.28	0.01481	0.00071	0.00151	0.625	10.066
35	7.8	0.22	0.30	8.8	0.25	0.24	0.02477	0.00090	0.00199	0.589	7.317
40	9.1	0.23	0.26	9.9	0.25	0.22	0.03586	0.00104	0.00221	0.557	5.369
45	10.1	0.22	0.20	10.9	0.24	0.20	0.04698	0.00116	0.00222	0.538	4.243
50	11.0	0.22	0.18	11.9	0.24	0.20	0.05813	0.00126	0.00223	0.514	3.595
55	11.9	0.22	0.18	12.8	0.23	0.18	0.06961	0.00136	0.00230	0.489	3.121
60	12.7	0.21	0.16	13.7	0.23	0.18	0.08139	0.00141	0.00236	0.469	2.406
65	13.4	0.21	0.14	14.5	0.22	0.16	0.09181	0.00144	0.00208	0.449	1.877
70	14.0	0.20	0.12	15.2	0.22	0.18	0.10085	0.00145	0.00181	0.431	1.502
75	14.6	0.19	0.12	15.8	0.21	0.12	0.10872	0.00145	0.00157	0.411	1.327
80	15.1	0.19	0.10	16.3	0.20	0.10	0.11618	0.00145	0.00149	0.398	1.191
85	15.5	0.18	0.08	16.8	0.20	0.10	0.12331	0.00145	0.00143	0.389	0.927
90	15.8	0.18	0.06	17.2	0.19	0.08	0.12916	0.00145	0.00117	0.383	0.789
95	16.1	0.17	0.06	17.6	0.19	0.08	0.13436	0.00141	0.00104	0.375	0.618
100	16.3	0.16	0.04	17.9	0.18		0.13858	0.00139	0.00084	0.371	

（六）杜鹃灌木林

杜鹃灌木林是亚高山特征类型，主要集中分布于祁连山东部石羊河流域上游亚高山地带，降水量500mm左右，海拔3100～3700m，居于较陡峭的阴坡、半阴坡部位，生境湿润、夏季成泽、林木葱浓，它是高山径流形成区水源涵养调节的前哨、珍贵动物哺育的场所，具有观赏价值。

由于水文条件优越，杜鹃林发育较好，植株高大，特别是头花杜鹃林、陇蜀杜鹃林，林层树高可达100～200cm，局部杜鹃林可达300～400cm，一般为50～100cm，灌木盖度在40%～80%以上，林层结构紧密，水分条件好的林分，藓层和草本层特别发育。

其他灌木有甘肃瑞香、祖师麻 D. giraldii、高山绣线菊、鬼箭锦鸡儿、杯腺柳、毛枝山居柳、金露梅等。草本层以嵩草和苔草为主，杂草有大花虎耳草 saxifraga hirculus、绿绒蒿 Meconopsis、珠芽蓼、圆穗蓼，黄芪、大黄 Rheum pumolum，Rh. spp. 中华槲蕨、风毛菊、唐松草、麻花艽 Gentiana straminea、冷龙胆 Gentiana algida、湿生扁蕾 Getianopsis paludosa、大叶龙胆、秦艽 Gentiana mscrophylla 等。藓类植物有山羽藓、丛生真藓 Bryum caespiticium、尖叶灰藓 Hypnum callichroum、弯叶灰藓 H. hamulosum、红纽口藓 Borbula rufa 等。

（七）山生柳灌木林

山生柳灌木林包括毛枝山居柳灌木林和杯腺柳灌木林两个类型，主要分布在祁连山中部和东部的亚高山地带的阴坡、半阴坡，降水量 400～550mm。群落由耐寒的中生植物组成，发育土壤为山地灌丛草甸土，是本地高山径流形成区主要水源涵养灌木林类型之一。在水分成泽的草甸土上，杯腺柳成为单一结构的群落，在湿润的草甸土上杯腺柳常和毛枝山居柳混生，构成复合灌木层的混交林，灌木层下植物种类丰富，是鸟类、兽类等野生动物栖息的场所。

群落灌木层高 0.85～1.2m，盖度 50%～80%，最高可达 95%；草本层植物组成有嵩草、苔草、龙胆、绿绒蒿、风毛菊、虎耳草、马先蒿、早熟禾、发草、银莲花 *Anemone* spp.、火绒草、委陵菜、珠芽蓼、矮金莲花、垂头菊、竹节羌活、圆穗蓼等；苔藓层有山羽藓及其他各种藓类；灌木层其他种类有鬼箭锦鸡儿、忍冬、蔷薇、绣线菊、金露梅、银露梅等。

（八）金露梅灌木林

金露梅灌木林是山地广泛分布的一个类型，垂直分布宽阔，可在海拔 2800～3700m 的中山带到亚高山带分布。占据半阳坡、半阴坡地和河谷地区，土壤为亚高山灌丛草甸土，生态适应幅度大，可跨越山地草原、山地森林和亚高山草甸等几个垂直带。

总盖度一般为 50%～85%，植株高为 40～70cm，最高可达 100cm。群落发育良好，有灌、草两层结构。在湿润条件下，种类增多。其他灌木有绣线菊、忍冬、鬼箭锦鸡儿伴生。草本层多以嵩草、龙胆、银莲花、圆穗蓼、委陵菜、马先蒿、赖草、紫菀、紫花针茅、异叶青兰 *Dracocephalum heterophyllum*、羊茅、风毛菊等植物组成，层盖度为 60%～80%。

二、森林资源及评价

1. 森林资源

（1）森林面积　根据调查保护区辖乡镇，土地总面积 $342.00 \times 10^4 hm^2$，其中林业用地 $37.93 \times 10^4 hm^2$，占 11.1%；非林业用地 $304.07 \times 10^4 hm^2$，占 88.9%。

林业用地中，有林地 $5.33 \times 10^4 hm^2$，占林业用地的 14.1%；疏林地 $0.53 \times 10^4 hm^2$，占 1.4%；灌木林地 $29.16 \times 10^4 hm^2$，占 76.9%；无林地 $2.72 \times 10^4 hm^2$，占 7.2%；未成林造林地 $0.18 \times 10^4 hm^2$，苗圃地 $83.9 hm^2$。保护区森林覆盖率 10.1%，其中乔木覆盖率 1.6%，灌木林覆盖率 8.5%（表 3－11）。

保护区土地面积 $83.48 \times 10^4 hm^2$，其中有林地面积 16 420.0hm²，疏林地面积 1507.3hm²，灌木林地面积 37 996.8hm²，森林覆盖率为 6.5%。

（2）森林蓄积量　保护区有林地、疏林地主要集中分布在祁连、门源 2 个林区，根据本区森林资源连续清查固定样地和二类资源清查工作分析：门源仙米林区有疏林地，平均蓄积量 77.46m³/hm²，年净增率 1.84%；祁连林区有疏林地，平均蓄积量 105.27m³/hm²，年净增率 0.98%。照此推算，保护区有疏林地立木蓄积量 $420.8 \times 10^4 m^3$。

2. 森林资源评价

（1）乔木林覆盖率低，林地分布不均，森林相对集中　保护区森林主要分布在祁连山中段和东段，森林覆盖率低，乔木覆盖率只有 1.9%，森林分布相对集中在黑河中上部和大通河中段流域，大部分地区交通方便，因而林区内人为活动频繁，使之林地下界林缘升高，林地多处于山坡中上部，呈小片状分布，往往形成"孤岛"状。乔木林上界与牧草地犬牙交错，大面积灌木林地和草地镶嵌分布，灌木林一般分布在高海拔地区，乔木树种不易替代。因此，它们对维护生态平衡起着独特作用。

（2）树种单纯，生长缓慢　本区天然林中，一半是原始林，另一半是次生林，其中部分已经过采伐，有的成为采伐迹地或残林。从树种上看，天然林以青海云杉、祁连圆柏、白桦、山杨为主，还有少数红桦、青杆、油松、糙皮桦。由于林区地处高寒，气温低、生长期短，树木生长缓慢，尤其是处于森林分布上限的树种。据调查，林木平均生长率为1.47% ~ 2.17% 之间。

（3）林分结构单纯、原始林龄组比例失调　林分结构比较单纯，一般是同龄林多，异龄林少；单层林多，复层林少；纯林多，混交林少。以针叶林为例，云杉为优势种的林分内，95% 是云杉，4% 是桦树、山杨等其他树种；圆柏为优势种的林分内，93% 是圆柏，其他树种仅占7%；阔叶林多分布于次生林区，混交树种比7：3。

原始林各龄组比例不协调，祁连林区近熟林以上林地面积占有林地面积的75%，蓄积量占80%；中、幼龄林面积和蓄积量占25%和20%，后备资源匮乏。次生林龄组结构比较协调，仙米林区幼龄林占32.7%，中、近熟林占64.1%，过熟林占3.2%。

表 3 - 11　林业用地统计表　　　　　　　　　hm²

统计单位	总面积	林业用地												苗圃	非林地合计	"四旁"林网	覆盖率
		合计	有林地				疏林地	灌木林地	未成林造林地	无林地							
			合计	针叶	阔叶	混交林				合计	宜林荒地	宜林沙荒					
合计	3420064	379324	53265	46599	6594	72	5302	291648	1817	27209	24600	2609	84	3040740	369	0.101
1. 德令哈市	205977	664	0	0	0	0	0	664	0	0	0	0	0	86610	0	0.001
怀头他拉	166698	263	0	0	0	0	0	263	0	0	0	0	0	56839	0	0.001
戈壁	39279	401	0	0	0	0	0	401	0	0	0	0	0	29771	0	0.001
2. 天峻县	811751	5082	0	0	0	0	0	3115	0	1967	0	1967	0	806669	0	0.004
尕河	238184	736	0	0	0	0	0	736	0	0	0	0	0	237448	0	0.004
苏里	437174	2379	0	0	0	0	0	2379	0	0	0	0	0	434795	0	0.005
木里	120376	1967	0	0	0	0	0	0	0	1967	0	1967	0	118408	0	0.000
舟群	14546	0	0	0	0	0	0	0	0	0	0	0	0	14546	0	0.000
龙门	1467	0	0	0	0	0	0	0	0	0	0	0	0	1467	0	0.000
3. 门源县	703751	210286	34239	28172	6029	39	4407	153527	535	17513	17513	0	65	493465	369	0.267
苏吉滩	79063	19654	195	195	0	0	28	19432	0	0	0	0	0	59410	0	0.248
皇城	76963	17967	351	351	0	0	59	17557	0	0	0	0	0	58997	0	0.233
县共用草场	55143	9881	0	0	0	0	431	9451	0	0	0	0	0	45262	0	0.171
门源种马场	30873	4817	0	0	0	0	0	4817	0	0	0	0	0	26057	3.4	0.156
青石嘴	16060	5848	0	0	0	0	0	4290	0	1558	1558	0	0	10212	7.1	0.268
大滩	17997	7157	0	0	0	0	0	3807	0	3351	3351	0	0	10840	9.2	0.212
浩门农场	10520	0	0	0	0	0	0	0	0	0	0	0	0	10520	17.5	0.002

（续）

统计单位	总面积	林业用地												非林地合计	"四旁"林网	覆盖率
		合计	有林地				疏林地	灌木林地	未成林造林地	无林地			苗圃			
			合计	针叶	阔叶	混交林				合计	宜林荒地	宜林沙荒				
北山	11109	999	0	0	0	0	0	945	0	54	54	0	0	10111	31.5	0.088
浩门镇	13977	5139	23	4	19	0	0	3650	23	1443	1443	0	0	8838	45	0.266
西滩	11878	421	0	0	0	0	0	252	0	170	170	0	0	11456	40	0.025
旱台	7480	1072	26	0	26	0	0	76	120	851	851	0	0	6408	41.4	0.019
泉沟	10670	742	18	0	18	0	0	199	29	497	497	0	0	9927	30.8	0.023
东川	9269	1757	127	0	127	0	0	802	205	615	615	0	9	7512	61.3	0.107
克图	5869	1440	23	0	23	0	0	721	0	653	653	0	43	4429	6	0.128
麻连	10026	4735	90	24	66	0	0	2892	0	1753	1753	0	0	5291	17.2	0.299
阴田	12167	6020	273	113	160	0	0	3075	0	2672	2672	0	0	6147	31.8	0.278
仙米林场	324686	122638	33115	27485	5591	39	3890	81564	159	3899	3899	0	13	202048	27.2	0.353
宁缠营林区	123176	24445	5252	5100	134	18	1071	18122	0	0	0	0	0	98731	0	0.190
仙米营林区	98992	41815	7934	4491	3443	0	975	29802	159	2932	2932	0	13	57177	23.3	0.381
玉龙营林区	67687	35157	10026	8653	1352	21	1003	23337	0	791	791	0	0	32530	3.3	0.493
朱固营林区	34831	21221	9902	9241	661	0	841	10303	0	175	175	0	0	13610	0.6	0.580
4. 祁连县	1506736	161696	19026	18427	565	33	895	132746	1282	7728	7087	641	19	1345040	0	0.101
托勒	252703	3051	0	0	0	0	0	3051	0	0	0	0	0	249652	0	0.012
野牛沟	342886	10104	206	206	0	0	13	9885	0	0	0	0	0	332782	0	0.029
柯柯里	111945	765	0	0	0	0	0	765	0	0	0	0	0	111180	0	0.007
扎麻什	4985	0	0	0	0	0	0	0	0	0	0	0	0	4985	0	0.000
八宝	7032	0	0	0	0	0	0	0	0	0	0	0	0	7032	0	0.000
阿柔	119856	20200	105	105	0	0	131	19807	107	50	50	0	0	99657	0	0.166
俄博	122896	41330	2032	2032	0	0	0	38671	0	627	0	627	0	81566	0	0.331
多隆	157474	27267	0	0	0	0	0	27267	0	0	0	0	0	130207	0	0.173
木勒	187373	2393	0	0	0	0	0	2393	0	0	0	0	0	184979	0	0.013
祁连林场	199588	56588	16684	16085	565	33	751	30908	1175	7052	7037	15	19	143000	0	0.238
扎麻什营林区	59924	15378	3949	3824	125	0	394	6993	135	3907	3893	15	0	44547	0	0.183
八宝营林区	60643	19293	5839	5509	297	33	266	8984	1041	3144	3144	0	19	41350	0	0.244
黄藏寺营林区	43567	10891	4978	4835	143	0	62	5851	0	0	0	0	0	32676	0	0.249
芒扎营林区	35453	11026	1918	1918	0	0	28	9080	0	0	0	0	0	24428	0	0.310
5. 刚察县	191849							1595						190254		0.008

三、森林病虫害

1. 森林病虫害种类

根据 1979～1982 年青海省森林病虫害普查结果，危害林木的主要病虫害有油杉寄生害 *Arceuthobium chinense*、云杉球果小卷蛾 *Pseudotomoides strobilellus*、云杉八齿小蠹 *Ips typographus*、云杉六齿小蠹 *I. acuminatus*、云杉小蠹 *Scolytus sinopieus* 落叶松球蚜、云杉大小蠹 *Dendroctonus micans*、柏肤小蠹 *Phloeosinus perlatus* 等，还有干基褐块腐朽 *Laetiporus sulphureus*、杉柏褐块腐朽 *Phaeolus schweinitzii*、蜂窝白腐病 *Phellinus pinii*、大青叶蝉 *Tettigoniella viridis*、云杉吉丁 *Chrysobothis* sp.、沙棘鳃金龟 *Hoplia communis*、小云斑金龟 *Polyphylla gracilicornis*、杨叶甲 *Chrysomelapopuli*、柳叶甲 *C. vigintipunctata*、云杉四眼小蠹 *Polygraphus polygraphus*、多鳞四眼小蠹 *P. squameus*、黑条木小蠹 *Xyloterus lineatus*、桦尺蠖 *Biston betularia*、杨木蠹蛾 *Cossus cossus*、杨柳小卷蛾 *Gypsonoma minutana*、天幕毛虫 *Malacosoma neustria* 等。

2. 森林病虫害危害

据 1982 年青海省森林病虫害普查统计，保护区森林病虫害发生面积 10 908 hm²，其中病害面积 3601hm²，虫害面积 73 080hm²。一次性发生病害面积 10 762hm²，重复发生病害面积 146hm²，分别占 98.7% 和 1.3%。在发生面积中，以云杉最为严重，面积达 8326 hm²，占发生总面积的 76.3%。主要病虫害有云杉球果小卷蛾、云杉大小蠹、立木腐朽、云杉锈病，病虫害造成林木种子产量减少，立木腐朽严重，据祁连林区调查，成熟林腐朽严重，云山腐朽率高达 23.2%，成过熟林每增加一个龄级，腐朽植株和材积将以 6%～10% 的比例增加（表 3－12、表 3－13、表 3－14、表 3－15、表 3－16）。

3. 森林病虫害防治

森林病虫害的本源来自大自然，在人为活动影响下具有常发性和多发性的特点，其发生和发展机制复杂，一旦成灾，防治困难。因此，要贯彻"防重于治"的方针，以预防为主，采取多种措施，达到控制其发生、传播和蔓延的目的。主要防治原则和措施：一是做好森林病虫害的预测预报工作，掌握森林病虫害的种类、发生规律；二是严格森林病虫害的检疫工作，防止危险性病虫害的传入；三是科学营林造林，加强森林抚育，尤其是林地卫生，伐除病虫害感染木，清理病腐的倒木，保持森林群落稳定。

表 3－12　保护区主要树种病虫害发生面积统计表　　　　　　　　　　　hm²

统计单位	总计	门源			祁连		
		合计	病害	虫害	合计	病害	虫害
总计	10908	7069	2342	4727	3840	1259	2580
杨树	484	356	160	196	128	60	68
桦树	882	882	0	882	0	0	0
云杉	8326	4714	2182	2532	3612	1199	2413
圆柏	1204	1104	0	1104	99	0	99
油松	12	12	0	12	0	0	0

备注：1980～1982. 青海省森林病虫害普查资料汇编

表 3 - 13　云杉病虫害发生面积统计表　　　　　　　　　hm²

虫害发生面积				病害发生面积				
统计单位		合计	门源	祁连	统计单位		合计	门源	祁连
林地面积		14708	6766	7942	林地面积		14708	6766	7942
统计内容	合计	4946	2532	2413	统计内容	合计	3385	2186	1199
	一次发生面积	4946	2532	2413		一次发生面积	3385	2186	1199
	重复发生面积	0	0	0		重复发生面积	0	0	0
云杉球果小卷蛾	合计	2456	1583	873	立木腐朽	合计	2550	1353	1197
	轻	407	0	407		轻	1717	1353	363
	中	1883	1583	300		中	500	0	500
	重	167	0	167		重	333	0	333
蚜虫	合计	137	0	137	云杉锈病	合计	490	490	0
	轻	107	0	107		轻	490	490	0
	中	17	0	17		中	0	0	0
	重	13	0	13		重	0	0	0
云杉吉丁虫	合计	70	0	70	油杉寄生害	合计	338	338	0
	轻	70	0	70		轻	338	338	0
	中	0	0	0		中	0	0	0
	重	0	0	0		重	0	0	0
树蜂	合计	203	203	0	松苗立枯病	合计	2	0	2
	轻	203	203	0		轻	0	0	0
	中	0	0	0		中	1	0	1
	重	0	0	0		重	1	0	1
云杉大小蠹	合计	2080	950	1130					
	轻	1680	950	730					
	中	267	0	267					
	重	133	0	133					

表 3 - 14　圆柏病虫害发生面积汇总表　　　　　　　　　hm²

虫害发生面积					病害发生面积				
统计单位		合计	门源	祁连	统计单位		合计	门源	祁连
林地面积		4318	4248	70	林地面积		4318	4248	70
统计内容	合计	1204	1104	99	统计内容	合计			
	一次发生面积	1174	1104	70		一次发生面积			
	重复发生面积	29	0	29		重复发生面积			

（续）

虫害发生面积				病害发生面积			
统计单位	合计	门源	祁连	统计单位	合计	门源	祁连
侧柏毒蛾 合计	19	0	<u>19</u>	立木腐病 合计			
轻	19	0	<u>19</u>	轻			
中	0	0	0	中			
重	0	0	0	重			
种子小蜂 合计	70	0	70	圆柏枝瘤锈病 合计			—
轻	70	0	70	轻			
中	0	0	0	中			
重	0	0	0	重			—
圆柏天牛 合计	1115	1104	<u>10</u>				
轻	1115	1104	<u>10</u>				
中	0	0	0				
重	0	0	0				

注：下划线上的数据为重复计算的面积

表3-15　桦树病虫害发生面积汇总表　　hm²

虫害发生面积				病害发生面积			
统计单位	合计	门源	祁连	统计单位	合计	门源	祁连
林地面积	4638	4638		林地面积	4638	4638	
统计内容 合计	882	882	0	统计内容 合计	0		
一次发生面积	882	882		一次发生面积	0		
重复发生面积	0	0		重复发生面积	0		
桦尺蠖 合计	882	882	<u>0</u>	立木腐朽 合计	0		
轻	769	769	—	轻	0		
中	113	113		中	0		
重	0	0		重	0		

注：下划线上的数据为重复计算的面积

表3-16　杨树病虫害发生面积汇总表　　hm²

虫害发生面积				病害发生面积			
统计单位	合计	门源	祁连	统计单位	合计	门源	祁连
林地面积	222	178	44	林地面积	222	178	44
统计内容 合计	264	196	68	统计内容 合计	220	160	60
一次发生面积	177	142	35	一次发生面积	190	160	30
重复发生面积	87	53	33	重复发生面积	30	0	30

（续）

虫害发生面积					病害发生面积				
雪毒蛾	合计	3	0	3	烂皮病	合计	101	71	30
	轻	3	0	3		轻	91	71	20
	中	0	0	0		中	7	0	7
	重	0	0	0		重	3	0	3
卷叶蛾	合计	35	0	35	心腐病	合计	30	0	30
	轻	8	0	8		轻	20	0	20
	中	20	0	20		中	7	0	7
	重	7	0	7		重	3	0	3
杨白蚧	合计	172	142	30	煤污病	合计	89	89	0
	轻	17	0	17		轻	0	0	0
	中	3	0	3		中	89	89	0
	重	152	142	10		重	0	0	0
杨叶甲	合计	53	53	0					
	轻	53	53	0					
	中	0	0	0					
	重	0	0	0					

注：下划线上的数据为重复计算的面积

第五节　草地资源

一、草地分布规律及类型

（一）草地分布规律

保护区天然草地水平分布情况，大体上从东南到西北发育着森林类、疏林类、山地草原类、灌丛类、山地草甸类、高寒草甸类、高寒荒漠草地类等草地类型。沼泽类和高寒沼泽类草地由隐域性植被构成，分别分布在山地草甸类和高寒草甸类的水平地带之内。

从河流流域来看，山地草原类草地主要分布在托勒河、疏勒河、黑河、大通河流域的中下游；山地草甸类草地主要分布在黑河、大通河、托勒河、疏勒河、布哈河流域的中上游地区；高寒草甸类草地主要分布在黑河、托勒河、疏勒河上游及祁连山、托勒山、疏勒山的冰川、石山下缘一带；灌丛类草地主要分布祁连山、托勒山、疏勒山南麓的高寒草甸类草地带以下，山地草甸类草地以上的广大地区；森林和疏林类草地主要在黑河、大通河流域的中下游地区。

草地的垂直分布也比较明显。以祁连山冷龙岭为例，阳坡海拔 2400～4000m，依次分布着以禾本科为主的山地草原类草地、祁连山圆柏为主的疏林类草地、金露梅为主的灌丛类草地、以莎草科为主的山地草甸类草地和高寒草甸类草地；阴坡海拔 2400～4000m，依次分布着山杨、白桦、红桦、青海云杉、高山柳为主要植被的林下草本植物以及山地草甸和高寒草甸类草地。

（二）草地类型

保护区草地类型主要有山地草原类、山地草甸类、高寒草甸类、高寒沼泽类、高寒荒漠草地类、山地荒漠草地类、沼泽草地类、灌丛草场类、灌丛草甸类、森林草场类、疏林草场类。

1. 山地草原类

主要分布于托勒河、疏勒河、大通河、黑河中上游地区的滩地和山地阳坡，海拔 2180~3850m。草地面积 $16.23 \times 10^4 hm^2$，占保护区草地总面积的 7.3%。其中，草地可利用面积 $12.21 \times 10^4 hm^2$，占总草地可利用面积的 6.8%。组成草地的植物种类简单，绝大多数为旱生、中旱生和旱中生的多年生禾本科植物，主要优势种有紫花针茅、疏花针茅、扁穗冰草、细叶苔草、多枝黄芪等；伴生种有芨芨草、赖草、矮嵩草、多裂委陵菜、早熟禾、紫菀、马先蒿、乳白香青等；不食草和毒草有薹藜、披针叶黄花、狼毒、黄冠菊、异叶青兰、醉马草、棘豆等。此类草地植被稀疏，盖度 30%~7%，整个草群有两个片层，第一层禾草层高 8.5~20cm，第二层杂草层高 4~8cm。可食鲜草 1425kg/hm²，约 1 hm² 草场养 1 只羊，生产能力中等。

2. 山地草甸类

保护区天然草地的主要组成部分，分布极为广泛，海拔 2920~3880m 的滩地、山地阳坡和阴坡均有分布，草地面积为 $58.62 \times 10^4 hm^2$，占保护区草地总面积的 26.4%。其中，草地可利用面积 $57.04 \times 10^4 hm^2$，占总草地可利用面积的 31.2%。组成草地的植物种类繁多，绝大多数为中生和湿中生植物，主要优势种有小嵩草、矮嵩草、针茅、嵩草、线叶嵩草、苔草、早熟禾、羊茅等；伴生种有异针茅、西北针茅、垂穗披碱草、细柄茅、落草、东方风毛菊、二裂委陵菜、高山紫菀、马先蒿等；不食草和毒草有报春花、唐松草、卷耳、龙胆、点地梅、兰石草、小毛茛、狼毒、异叶青兰、扁蕾、棘豆等。此类草地植被盖度 70%~90%，整个草群层次分异不明显，禾草盖度较高的草可分出一个亚层，第一层禾草层高 5~15cm，第二层莎草、杂草层高 3~8cm。可食鲜草 2300~5400kg/hm²，约 0.5~0.7 hm² 草场养 1 只羊，生产能力较高。

3. 高寒草甸类

此类草地面积仅次于山地草甸类草地，分布广泛，分布于祁连山、托勒山、疏勒山、大坂山的高寒地区，一般在冰川石山下沿海拔 3700~4200m 的山地阳坡、阴坡、滩地均有分布，草地面积为 $60.06 \times 10^4 hm^2$，占保护区草地总面积的 27.0%。其中，草地可利用面积 $52.75 \times 10^4 hm^2$，占保护区草地可利用面积的 29.6%。组成草地的植物种类较多，绝大多数为中生和湿生多年生地面芽、地下芽草本植物，主要优势种有小嵩草、矮嵩草、线叶嵩草、苔草、红景天、冷嵩及二裂委陵菜、风毛菊、圆穗蓼、珠芽蓼、早熟禾、乳白香青、针茅、羊茅等；伴生种有落草、美丽风毛菊、细柄茅、紫花针茅、裂叶风毛菊、多茎委陵菜、高山紫菀、马先蒿等；不食草和毒草有棘豆、薹藜、龙胆、兰石草、小毛茛、西伯利亚蓼等。次类草地植被盖度 70%~90%，整个草群无层次分异，高度 3~18cm。可食鲜草 1800~2000kg/hm²，约 0.8~1.0 hm² 草场养 1 只羊，生产能力中等。

4. 沼泽类草地

分布于湖泊、河流的滩地及阶地上，海拔 3000 ~ 4000m，此类草地在山地草甸水平带内呈隐域性分布，草地面积为 30.72 万 hm²，占保护区草地总面积的 13.8%。其中，草地可利用面积 24.02 万 hm²，占保护区草地可利用面积的 13.5%。草丘上发育起来的沼泽植物种类主要优势种有藏嵩草、线叶嵩草、矮嵩草、早熟禾、苔草、圆穗蓼、珠芽蓼等；不食草和毒草有普氏马先蒿、高山龙胆、兰石草、紫花碎米荠、棘豆、毛茛等。次类草地植被盖度 75% ~ 90%，高度 7 ~ 18cm。可食鲜草 1500 ~ 2000kg/hm²，约 0.7 ~ 1.0 hm² 草场养 1 只羊，生产能力中等。

5. 灌丛草地类

分布于海拔 2400 ~ 3500m 的山地阴坡和阳坡。草地面积为 22.48 × 10⁴hm²，占保护区草地总面积的 10.1%。其中，草地可利用面积 13.96 × 10⁴hm²，占保护区草地可利用面积的 7.8%。主要优势种有线叶嵩草、矮嵩草、早熟禾、披碱草、美丽风毛菊、团序苔草、圆穗蓼、珠芽蓼等；伴生种有小大黄、乳白香青、珠芽蓼、冷嵩、甘肃马先蒿、蒲公英、黄花葱、针茅、黄芪等；不食草和毒草有纯裂银莲花、龙胆、兰石草、莩蓐、虎耳草、唐松草、棘豆、毛茛等。草本层可分为两层，禾草层高 5 ~ 16cm，莎草层高 2 ~ 10cm，植被盖度 45% ~ 90%。组成灌木主要有高山柳、金露梅、箭叶锦鸡儿、杜鹃、沙棘等，灌木高度 40 ~ 100cm，盖度 30% 左右。可食鲜草 2200 ~ 3500kg/hm²，约 1 hm² 草场养 1 只羊，生产能力中等。

二、草地资源评价

（一）草地面积

祁连山地区草地面积（不包括森林、疏林、灌木林草地）222.4 × 10⁴hm²，占土地总面积的 60.7%，其中可利用草地面积 178.39hm²，占草地面积的 79.2%。

各类草地面积中，高寒草甸类草地面积最大，为 60.06 × 10⁴hm²，占草地面积的 27.0%；山地草甸类位居第二，为 58.62 × 10⁴hm²，占草地面积的 26.4%；高寒沼泽类面积为 25.28 × 10⁴hm²，占草地面积的 11.4%；灌丛类草地面积 22.48 × 10⁴hm²，占草地面积的 10.1%；高寒荒漠类草地面积 27.83 × 10⁴hm²，占草地面积的 12.5%；山地草原类面积 16.23 × 10⁴hm²，占草地面积的 7.3%（表 3 - 17）。

表 3 - 17　各类草地面积统计表　　　　　　　　　　hm²

草地类型	合计		祁连县		门源县		天峻县		德令哈市	
	草地面积	可利用草地面积	草地面积	可利用草地面积	草地面积	可利用草地面积	草地面积	可利用草地面积	草地面积	可利用草地面积
合计	2223717	1783915	1043915	905763	300867	275096	641180	484178	237755	118878
山地草原类	162304	122055	82103	69820	16102	13775	64100	38460		
山地草甸类	586229	570369	465181	455877	121048	114492	0			
山地荒漠类	64220	44954	0	0	0	0	64220	44954		
高寒草甸类	600587	527488	279978	237982	83699	81188	224660	202194	12250	6125

（续）

草地类型	合计		祁连县		门源县		天峻县		德令哈市	
	草地面积	可利用草地面积	草地面积	可利用草地面积	草地面积	可利用草地面积	草地面积	可利用草地面积	草地面积	可利用草地面积
沼泽草地类	54421	41154	51347	38541	3074	2613	0		0	
高寒沼泽类	252803	199108	74422	59537	6457	5488	160400	128320	11525	5762.5
灌丛草地类	224873	139646	90885	44006	70488	57540	63500	38100	0	
高寒荒漠	278280	139140					64300	32150	213980	106990

（二）草地资源评价

（1）草地类型多样　根据中国草场分类原则和分类系统要求，草场可分为11个草地类型，38个草地组。按全国草场等级标准评价，就祁连和门源县而言，以二等6级和三等6级的草场为主，占草场面积的70%以上，其次为二等7级和五等7级的草场占10%左右；再次为四等3级和四等5级占8%左右。

（2）牧草产量低　牧草受自然条件制约生长低矮，单位面积产草量不高，一般产鲜草900～2100kg/hm^2。

（3）牧草品质较好　常见牧草400多种，主要有禾本科、莎草科、菊科、百合科、蓼科、蔷薇科。优中等牧草有针茅、落草、早熟禾、披碱草、冰草、紫羊茅、无芒雀麦、青海固沙草、苔草、嵩草、风毛菊、珠芽蓼等。

牧草品质较好，营养价值较高。如莎草科的小嵩草蛋白质13.59%，粗脂肪4.36%，无氮浸出物50.68%。禾本科的紫花针茅蛋白质15.03%，粗脂肪7.96%，无氮浸出物39.55%，粗纤维31.73%。

三、草地虫害和鼠害

（一）草地虫害

1. 草地虫害种类及危害

草地虫害主要指蝗虫和毛虫造成的危害。蝗虫属直翅目蝗虫科，在本区能造成较大危害的蝗虫种类主要有雏蝗属、蚁蝗属、皱膝蝗属、痂蝗等。蝗虫分布广，食性杂。主要分布在温性草原、高寒草原、温性荒漠草原上；草原毛虫属鳞翅目 Lepidoptera、异角亚目 Heterocera、夜蛾总科 Noctuoidea、毒蛾科 Lymantriidae、草原毛虫属 *Gynaephora* 它是一种完全变态的昆虫，一生可分为卵、幼虫、蛹（茧）、成虫4个阶段，各阶段形态特征都不相同。祁连山地区主要为青海毛虫、大金黄毛虫，分布地区主要在高山草甸草地上。

草原虫害危害较轻。据2002年在祁连调查，草地蝗虫发生面积15.97×10^{4}hm^2，危害面积达13.07×10^{4}hm^2；草原毛虫发生面积1.33×10^{4}hm^2，平均密度7.2头/m^2。

2. 虫害的防治

遥感监测预测：目前国际和国内是以遥感图像数字处理与实地调查、实验室理化分析相结合，定点、定时观测和收集草地蝗虫发生区蝗虫的发生、繁育及生境参数；用 GIS 技术，将蝗虫预测模型和数据库，包括由图件数字化、实地观测及遥感图像获取的不同来源数据进行综合集成，建立实用的草地蝗虫预测系统，利用此系统按所划分的预测单元分单元预测，据此再实现整个草地蝗虫发生区的预测。

（1）蝗虫的防治　应用蝗虫微孢子虫为主的蝗虫可持续治理对策及其配套技术体系，建立以生物防治为手段、综合治理为目标的生防示范区，完善防治草原土蝗的田间应用等技术。在生物防治区内，在虫口高密度区内采用蝗虫捕获机采集蝗虫（成虫期），干燥后粉碎制成优良的高蛋白饲料添加剂代替50%的鱼粉添加剂，既可压低虫口密度，降低灾害的损失，又可作为饲料添加剂，节约了防治成本，创造出良好的经济效益。

（2）毛虫的防治　核型多角体病毒复合杀虫剂，不污染环境和畜产品，有利于草地生态系统的良性循环和人类健康，具有安全、经济、有效、简便等优点。

（二）草地鼠害

1. 草地鼠害种类及危害

草地鼠害因其分布地域的广泛性和危害的持续性，对草地生态环境、草地生产力以及草地畜牧业造成的破坏远远超过雪、旱灾的危害，全区有50%多的黑土滩型退化草地是因鼠害所至。祁连、门源2县草地鼠害面积$12.17 \times 10^4 hm^2$（表3－18）。

表3－18　2002年保护区草地高原鼠兔分布面积调查表　　　　　　$\times 10^4 hm^2$

统计单位	可利用草地面积	高原鼠兔分布面积			
		总面积	占可利用草地面积（%）	发生面积	危害面积
门源县	30.09	2.5	5.9	2.5	
祁连县	104.39	9.67	9.6	1.67	8.0
合计	134.48	12.17	8.50	4.17	8.0

保护区内草地害鼠种类主要有高原鼠兔、中华鼢鼠和高原田鼠，以高原鼠兔分布最广，危害最大。高原鼠兔分布在海拔3200～4200m的温性草原类和高寒草甸类草场，尤以草甸草地为甚。由于鼠兔为群居鼠类，密集分布，数量极大。据祁连县调查，鼠害发生面积$9.67 \times 10^4 hm^2$，危害面积$8.0 \times 10^4 hm^2$，平均有效洞口250个/hm^2，年损失牧草$1.82 \times 10^8 kg$，相当于11万只羊一年的食量。鼠兔不仅大量采食优良牧草，与牲畜争食，更为严重的是洞道密集、纵横交错，使草地植被受到不同程度的破坏，造成草地水土流失，肥力衰减。主要表现为：一是鼠兔挖出的土丘、土坑覆盖草地，抑制了优良牧草正常生长；二是鼠兔洞穴穿透草皮，形成大量地下空洞，使优良牧草难以生长，逐渐被毒杂草替代，特别是经夏秋雨水冲刷和冬春冻融侵蚀的影响，使大量草皮逐块塌陷，次生裸地逐渐扩大，演变为俗称的黑土滩；三是鼠兔破坏草皮，形成次生裸地，使土壤水分和肥力递减。

2. 草地鼠害防治

消灭鼠害要贯彻"全面规划、突出重点、加强监测、综合治理、讲求实效、巩固成果"的方针，坚持"连片防治、集中力量打歼灭战"的原则，始终坚持走化学防治与生物防治相结合、灭鼠治虫与草地改良相结合、灾害防治与资源开发相结合的道路。目前青海省灭治鼠害的方法有以下几种：

C 型肉毒素是近年来广泛使用的一种生物毒素，它对高原鼠兔及高原鼢鼠具有良好的杀灭性能。使用方便、安全，无二次中毒，不污染环境，可以替代现在常用甘氟、氯敌鼠钠盐、杀鼠灵、溴得隆等化学杀鼠剂，广泛用于草原害鼠大面积防治工作。

利用天敌优势控制害鼠数量是近年来推广使用的一种方法。在鼠害发生的草地上设立人工鹰架、鹰墩，可以招致猛禽的栖息并捕食高原鼠兔，使害鼠数量控制在生态阈值允许的水平上。

（三）草地退化

评定退化草地的标准是以草地初级生产力和草群种类成分变化为依据，以环境的变化为辅助因子。

（1）轻度退化　类型中的产草量下降 25% ~ 50% 或可食牧草占 60% ~ 70%，植物种群变化不明显，但杂类草显著增加，土壤坚实，出现少量秃斑（裸地）。土壤轻度侵蚀或沙化。

（2）中度退化　类型中的产草量下降 50% ~ 70% 或可食牧草占 30% ~ 50%，植物种群发生明显变化，杂类草大量出现，土壤坚实，出现多量秃斑（裸地）。土壤明显侵蚀或沙化。

（3）重度退化　类型中的产草量下降 75% 以上或可食牧草占 30% 以下，原植物种群优良牧草显著消失，适口性差、饲用价值低的杂类草和有毒有害植物大量生长，地面坚实，出现大面积秃斑（裸地）。造成严重侵蚀、沙化和水土流失。

（4）极重度退化　原生植被盖度 ≤30%，是草地因重牧、鼠虫危害等因素造成的逆向演替结果。采用一般措施已无法治理，必须人工种植牧草才能恢复植被。

保护区内现有退化草地面积 40.06 × 10^{4}hm^2，占保护区草地总面积的 18.2%。其中中度退化草地 24.75 × 10^{4}hm^2，重度退化草地 9.35 × 10^{4}hm^2，极重度退化草地 5.96 × 10^{4}hm^2（表 3 – 19）。

表 3 – 19　草地退化面积统计表　　　　　　　　　　　　　　　　　× 10^{4}hm^2

地区	退化草地面积	其　　中		
		中度退化草地	重度退化草地	极重度退化草地
合计	40.06	24.75	9.35	5.96
门源县	7.46	4.13	2.00	1.33
祁连县	16.64	11.04	3.36	2.24
天峻县	7.56	4.54	1.89	1.13
德令哈市	8.40	5.04	2.10	1.26

四、毒杂草型退化草地

由于生产不断发展，家畜数量逐年增多，使得天然草地超载过牧，植被退化，生态失调，毒草大量滋生蔓延，导致了草地生产力下降，牲畜中毒后体质赢弱、流产甚至死亡。目前毒草危害已成为草地三大生物灾害之一（鼠、虫、毒草）。

1. 草地毒草的种类

据调查统计，祁连山地区常见毒草有 6 科 15 个属 65 种，目前对畜牧业生产造成严重危害的主要有豆科 Leguminosae 棘豆属 *Oxytropis*，禾本科 Gramineae 芨芨草属 *Achnatherum*，瑞香科 Thgmelaceae 狼毒属 *Stellera*，毛茛科 Ranunculaceae 毛茛属 *Ranunculus* 和乌头属 *Aconitum*，龙胆科 Gentianaceae 龙胆属 *Gentiana*，大戟科 Euphordiaceae 大戟属 *Euphorbia* 等植物。祁连山地区常见毒草有：

（1）黄花棘豆　分布最广，危害最严重，在群落总产量中，棘豆占 24.5%。

（2）甘肃棘豆　俗称田尾草、施巴草、疯马豆、马绊肠。

（3）狼毒　别名：馒头花、红狼毒、绵大戟、一把香、红火柴头、断肠草。狼毒在草地上的出现，是草地植被长期逆向演替（正常—轻度退化—中度退化—重度退化）情况下的产物，标志着该草地已达到退化阶段。狼毒占其他植物量的 10.6% ~ 20.5%，平均为 16.9%。

（4）醉马草　别名醉马芨芨草、醉针茅、醉针草、马尿扫、米米蒿、德里松霍尔、阿尔善、药老、药草等，平均密度 7 株/m²，最高可达 14 株/m²。

（5）其他有毒植物

乌头：全草有毒，根尤甚。含有新乌头碱等二十几种生物碱。

短柄乌头：块根有毒，含乌头碱、次乌头碱。

铁棒槌：全草有毒，块根剧毒，含乌头碱、次乌头碱等。

伏毛铁棒槌：全草有毒，根尤甚，含乌头碱 3 - 乙酰乌头碱等。

翠雀：根有毒，含二萜生物碱：牛扁碱、甲基牛扁碱。

毛茛：全株有毒，花的毒性最大，其次为茎、叶。

茴茴蒜：全草有毒，含毛茛苷，甙元为原白头翁素。

瓣蕊唐松草：植物体幼嫩时茎叶含氢氰酸（HCN），种子及花含 $C_{10}H_{17}O_6N$，牲畜食多后可中毒。

箭头唐松草：多年生草本，全株有毒，主要含异喹啉类生物碱等。

疏齿银莲花：多年生草本，全株有毒，根尤甚。含原白头翁素。

京大戟：根有毒，含京大戟苷、大苷酸、大戟醇类及树脂等。

泽漆：全株有毒，主要成分为 12 - 去氧佛波醇酯等。

天仙子：全草有毒，根尤甚，其次为果、叶、茎。含莨菪碱等。

问荆：全草有毒，含硫胺素酶。

苍耳：全株有毒。果实含苍耳苷，种子含毒蛋白和毒苷等。叶含苍耳内脂等。

黄帚橐吾：全株有毒，含生物碱、香豆素、氰苷、倍半萜内酯等。

酸模：全草有毒，含草酸、草酸盐、大黄素、大黄酚、芦荟大黄素、酸模素等。

独行菜：种子有毒，含强心苷。

2. 草地毒草的防治

祁连地区草地有毒植物危害最为严重的是棘豆和狼毒。目前常用的除草剂有两种，即：使它隆和草甘膦，灭效均在 90% 以上。使它隆是一种选择性较强的除草剂，对棘豆和狼毒杀灭效果明显，不伤害单子叶植物，对人畜低毒，成本低；草甘膦是一种灭生性的除草剂，对棘豆和狼毒有彻底的灭除作用，但要采用点喷，否则对其他牧草会造成伤害。

五、"黑土滩"型退化草地

1. 现状及危害

"黑土滩"是由于自然因素和生物因素综合作用由原生建群种为主的草地发生了根本性的破坏后所形成的次生植被或秃斑裸地组成的退化草地，广泛分布在高寒草甸草地区。该类草地原生植被基本消失，生物多样性减少，植被盖度下降，鼠害猖獗，毒杂草蔓延，自然景观为成片黑色的次生裸地。据调查，此类草地与原生植被相比，生产能力显著下降，草地鲜草产量为 400.5kg/hm²，仅占未退化草地产量的 13.23%，植被平均盖度为 45.42%，1/4 m²内植物种为 8.7 种，分别为原生植被盖度和植物种数的 53.16%、47.54%。

2. 退化草地的治理

治理"黑土滩"必须根据当地的气候、土壤、成因等综合因素考虑，确定适宜的治理方法、技术措施、牧草种类，先试验后推广，稳步进行。草率行事反而会造成破坏。

对于原生植被盖度在 30% 以上，不便于机械作业，土层较薄"黑土滩"轻度退化草场，在不破坏原有植被的前提下，采取禁牧封育、灭鼠、灭除毒杂草等改良措施恢复植被和生产力；对于原生植被盖度低于 30%，土层较薄，便于机械作业的"黑土滩"退化草场，建制人工草地。

第四章　脊椎动物

野生动物是森林与草地生态系统的重要组成部分，通过它们在食物链和食物网中的作用，对这一生态系统的自然生态平衡、物质循环和能量转化起着不可缺少的作用。

祁连山自然保护区内山峦起伏、沟壑纵横、地形地貌非常复杂、雨量充沛、植被资源非常丰富，为野生动物的繁衍栖息创造了良好的生存环境。

第一节　研究历史

19 世纪后期到 20 世纪初期，对祁连山区域内所分布的动物种类的调查和研究相对较少，主要是一些国外探险家在探险过程中，对区域内分布的野生动物进行过一些零星的调查。例如，俄国的著名探险家普热瓦尔斯基先后数次组队进行青藏高原探险考察的过程中，经过了该保护区内的黄藏寺并作为中转驿站，对区域内分布的野生动物种类也进行了一些简单的调查并采集了部分动物标本。

新中国成立后，在党和国家的关心支持下，组织国内有关科学家，对青海省的动物资源进行了两次较大规模的考察。1958～1964 年，中国科学院青甘综合考察队对祁连山地区的野生动物进行了较全面的系统调查。1995～1999 年，在国家林业局（原林业部）的统一部署和支持下，由青海省农林厅承担主持了全省陆生野生动物资源调查工作。除此之外，国内还有部分学者陆续对祁连山地区的野生动物进行了相关的调查研究工作。先后完成《青海的兽类区系》、《青海的鸟类区系》、《青海湖地区鸟、兽组成特征及生态动物地理群的研究》、《青海经济动物志》等研究报告和专著。

第二节　脊椎动物区系特征

祁连山自然保护区以陆栖脊椎动物为主，其数量占保护区动物总数的 97.38%，水生动物仅占该区总数的 2.62%。

一、水生动物

保护区内有黄河水系的大通河和内陆河水系的黑河、八宝河、托勒河、默勒河，栖息有 7 种水生脊椎动物，它们分属于裂腹鱼亚科的裸重唇鱼属、裸鲤属、裸裂尻鱼属以及条鳅亚科的高原鳅属。黄河裸裂尻鱼既分布于内陆水系又分布于黄河水系。厚唇裸重唇鱼仅在内陆水系有分布，为高原冷水性鱼。其余的均属于我国黄河水系上游分布种类。

二、陆生动物

保护区中共有陆生动物260种，隶属于19目48科。其中两栖类和爬行类极为贫乏，分别为2种和1种，二者合计仅占总数的1.15%；鸟类120种，占总数的45.77%；兽类39种，占总数的14.62%。因此保护区是以陆栖脊椎动物的鸟兽类群为主。其中繁殖鸟有94种，占鸟类总数的78.99%。

在动物地理区划上，祁连山自然保护区属于古北界、中亚亚界、青藏区、青海藏南亚区。栖息的两栖和爬行类属于北方各省的广布种。鸟类和兽类均以古北界种类占优势。古北界的鸟类有74种，占鸟类总数的62.18%；东洋界有20种，占16.81%；其余为广布种。古北界的兽类有35种，占兽类总数的92.05%，东洋界动物仅1种。

古北界鸟类，主要由北方型和高地型类型组成，其中北方型种类更占优势，共有43种，占古北界种类67.19%，高地型21种，占28.38%。北方型鸟类的繁殖区环绕北半环北部，向南分布，达青藏高原，种类有鹊鸭、普通秋沙鸭、雀鹰、金雕、白尾鹞、红脚鹬、白腰草鹬、林鹬、孤沙锥、乌脚滨鹬、弯嘴滨鹬、普通燕鸥、雕鸮、纵纹腹小鸮、长耳鸮、蚁䴕、黑啄木鸟、大斑啄木鸟、三趾啄木鸟、灰沙燕、毛脚燕、黄头鹡鸰、灰喜鹊、喜鹊、寒鸦、渡鸦、鸲鹟、蓝点颏、黄眉柳莺、黄腰柳莺、暗绿柳莺、戴菊、灰蓝山雀、银喉长尾山雀、黑头䴓、旋木雀、黄嘴朱顶雀、朱雀、红交嘴雀、白头鹀。高地型鸟类主要在青藏高原或喜马拉雅山的高山带繁殖，种类有藏雪鸡、蓝马鸡、黑颈鹤、鹨嘴鹬、长嘴百灵、细嘴沙百灵、褐背拟地鸦、红腹红尾鸲、花彩雀莺、褐翅雪雀、褐翅雪雀、白腰雪雀、棕颈雪雀、棕背雪雀、黑喉雪雀、林岭雀、拟大朱雀、红胸朱雀、朱鹀。

东洋界的鸟类，以横断山脉—喜马拉雅山脉型为主，其种类主要有斑尾榛鸡、雉鹑、高原山鹑、灰背伯劳、黑胸歌鸲、蓝额红尾鸲、白喉红尾鸲、蓝大翅鸲、棕背鸫、橙翅噪鹛、凤头雀鹰、黑冠山雀、红眉朱雀。其中斑尾榛鸡是北方型花尾榛鸡 *Bonasa bonasia* 的近缘种，在青藏高原东部形成我国的特有种。

古北界兽类主要由北方型、中亚型和高地型种类组成。与鸟类相反，兽类是高地型种类占优势，有20种，占古北界种类的57.14%；北方型种类次之，有11种，占31.43%。北方型兽类主要有狼、赤狐、棕熊、石貂、艾虎、猞猁、马麝、狍、根田鼠、小家鼠。这些种类广泛分布于欧亚大陆的寒温带，向南伸达青藏高原。高地型兽类主要有藏狐、雪豹、马麝、白唇鹿、藏原羚、野牦牛、盘羊、岩羊、喜马拉雅旱獭、四川林跳鼠、藏仓鼠、松田鼠、高原鼢鼠、高原兔、甘肃鼠兔、大耳鼠兔、高原鼠兔、红耳鼠兔。这些种类主要分布于青藏高原，是青藏区的代表成分。中亚型种类有荒漠猫、兔狲、藏野驴、长尾仓鼠等。

东洋界的兽类就黄耳斑鼯鼠1种，主要分布于阴坡的云杉林中，营树栖。属西南区的代表成分，是我国的特有种。

保护区种类组成表明，陆栖脊椎动物以古北界种类占绝对优势。在古北界种类中，无论鸟类还是兽类均主要由北方型和高地型种类构成，这两种类型都属于耐寒类型。这充分体现了青藏区、青海藏南亚区的高寒特征。

保护区内山峦起伏，不同的高山植被类型相互交错并随海拔、地形有明显的变化。高山森林和草原动物相互混杂和渗透，构成高山森林草原——草甸草原、寒漠动物群。

第三节　种类及分布

祁连山自然保护区域内有属于黄河水系的大通河和属于内陆河水系的黑河、八宝河、托勒河、默勒河，黄河裸裂尻鱼既分布于内陆水系又分布于黄河水系；厚唇裸重唇鱼仅在内陆水系有分布，其余的鱼均分布于黄河水系。

两栖动物和爬行动物种类很少，它们的适应性较强，均可栖息于农田、森林、草原。属于中国北方的广布种。

鸟类占青海省鸟类品种的49%。它们的栖息环境主要是草甸、湿地、森林灌丛和草原。

兽类大多数栖息于草地（草原和草甸）和森林（灌丛），个别动物如石貂等栖息于高山裸岩（流石坡）。

一、鱼纲（1目2科7种）

（一）鲤形目 Cypriniformes

1. 鲤科 Cyprinidae

　　厚唇裸重唇鱼 *Gymnodiptychus pachycheilus*

　　花斑裸鲤 *Gymnocypris scolistomus*

　　黄河裸裂尻鱼 *Schizopygopsis pylzovi*

2. 鳅科 Coditidae

　　黄河高原鳅 *Triplophysa pappenhemi*

　　拟鲶高原鳅 *Triplophysa siluroides*

　　甘肃高原鳅 *Triplophysa robusta*

　　背斑高原鳅 *Triplophysa dorsonotata*

二、两栖纲（1目2科2种）

（二）无尾目 Salientia

1. 蟾蜍科 Bufonidae

　　花背蟾蜍 *Bufo raddei*

2. 蛙科 Ranidae

　　中国林蛙 *Rana temporaria chensinensis*

三、爬行纲（1目1科1种）

（三）蛇目 Serpentiformes

1. 游蛇科 Colubrdae

　　枕纹锦蛇 *Elaphe dione*

四、鸟纲（12 目 30 科 120 种）

（四）雁形目 Anseriformes

1. 鸭科 Anatidae

赤麻鸭 *Tadorna ferruginea*

鹊鸭 *Bucephala clangula*

普通秋沙鸭 *Mergus merganser*

（五）隼形目 Falconiformes

1. 鹰科 Accipitridae

雀鹰 *Accipiter nisus melaschistos*

大鵟 *Buteo hemilasius*

金雕 *Aquila chrysaetos daphanea*

草原雕 *Aquila rapax*

玉带海雕 *Haliaeetus leucoryphus*

兀鹫 *Gyps fulvus himalayensis*

胡兀鹫 *Gypaetus barbatus hemachalanus*

白尾鹞 *Circus cyaneus cyaneus*

2. 隼科 Falconidae

红隼 *Falco tinnunculus interstinctus*

（六）鸡形目 Galliformes

1. 松鸡科 Tetraonidae

斑尾榛鸡 *Tetrastes sewerzowi sewerzowi*

2. 雉科 Phasianibdae

藏雪鸡 *Tetraogallus tibetanus przewalskii*

雉鹑 *Tetraophasis obscurus obscurus*

高原山鹑 *Perdix hodgsoniae kosiowi*

蓝马鸡 *Crossoptilon auritum*

环颈雉 *Phasianus colchicus strauchi*

（七）鹤形目 Gruiformes

1. 鹤科 Gruidae

黑颈鹤 *Grus nigricollis*

（八）鸻形目 Charadriiformes

1. 鸻科 Charadriidae

金眶鸻 *Charadrius dubius curonicus*

环颈鸻 *Charadrius alexandrinus alexandrinus*

蒙古沙鸻 *Charadrius mogolus schaferi*

2. 鹬科 Scolopacidae

红脚鹬 *Tringa totanus tetanus*

白腰草鹬 *Tringa ochropus*

林鹬 *Tringa glareola*

矶鹬 *Tringa hypoloucos*

孤沙锥 *Capella solitaria solitaria*

乌脚滨鹬 *Calidris temminckii*

弯嘴滨鹬 *Calidris ferruginea*

3. 反嘴鹬科 Recurvirostridae

鹮嘴鹬 *Ibidorhyncha struthersii*

（九）鸥形目 Lariformes

1. 鸥科 Laridae

普通燕鸥 *Sterna hirundo tibetana*

（十）鸽形目 Columbiformes

1. 鸠鸽科 Columbidae

雪鸽 *Columba leuconota*

岩鸽 *Columba rupestris rupestris*

原鸽 *Columba livia*

火斑鸠 *Oenopopelia tranquebarica humilis*

（十一）鹃形目 Cuculiformes

1. 杜鹃科 Cuculidae

中杜鹃 *Cuculus saturatus horsfieldi*

（十二）鸮形目 Strigiforms

1. 鸱鸮科 Strigidae

雕鸮 *Bubo bubo tibetanus*

纵纹腹小鸮 *Athene noctua impasta*

长耳鸮 *Asio otus otus*

（十三）佛法僧目 Coraciiformes

1. 戴胜科 Upupidae

戴胜 *Upupa epops saturata*

（十四）䴕形目 Piciformes

1. 啄木鸟科 Picidae

蚁䴕 *Jynx torquilla*

黑啄木鸟 *Dryocopus martius*

斑啄木鸟 *Debdricipos major beicki*

三趾啄木鸟 *Picoides tridactylus funebris*

（十五）雀形目 Passeriformes

1. 百灵科 Alaudidae

长嘴百灵 *Melanocorypha maxima holdereri*

细嘴沙百灵 *Calandrella acutirostris*

小沙百灵 *Calandrella rufescens beicki*

小云雀 *Eremophila alpestris*

2. 燕科 Hirundinidae

灰沙燕 *Riparia riparia tibetana*

岩燕 *Ptyonoprogne rupestris rupestris*

金腰燕 *Hirundo daurica*

毛脚燕 *Delichon urbica*

3. 鹡鸰科 Motacillidae

黄头鹡鸰 *Motacilla citreola*

白鹡鸰 *Motacilla alba dukhunensis*

田鹨 *Anthus novaeseekandiae richardi*

树鹨 *Anthus hodgsoni hodgsoni*

粉红胸鹨 *Anthus roseatus*

水鹨 *Anthus spinoletta coutellii*

4. 伯劳科 Laniidae

灰背伯劳 *Lanius tephronotus tephronotus*

5. 椋鸟科 Sturnidae

紫翅椋鸟 *Sturnus vulgaris poltaratskyi*

6. 鸦科 Ccrvidae

灰喜鹊 *Cyanoipca cyana*

喜鹊 *Pica Pica*

褐背拟地鸦 *Pseudopodoces humilis*

红嘴山鸦 *Pyrrhocorax pyrrhocorax himalayanus*

寒鸦 *Corvus monedula dauuricus*

渡鸦 *Corvus corax tibetanus*

7. 鹪鹩科 Troglodytidae

鹪鹩 *Troglodytes troglodytes idius*

8. 岩鹨科 Prunellidae

鸲岩鹨 *Prunella rubeculcides rubeculcides*

9. 鸫科 Turdinae

蓝点颏 *Luscinia svecica*

黑胸歌鸲 *Luscinia pectoralis tschebaiewi*

赭红尾鸲 *Phoenicurus ochruros rufiventris*

黑喉红尾鸲 *Phoenicurus hodgsoni*

蓝额红尾鸲 *Phoenicurus frontalis*

白喉红尾鸲 *Phoenicurus schisticeps*

红腹红尾鸲 *Phoenicurus erythrogaster grandis*

蓝大翅鸲 *Grandala coelicolor*

黑喉石䳭 *Saxicila torquata przewalskii*

沙䳭 *Oenanthe isabellina*

棕背鸫 *Turdus kessleri*

赤颈鸫 *Turdus ruficillis ruficillis*

10. 画眉科 Timaliinae

山噪鹛 *Garrulax davidi davidi*

橙翅噪鹛 *Garrulax ellioti*

白眶鸦雀 *Paradoxornis conspicillatus conspicillatus*

斑胸短翅莺 *Bradypterus thoracicus*

北短翅莺 *Bradypterus tacsanowskius*

小蝗莺 *Locustella certhiola*

褐柳莺 *Phylloscopus fuscatus*

黄眉柳莺 *Phylloscopus inornatus inornatus*

黄腰柳莺 *Phylloscopus proregulus proregulus*

暗绿柳莺 *Phylloscopus trochiloides*

戴菊 *Regulus regulus*

花彩雀莺 *Leptopoecile sophiae sophiae*

凤头雀莺 *Leptopoecile elegans*

11. 山雀科 Paridae

灰蓝山雀 *Parus cyanus berezowskii*

黑冠山雀 *Parus dichrous*

银喉长尾山雀 *Aegithalos caudatus*

12. 鳾科 Sittidae

白脸鳾 *Sitta leucopsis przewalskii*

黑头鳾 *Sitta villosa*

13. 旋木雀科 Certhiidae

旋木雀 *Certhia familiaris bianchii*

14. 文鸟科 Ploceidae

家麻雀 *Passer domesticus parkini*

石雀 *Petronia petronia*

白斑翅雪雀 *Montifringilla nivalis henrici*
褐翅雪雀 *Montifringilla adamsi adamsi*
白腰雪雀 *Montifringilla taczanowskii*
棕颈雪雀 *Montifringilla ruficollis*
棕背雪雀 *Montifringilla blanfordi barbata*
黑喉雪雀 *Montifringilla dabidiana dabidiana*

15. 雀科 Fringillidae

黄嘴朱顶雀 *Carduelis flavirostris*
林岭雀 *Leucosticte nemoricola nemoricola*
高山岭雀 *Leucosticte brandti*
拟大朱雀 *Carpodacus rubicilloides rubicilloides*
红胸朱雀 *Carpodacus puniceus longirostris*
红眉朱雀 *Carpodacus pul cherrimus argyrophrys*
白眉朱雀 *Carpodacus thura dubius*
朱雀 *Carpodacus erythrinus roseatus*
红交嘴雀 *Loxia curvirostra*
白翅拟蜡嘴雀 *Mycerobas carnipes carnipes*
朱鹀 *Urocynchramus pyizowi*
白头鹀 *Emberiza leucocephala frcnto*
灰眉岩鹀 *Emberiza cia godiewskii*

五、哺乳纲（6 目 15 科 40 种）

（十六）食虫目 Insectivora

1. 鼩鼱科 Soricidae

中鼩鼱 *Sorex caecutiens caecutiens*
西藏鼩鼱 *Sorex thibetanus thibetanus*

（十七）食肉目 Carnivora

1. 犬科 Canidae

狼 *Canis lupus chanco*
藏狐 *Vulpes ferrilata*
赤狐 *Vulpes vulpes Montana*

2. 熊科 Ursidae

棕熊 *Ursidae arctos*

3. 鼬科 Mustelidae

石貂 *Martes foina toufoeus*
狗獾 *Meles meles leucurus*
香鼬 *Mustela altaica longstaffi*

艾虎 *Mustela eversmanni larvatus*

4. 猫科 Felidae

荒漠猫 *Felis bieti bieti*

兔狲 *Felis manul manul*

猞猁 *Lynx lynx isabellinus*

雪豹 *Panthera uncia*

（十八）奇蹄目 Perissodactyla

1. 马科 Equidae

藏野驴 *Equidae kiang holdereri*

（十九）偶蹄目 Artiodactyla

1. 鹿科

狍 *Capreolus Capreolus*

马鹿 *Cervus elaphus kansuensis*

白唇鹿 *cervus albirostris*

马麝 *Moschus sifanicus*

2. 牛科 Bovidae

盘羊 *Ovis ammon hodgsoni*

野牦牛 *Poephagus mutus*

藏原羚 *Procapra picticaudata*

岩羊 *Pseudois nayaur szechuanensis*

（二十）啮齿目 Rodentia

1. 松鼠科 Sciuridae

喜马拉雅旱獭 *Marmota himalayana robusta*

黄耳斑鼯鼠 *Petaurista xanthotis*

2. 仓鼠科 Cricetidae

藏仓鼠 *Cricetulus kamensis kozlovi*

长尾仓鼠 *Cricetulus longicaudatus longicaudatus*

高原鼢鼠 *Myospalax baileyi*

3. 田鼠科 Arvicolidae

库蒙高山鼠 *Alticola stracheyi*

根田鼠 *Microtus oeconomus flaviventris*

松田鼠 *Pitymys irene*

4. 鼠科 Muridae

大林姬鼠 *Apodemus peninsulae qinghaiensis*

小家鼠 *Mus musculus gansuensis*

5. 林跳鼠科 Aapodidae

四川林跳鼠 *Eozapus setchuanus vicinus*

（二十一）兔形目 Lagomorpha

1. 鼠兔科 Ochotonidae

甘肃鼠兔 *Ochotona cansus cansus*

高原鼠兔 *Ochotona curzoniae*

红耳鼠兔 *Ochotona erythrotis*

大耳鼠兔 *Ochotona macrotis*

托氏鼠兔 *Ochotona thomasi*

2. 兔科 Leporidae

高原兔 *Lepus oiostolus qinghaiensis*

第四节　动物类群及其生态特征

祁连山保护区地处祁连山东段的南坡，也属于青海省范围内天然降水较为丰富的地区之一，加之区域范围内垂直变化明显的波动起伏地形，发育形成了众多不同的生态环境类型。在区域范围内，既分布着森林、灌丛、草地、湿地、高山裸岩（高山流石坡）等生态景观类型，同时也形成了河流与小型湖泊等水体景观。这种多变的区域生态环境和景观类型，为多种野生动物的生存繁衍提供了较为广阔的选择空间。经调查，保护区内多种野生动物依栖息环境主要分以下类群。

一、高山裸岩动物群

该类群动物主要分布于海拔 3800～6000m 的范围内，代表动物有石貂、雪豹、藏雪鸡、盘羊、岩羊、大耳鼠兔、棕熊。高山露岩地段视野开阔，活动范围大，露岩下部又有草类昆虫等供其食用。

二、荒漠、半荒漠动物群

本类群动物主要栖息于荒漠草原、丘陵地区，分布海拔为 3600～4500m，代表种有藏狐、荒漠猫等，这类动物以生活在荒漠、丘陵地区的鼠类为主要食物来源。

三、草原动物群

保护区内，草原动物种类较多，草原动物群广泛栖息于海拔 3200～5200m 的高山、草原草甸、草甸草原、高寒草甸及高寒荒漠草原中，主要动物有大𫚭、金雕、草原雕、玉带海雕、秃鹫、胡兀鹫、红隼、高原山鹑、长嘴百灵、细嘴沙百灵、小沙百灵、小云雀、狼、赤狐、香鼬、艾虎、兔狲、猞猁、藏野驴、野牦牛、藏原羚、喜马拉雅旱獭、高原鼢鼠、高原鼠兔等，这类动物多数以草类植物、草地鼠类和昆虫为主食，草地为它们提供了丰富的食物。食肉类禽兽、食草食虫型鸟类与昆虫、草原形成了一条食物链。

四、湿地动物群

该类群动物主要是水禽，分布于3300m以上有水域的地方，常栖息于高山草甸沼泽地、芦苇沼泽地、湖泊河流沼泽地，其代表种有赤麻鸭、鹊鸭、普通秋沙鸭、黑颈鹤、金眶鸻、环颈鸻、蒙古沙鸻、红脚鹬、白腰草鹬等，林鹬、矶鹬、孤沙锥、乌脚滨鹬、弯嘴滨鹬、普通燕鸥、鸥嘴鹬、普通燕鸥等。水禽以水生生物为主要食物。

五、森林（灌丛）动物群

该类群动物主要栖息于森林和灌丛草原带，分布海拔为3500~5100m，代表种有斑尾榛鸡、雉鹑、蓝马鸡、雪鸽、蚁䴕、黑啄木鸟、斑啄木鸟、三趾啄木鸟、中杜鹃、马鹿、白唇鹿、马麝、狍、黄耳斑鼯鼠、四川林跳鼠等。这类动物以林木种子、林木昆虫和林下草类为主要食物来源，林木又依靠它们清除寄生虫和传播种子。

六、农田区动物群

保护区该类群动物较少，它们栖息于林缘灌丛、河滩灌丛和耕地附近灌丛或草丛中，以农作物的种子、杂草种子和植物果实及嫩叶为食。主要动物有环颈雉、岩鸽、原鸽、火斑鸠、高原兔等种类。

第五节 动物数量

一、兽类种群数量

表4-1列出了一些大型兽类和有蹄类的种群数量。从总体反映出该区域的兽类数量相对较少，这与它们的生存环境狭小、人们长期捕猎有很大关系。

表4-1 保护区动物栖息地兽类种群数量

动物名称	动物数（只/km^2）
狼 Canis lupus chanco	0.07
赤狐 Vulpes vulpes montana	0.42
藏狐 Vulpes ferrilata	0.10
棕熊 Urisidae arctos	0.019~0.03
猞猁 Lynx lynx isabellinus	0.022~0.044
藏野驴 Equidae kiang holdereri	0.125
狍 Capreolus capreolus	0.486
马鹿 Cervus elaphus kansuensis	0.138
雪豹 Panthera uncial	0.026
白唇鹿 Cervus albirostris	0.694
马麝 Moschus sifanicus	0.138
盘羊 Ovis ammon hodgsoni	0.013
野牦牛 Poephagus mutus	—
藏原羚 Procapra picticaudata	2.727
岩羊 Pseudois nayaur szechuanensis	2.756

二、鸟类种群数量

表4-2列出了一些鸟类的种群数量。从总体反映出该区域的鸟类数量相对较少，这与食物链不完整和以往大量猎捕有关。

表4-2　保护区动物栖息地鸟类种群数量

动物名称	动物数（只/km^2）
赤麻鸭 *Tadorna ferruginea*	0.96
秃鹫 *Gyps fulvus himalayensis*	0.95
胡兀鹫 *Gypaetus barbatus hemachalanus*	0.34
大鵟 *Buteo hemilasius*	0.14
藏雪鸡 *Tetraogallus tibetanus przewalskii*	0.97
蓝马鸡 *Crossoptilon auritum*	1.09
黑颈鹤 *Grus nigricollis*	0.05

第六节　动物资源及评价

一、保护动物

表4-3列出了保护区内属于国家Ⅰ、Ⅱ级重点保护的动物，共有24种，有10种属于国家Ⅰ级保护动物。有些种类，如白唇鹿、野牦牛、黑颈鹤等是青藏高原的特有种。区域内的白唇鹿和蓝马鸡等，是中国特有物种。黑颈鹤仅在国内繁殖，保护好它们的栖息生境，才能有效地保护这些珍稀动物，使它们得以繁衍生息。

表4-3　保护区内国家重点保护动物

动物名称	保护级别	
	Ⅰ	Ⅱ
石貂 *Martes foina toufoeus*		√
荒漠猫 *Felis bieti bieti*		√
猞猁 *Lynx lynx isabellinus*		√
兔狲 *Felis manul manul*		√
雪豹 *Panthera uncia*	√	
棕熊 *Urisidae arctos*		√
藏野驴 *Equidae kiang holdereri*	√	
马麝 *Moschus sifanicus*		√
马鹿 *Cervus elaphus kansuensis*		√
白唇鹿 *Cervus albirostris*	√	
野牦牛 *Poephagus mutus*	√	

（续）

动物名称	保护级别	
	I	II
藏原羚 *Procapra picticaudata*		√
岩羊 *Pseudois nayaur szechuanensis*		√
金雕 *Aquila chrysaetos daphanea*	√	
玉带海雕 *Haliaeetus leucoryphus*	√	
胡兀鹫 *Gypaetus barbatus hemachalanus*	√	
斑尾榛鸡 *Tetrastes sewerzowi sewerzowi*	√	
藏雪鸡 *Tetraogallus tibetanus przewalskii*	√	
雉鹑 *Tetraophasis obscurus obscurus*	√	
蓝马鸡 *Crossoptilon auritum*		√
黑颈鹤 *Grus nigricollis*	√	
雕鸮 *Bubo bubo tibetanus*		√
纵纹腹小鸮 *Athene noctua impasta*		√
长耳鸮 *Asio otus otus*		√

二、经济动物

祁连山自然保护区内分布的动物种类中，许多物种具有较高的利用价值而成为珍贵的经济动物种类。区域范围内的经济动物可分为药用动物、裘皮动物、食用动物、观赏动物等类群。

药用动物主要包括马麝等鹿科动物、藏野驴、棕熊等，它们产出的麝香、鹿茸、熊胆和使用驴皮制成的阿胶等，都属于驰名中外的动物性珍贵药材。

毛皮动物包括犬科、鼬科和猫科动物以及藏原羚、环颈雉等动物，这些动物的皮毛丰厚，属于珍贵的制裘原料，可用于制作高质量的精美服装和羽绒饰物。

食用动物包括狍、马鹿、白唇鹿等鹿科动物，牛科的盘羊、野牦牛、藏原羚、岩羊，马科的藏野驴，雉科的环颈雉等动物，其肉鲜美、细嫩，是制作美味佳肴的原料。

观赏动物包括蓝马鸡、环颈雉、金雕、雪豹以及鹿类等动物。这些动物形态各异，羽毛或皮毛美丽，成为动物园中的名贵观赏鸟、兽。另外它们的羽毛或毛皮可制成各类装饰品，用于美化人类的生活环境。

三、动物资源保护

保护区内包含有众多不同的生境类型，从而栖息有种类较多的稀有珍贵动物。建立自然保护区可有效地保护这些动物的栖息生境和现有的动物类群，以避免人类开发活动对它们的影响和干扰，预防不法分子的偷捕偷猎，使这些野生动物有繁衍生息之地，使动物资源得到有效保护，从而达到可能持续发展。

第五章　湿地资源

湿地是地球上分布极为广泛，水文与生物群落类型十分复杂的生态系统。湿地发育于陆地生态系统（如森林和草原）与水体生态系统（如深湖和海洋）之间，是一种水陆过渡性质的自然生态，它融合了陆地和水体生态系统各自的特性，但又明显不同于原来的生态系统。因此，湿地科学属于陆地生态系统与水体生态系统的交叉学科。

对于湿地的定义通常有多种说法，但大体上可分为两大类即广义的和狭义的。《湿地公约》的定义就是一种广义的定义，即不问其是天然形成或人工形成、是长久性或暂时性的沼泽地、泥炭地或水域地带，是静止型还是流动型湿地，包括淡水、半咸水、咸水，低潮时水深不超过 6m 的水域，这个定义的湿地包括河流、淡水沼泽、沼泽森林、湖泊、盐沼及盐湖等。

狭义的定义通常把湿地视为生态交错地带，是陆地和水域之间的过渡区域。由于砂石、土壤与地被物浸泡在水中，特征植物得以生长。这个定义包括部分水体即生长有挺水植物的湖滨地区应被看作是湿地，而面积大的开阔水体则不属于湿地。

第一节　湿地类型及特征

一、湿地类型

根据《全国湿地资源调查与监测技术规程》对湿地分类的标准，结合祁连山保护区湿地资源的类型特征，将湿地划分为河流、湖泊、沼泽三大类型，各类型及其划分标准如下：

河流湿地：限于河床（枯水河槽）宽度≥10m，面积大于 100 hm² 的河流。分为永久性河流和季节性或间歇性河流。

湖泊湿地：面积大于 100hm² 的湖泊。分为永久性淡水湖、常年积水的淡水湖泊、永久性咸水湖、常年积水的咸水湖及半咸水湖、水库。

沼泽湿地：沼泽化草甸，包括分布在高山和高原地区的具有高寒性质的沼泽化草甸、冻原池塘、融雪形成的临时水域。

二、湿地类型特征

（一）河流型湿地

河流型湿地是由溪流、河流及两岸的河漫滩构成，河漫滩在洪水季节接受泛滥河水浸泡，但洪水退却后仍然维持落干状态。河流湿地具有丰富的植物多样性，植物的种类依据河岸梯度和河水泛滥频度而异。湿地水的温度、水的流速和水质等都影响着水生物的种类、数量、结构和分布情况。这类湿地多呈带状沿河分布，是许多鱼类产卵、幼鱼索饵、成长的场所。由于河流水位在一年中的变动，所以湿地的边缘呈不稳定状态。干旱和半干旱地区河流湿地分布，与周围非林植物相比，这里的湿地具有明显区别于周围景观的突出性。河流湿地通常也是高产的生态系统，每年河水泛滥季节，湿地都会接受丰富的营养输入。在人口较集中的地区，这类湿地多被农田所取代，如八宝河、大通河中下游沿河两岸，经围垦早已成为粮食生产用地。那些未被开垦的湿地，也由于水资源减少、放牧等活动的干扰而退化。保存比较好的这类湿地主要分布在人口稀少的地区。

（二）湖泊型湿地

湖泊型湿地是由湖泊及岸边湖滨低地所构成。这类湿地多为盐碱滩及湿草甸。湖泊湿地具有巨大的洪水调蓄功能，对流域防洪减灾有重要意义。湖泊季节变动的水位给野生动植物的保护创造了得天独厚的条件。因而，许多湖泊型湿地都是鱼类和鸟类重要的繁殖地和栖息地。

（三）沼泽型湿地

沼泽型湿地包括沼泽地、泥炭地、湿草甸等。这类湿地是由河水下泄到平缓滩地后发育而成，或由于处在汇水区域由降水或地下水补给而上涌，或是由以上几种情况混合促进而成。湿地植被主要由湿生、沼生植物组成，地表经常有浅薄的水层，水分供应稳定的地段的泥炭积累。沼泽型湿地是重要的野生动物的栖息地。

第二节 湿地的基本特征

一、季节性变化

祁连山自然保护区地处高寒地区，气候寒旱，降水量少，这些气候特征决定了保护区内湿地的季节性变化明显，夏季绿草茵茵，冬季百草枯黄。春、夏、秋季冰雪消融，水草颇丰，冬季一片冰封。水的理化性质、pH 值都随季节变化而变化。

二、水质

（1）地表水水质及污染 河水 pH 值在 6.5～8.8，矿化度为 0.1～0.7mg/L，总硬度（德国度）7～20 度，河流水质均属重碳酸钙水，水中主要离子含量以 HCO_3^- 和 Ca^{2+} 最多，而 K^+、Na^+、Mg^{2+}、Cl^-、SO_4^{2-}、CO_3^{2-} 的含量较少，水质类型为 ［C］$Ca\,III$ 型。

水体化学特征良好，有毒物质类砷化物、挥发酚、汞、镉、铅、铜基本无检出，有机污染物无超标现象，水质级别为 II 级。

（2）地下水水质及水污染 地下水丰富，水质好，为低碘、低氟水。硝酸盐含量为 0.2～5.6mg/L，砷含量为 0.002～0.008mg/L，酚含量为 0.001～0.0042mg/L，铬含量为 0.001～0.002mg/L。

三、土壤理化性质

保护区湿地土壤为沼泽土，主要分布于山间洼地，地下水位高，地表有季节性积水或终年积水现象。由于寒冷低温，土壤积水，通气不良，有机质不能充分分解，表层土壤腐殖质化或泥炭化，下部土壤发生灰黏化过程。沼泽土分为草甸沼泽土、泥炭腐殖质沼泽土和沼泽土 3 个亚类。

（1）草甸沼泽土　植被主要有小嵩草、藏嵩草、苔草、海韭菜等，剖面特征：草根层比较发育，由极多的根系组成。草根层以下为有机质层，色暗夹有锈斑，有的剖面在草皮层下部有浅薄的泥炭层或有机质层。有机质层以下为蓝灰色的潜育层。pH 值为 7~8。有机质含量 6.9%~15.7%，N、K 养分较丰富，速效 P 不足。

（2）泥炭腐殖质沼泽土　植被主要有苔草、嵩草、苔藓等，剖面特征：表层颜色暗，分解较好。C/N 低，代换量高。在有机质层以下为蓝灰色的潜育层，有机质层夹有锈纹锈斑。pH 值 7 左右，有机质含量 8.9%~28.1%。

（3）沼泽土　植被主要有苔草、藏嵩草、海韭菜、苔藓等，常年有冻土层，剖面 A—C 型，A 层浅黄棕色，厚度 10~40cm，有机质分解差，很少呈黑色。pH 值为 6~7。有机质含量 16.9%~22.1%。

第三节　湿地生物

一、湿地植物

《青海省湿地资源调查报告》中，将湿地植物概念范畴界定为：凡在湿地水生环境中生存并在生态上适应湿地的各类植物均视为湿地植物。根据这个原则，青海祁连山自然保护区湿地植物区系和植物种类基本情况阐述如下。

1. 科、种组成

根据目前调查研究成果，湿地维管束植物共有 19 科 62 种。其中蕨类植物 1 科 2 属 3 种，其余为被子植物。

湿地植物最大的科为莎草科（Cyperaceae），其次为毛茛科（Ranuncnlaceae）、龙胆科（Gentianaceae）、灯心草科（Juncaceae）、玄参科（Scrophulariaceae）、菊科（Compositae）、禾本科（Gramineae）。

湿地植物以世界分布的属居多，如毛茛、独行菜 Lepidium sp.、杉叶藻 Hippuris sp.、龙胆、水芒草 Limosella sp.、苔草、荸荠、浮萍 Lemna sp.、紫萍 Spirodela、灯心草等。其次是北温带分布的属，如碱毛茛 Halerpestes、金莲花 Trollius、紫堇 Corydalis、葶苈 Draba、海乳草 Glaux、报春花 Primula、扁蕾 Gentianopsis、小米草 Euphrasia、马先蒿、风毛菊、泽泻 Alisma、沿沟草 Catabrosa、稗 Echinochloa、嵩草 Kobresia、菖蒲 Acorus、角盘兰 Herminium、绶草 Spiranthes 等。

全温带间断的属有驴蹄草 Caltha、柳叶菜 Epilobium、假龙胆 Gentianella、獐牙菜 Swertia、婆婆纳 Veronica 等。

旧世界温带的属有水柏枝 Myricaria、橐吾 Ligularia、扁穗草 Blysmus。

中国—喜马拉雅分布的属有兔耳草 Lagotis sp.、垂头菊 Cremanthodium。

温带亚洲分布的属有鸦跖花 Oxygraphis、无尾果 Coluria。

东亚（东喜马拉雅—日本）分布的有黄鹌菜 *Youngia* 属。

北极高山成分有肉叶荠 *Braya* 属。

泛热带分布的有棒头草 *Polypogon* 属。

中国特有种有细穗玄参 *Scrofella* 属。

根据中国植物区系分区，保护区湿地植物在总体上属于青藏高原植物亚区中的唐古拉地区，集中反映在沼泽化草甸方面，表现出一定的多样性，尤其是以垂头菊、风毛菊、马先蒿、珠芽蓼等为主的伴生种类最为突出，高原上著名的"四大名花"——杜鹃、绿绒蒿、龙胆、报春，湿地中即有后两类分布。而四大名花加上紫堇等属又与中国—喜马拉雅植物区的横断山脉地区相连系。

湿地植物的最大特色是出现一大批灯心草属和薹草属植物，其中薹草属中又出现了7个青海特有种，这是具有重要意义的，说明保护区湿地植物区系正在沿着独立化的方向发展，逐步摆脱对周围地区的依赖，成为另一个植物演化中心的地位逐步显示出来。

2. 湿地植被类型和分布

根据以往资料结合本次调查，按湿地植被类型确定，本区明显呈群落优势的湿地植被类型粗略划分为：

（1）藏北嵩草湿地　该类型广泛分布于海拔 3200～4000m 的河畔，湖滨、排水不畅的平缓滩地等地段。在大通河上游等地段尤为集中，其他地区仅有小面积分布。组成该类型的植物种类比较丰富，以藏嵩草为优势种，常见伴生种有黑穗苔草、粗喙苔草、圆囊苔草、珠芽蓼。

（2）苔草湿地　苔草是本区分布面积最广的植被类型，通常与藏嵩草交叠密集分布。常见伴生种有圆穗蓼、美丽风毛菊、黑穗苔草、秦艽、委陵菜、湿生扁蕾、线叶嵩草、兰石草、早熟禾等，覆盖度 70%～95%。

二、湿地鸟类

保护区的湿地鸟类 11 种，分属 4 目 7 科，其中属国家重点保护的湿地鸟类有 9 种。在湿地鸟类分类组成中，鸭科有 3 种、鹭科 1 种、鹤科 1 种、鸥科 1 种，鹈鹕科、鸬鹚科、燕鸻科各 1 种；以上几类均属比较典型的湿地鸟类。从广义讲，湿地是多数水禽共同栖息的地方，也是它们繁衍生息的理想之地。

湿地鸟类中，属国家一级重点保护的鸟类有黑颈鹤 *Grus nigricollis*、玉带海雕 *Haliaetus leucoryphus*，二级保护的湿地鸟类有 2 种。比较典型的鸟类有白鹈鹕 *Pelecanus onocrotalus*、大天鹅 *Cygnus cygnus*。

三、湿地鱼类

保护区内有鱼类 7 种，分属于 1 目 2 科，鱼类分布呈现明显的地区性特征，不同地区和不同水系中分布着不同的鱼类，而同一地区的不同水系和同一水系的不同河段中分布的鱼类也有不同。主要鱼类有黄河裸裂尻鱼、厚唇裸重唇鱼、花斑裸鲤、拟鲶高原鳅等。

四、两栖类

保护区内有两栖类动物 2 种，隶属 1 目 2 科。分别是花背蟾蜍 *Bufo raddei*、中国林蛙

Rana temporaria chensinensis。它们都在水中和陆地上交替栖息，以昆虫和水生物为食，在浅水与水草区域产卵繁殖后代。

爬行类动物与湿地无关。

五、兽类

保护区哺乳类动物 40 种。依照"在生态上依赖湿地"的原则，参照《中国湿地陆栖动物初录》（王子清，1995），将其中 3 种哺乳类动物划为湿地动物。主要为啮齿类动物，如麝鼠 *Ondatra zibethicus*、青海田鼠 *Micrdtus fuscus*、根田鼠 *Microtus oeconomus flaviventris* 等。

第四节　重点湿地

一、重点湿地的确定原则

按照《全国湿地资源调查与监测技术规程》的规定，根据湿地效益的重要性，本次调查将湿地分为重点湿地和一般湿地两类。

重点湿地是符合以下条件之一的湿地：已列入《湿地公约》名录的国际重要湿地；已列为国家级自然保护区的国家重要湿地；已列为省级保护区的湿地；省区特有类型的湿地；具有省、自治区特有的濒危保护物种的湿地；面积 $\geqslant 1.0 \times 10^4 hm^2$ 的湖泊、沼泽、水库；2000 只以上水鸟度过其生活史重要阶段的湿地，或者一种或一亚种水鸟总数的 1% 终生或在生活史的某一阶段栖息的湿地。

一般湿地是指除重点湿地以外的面积 $\geqslant 100hm^2$ 的湖泊、沼泽湿地。按照国家林业局《有关湿地资源调查技术问题的说明》第 4 条规定："河流湿地不再划分重点湿地，所有符合调查范围的河流都作为一般湿地进行调查……"。

根据上述重点湿地的确定原则，青海祁连山自然保护区内列为省级重点湿地的有 5 个（表 5 - 1）。

表 5 - 1　保护区重点湿地名录

湿地名称	类型	面积（hm^2）	行政区域位置	湿地级别
哈拉湖湿地	永久性咸水湖	60200	德令哈市	省级重点
黑河河源沼泽	沼泽化草甸	29964.9	祁连县	省级重点
托勒河河源沼泽	沼泽化草甸	108626.9	祁连县	省级重点
疏勒河河源沼泽	沼泽化草甸	94148.9	天峻县	省级重点
大通河河源沼泽	沼泽化草甸	71740.8	天峻县	省级重点
黑河	永久性河流	875	祁连县	
托勒河	永久性河流	554	祁连县	
疏勒河	永久性河流	1113	天峻县	
大通河	永久性河流	1980	祁连、门源县	

二、重点湿地简介

（一）哈拉湖湿地

类型：永久性咸水湖

位置：N38°12′～38°25′，E97°24′～97°47′

海拔：4077m

湿地面积：60 200 hm²

哈拉湖位于祁连山西南部晚第三纪形成的断陷盆地内。盆地外围北部为疏勒南山，南部为哈拉湖南山，东、西部为低矮丘陵。滨湖为第四系洪积、冰水冲积物，由5级砂堤和堤间滩地相间组成。河流入湖口为洪积扇，湖区属青东山地草原半干旱气候，年均气温－4℃，年降水量200～300mm。哈拉湖近似圆形，长34.6km，最大宽23km，平均宽17.39km。最大水深65m，平均水深27.4m。湖岸线长100km。集水面积4107km²。入湖河流20余条，径流量3.2×10⁸m³，其中苏令河长28km，流域面积280km²，水系呈树枝状，中游有23眼泉水汇入，入湖洪积扇面积近8km²。湖水补给系数6.8，主要依赖地表径流和冰川融水径流补给。

主要动物种类：雁鸭类、鸊鷉类和鸥类。

主要植物群落：优势种为芨芨草、猪毛蒿、阿尔泰针茅、冰草、木本猪毛菜、里海盐爪爪等高原草甸植被。

保护状况：无专人专部门管护。

主管部门：德令哈市林业环境保护局

（二）黑河河源沼泽

类型：沼泽化草甸

位置：N38°49′～39°05′，E98°30′～98°50′

海拔：3000～4000m

湿地面积：29964.9 hm²

祁连山区高山谷地河流上游区及河源区地形宽展、低平地带由于水流不畅，广泛发育的沼泽。该区域属高寒区域，年平均气温0～－2℃，1月年平均气温－16℃，7月平均气温10℃，极端最低温度－45℃，是我国3个寒冷中心之一。多年平均降水量300～400mm。主要集中在5～9月，约占全年降水量的65%～80%。该沼泽区分布在祁连县的黑河西源和托勒河河源区，为藏北嵩草沼泽。沼泽区的北部为走廊南山，南部为托莱南山，中间分布有托莱山，在三山之间形成黑河谷地和托勒河谷地。祁连山现代冰川发育，受冰川和积雪的影响，发育的众多河流汇入托勒河和黑河。由于河流上游区及河源区地形宽展、低平，水流不畅，从而广泛发育了沼泽。由于受自然环境变化及畜牧业发展的影响，目前这一区域的沼泽有明显退化现象。

主要动物种类：凤头鸊鷉、斑头雁、赤麻鸭、绿翅鸭、绿头鸭、赤嘴潜鸭、凤头潜鸭、棕头鸥、黑颈鹤等；沼泽周围有藏野驴、藏原羚、旱獭、狐狸、熊、狼等。

主要植物群落：藏北嵩草群落。伴生种有矮嵩草、细叶蓼、珠芽蓼、三尖水葫芦等。

湿地主要效益：涵养、净化祁连山区河流水源水质。同时由于本区发育的沼泽是祁连山特殊自然环境的产物，它的存在对多年冻土层的保护有重要意义，此外，还是较好的草场和禽类的栖息繁殖地。

沼泽湿地目前尚无保护措施。

主管部门：祁连县林业环境保护局

（三）疏勒河河源沼泽

类型：沼泽化草甸

位置：N38°13′~38°31′，E98°31′~98°59′

海拔：3500~4000m

湿地面积：94 148.9hm²

位于祁连山西部荒漠、半荒漠地带，发源于极高山冰川河流源区发育的沼泽草甸。本区气候严寒，年平均气温0~-2℃，1月年平均气温-18℃，7月平均气温10℃，年平均降水量400mm左右。冬季积雪厚约1m，封冻期长达8个月。沼泽区分布在天峻县的疏勒河源头和阳康曲上游。疏勒河南、北侧山区冰川发育，同时发源于冰川的许多河流向北注入疏勒河。疏勒河向西北切入走廊南山转向北流入河西走廊，从而在河源区发育出大片沼泽。本区沼泽湿地与高山草甸、草原连为一体，是主要的放牧基地。

受全球气候变暖的影响，冰川、雪山逐年退缩，湿地沼泽有萎缩干枯趋势。

主要动物种类：雁鸭类、鸥类、鹤类。沼泽区及周围草甸区动物有藏原羚、旱獭、狐狸、熊、狼、高原兔、野牛等。

主要植物群落：以藏北嵩草为主的沼泽和沼泽化草甸。另外在布哈河支流希格尔曲上游分布有圆囊苔草沼泽，常与藏北嵩草组成复合体，伴生植物有粗喙苔草、黑穗苔草、草地早熟禾、海韭菜、三尖水葫芦等，覆盖度80%~95%。

湿地主要效益：涵养、净化疏勒河、阳康曲河源及水质，同时又是优良草场。

保护状况：无保护措施。

主管部门：天峻县林业环境保护局。

（四）大通河河源沼泽

类型：沼泽化草甸

位置：N37°58′~38°19′，E99°08′~99°31′

海拔：4000m

湿地面积：71 740.8hm²

青藏高原荒漠、半荒漠地带祁连山西部哈梅尔山区，大通河上游及青海湖北各河流上游谷地广泛发育形成的沼泽、沼泽化草甸。本区年平均气温-0.6℃，1月平均气温-14℃，7月平均气温10.7℃，极端最低气温-31℃，极端最高气温25℃；多年平均降水量370mm左右，约有80%的降水量集中在6~9月份，年蒸发量1502mm。土壤有草甸沼泽土、泥炭沼泽土。沼泽区位于刚察、天峻县的大通河上游谷地，为藏北嵩草沼泽和圆囊苔草沼泽。藏北嵩草沼泽主要分布在大通河及其支流两岸的低阶地、河漫滩，以及山麓潜水溢出带，在布哈河北侧支流和青海湖北岸各河流的上游谷地也广泛发育了藏北嵩草沼泽。地表过湿或季节性积水，藏北嵩草组成优势种并形成草丘。在地表常年积水的沼泽，圆囊苔草常与藏北嵩草组成复合体。

主要动物种类：黑颈鹤、灰鹤、蓑羽鹤、斑头雁、赤麻鸭、凤头鸊鷉、绿翅鸭、绿头鸭、赤嘴潜鸭、凤头潜鸭等水涉禽。

主要植物群落：藏北嵩草和圆囊苔草为群落优势种。伴生植物有黑穗苔草、粗喙苔草、海韭菜、长管马先蒿、珠芽蓼、水麦冬、三尖水葫芦、星状风毛菊等，覆盖度80%~90%。

保护状况：无保护措施。

主管部门：天峻县林业环境保护局。

第五节 湿地资源现状分析评价

湿地是自然界重要的生态资源，它不仅是水资源分布的基地，而且还是湿地生物资源、土地资源、泥炭资源、水力资源及旅游资源综合呈现的自然生态系统。湿地作为资源的一种特殊形式，随着社会和科学技术的进一步发展，特别是随着全社会生态环保意识的不断提高，人们对湿地资源的认识已经从物质利用提升到生态保护的高度。祁连山自然保护区湿地资源丰富。本次调查由于资金、物力及技术力量局限，未能从资源角度做深入的调查研究，难以对该区湿地资源进行全面分析和评价，仅从几个侧面简述。

一、湖泊资源及评价

1. 资源量及其评价

由于受青藏高原地质新构造活动及冰川发育演化和气候水文条件的综合影响，青海高原成为我国湖泊湿地分布最为密集的地区。据本次调查和历史资料统计，面积在 $0.5km^2$ 以上的湖泊共有6个，湖泊总面积 $603.0km^2$。湖泊中淡水湖和微咸水湖4个，面积 $8.0km^2$，咸水及盐湖2个，面积 $595.0km^2$。目前，对湖泊水资源尚不存在大规模的农业、养殖和水电、水源工程的利用。

2. 水环境质量评价

祁连山自然保护区的湖泊，在成因上水体的补给来源主要靠冰雪融水，由于高原雪山、冰川分布区域海拔高、降雨少，地表侵蚀较弱，入湖泥沙少，加之高原气候寒冷，随水入湖和湖中滋生的生物有机体少，总的悬浮物质数量有限，同时由于经济开发程度低，湖泊周围没有污染的人类经济开发活动，大部分湖泊处于未受人为污染和影响的自然水体状态，因而水环境质量较好，湖水透明度比我国东部的湖泊高。反映在视觉感官中，大部分湖泊水面多呈青蓝色。

另一方面，由于内陆高原湖泊在干燥气候条件下，经历了第三纪和第四纪盆地盐类沉积的重要时代，地表盐类化学沉积面积较大，因而湖水的化学性质各异。

3. 湖泊生物资源评价

高原湖泊湿地资源在特殊的气候自然条件下孕育出了丰富的生物资源。在湖泊湿地提供的生物资源里，以湿地鸟类资源和鱼类资源最为丰富。

4. 湖泊旅游资源及其评价

高原湖泊湿地由于无污染、无喧嚣，湖水明媚恬静，景观宏伟壮阔，加之与青藏高原独有的自然和人文风貌融合在一起，因而独具美学欣赏价值和生态旅游价值。浩瀚博大的哈拉湖光彩照人，随着交通条件的改善，湖泊景观将会吸引越来越多的游客前往观光。

二、河流资源综述及其评价

1. 资源量及其评价

祁连山自然保护区由于位居"五河之源"，流域水资源总量为 $60 \times 10^8 \mathrm{m}^3$。其中黑河在保护区境内长 175km，水域面积 875hm^2，流域水资源总量 $14.14 \times 10^8 \mathrm{m}^3$。托勒河境内长110.8km，水域面积 554hm^2，年径流量 $3.73 \times 10^8 \mathrm{m}^3$，平均流量 11.8 m^3/s。疏勒河境内长222.6km，水域面积 1113hm^2，流域水资源总量为 $15.03 \times 10^8 \mathrm{m}^3$。大通河流域水资源总量$25.6 \times 10^8 \mathrm{m}^3$，境内长 396km，水域面积 1980hm^2。

2. 水环境质量评价

祁连山自然保护区由于多雪山、草原、森林、湖泊、沼泽，地表植被丰茂，地表径流量小，多数以地下水的形式渗出，地势起伏相对较小，水流的侵蚀和挟沙能力较弱，河流一般含沙量和输沙量都不大，同样由于河流水源主要来自冰雪融水，除低海拔城镇区域段外，高原大部分河流比较清澈，水质洁净。

3. 水力资源评价

流域水资源总量为 $60 \times 10^8 \mathrm{m}^3$。初步计算，黑河境内可开发 6 座梯级水电站，总装机容量 $15.7 \times 10^4 \mathrm{kW}$。托勒河境内干流段水力资源理论蕴藏量 $5.38 \times 10^4 \mathrm{kW}$。大通河流域水能理论蕴藏量为 $56.14 \times 10^4 \mathrm{kW}$。

三、沼泽湿地资源及评价

祁连山自然保护区有沼泽湿地 304 481.5 hm^2，其中，黑河河源沼泽 29 964.9 hm^2、托勒河河源沼泽 108 626.9 hm^2、疏勒河河源沼泽 94 148.9 hm^2、大通河河源沼泽 71 740.8 hm^2。这类沼泽湿地主要拥有丰富的湿草甸资源。该类湿草甸的草本植物质量好，产草量较高，是重要的畜牧业生产基地。

沼泽湿地还是多种湿地鸟类尤其是水禽与涉禽主要栖息的生境。如哈拉湖、花海、木里湿地，既是典型的鸟类湖泊栖息地，也是典型的沼泽湿地栖息地，拥有较为丰富的湿地鸟类资源，同时沼泽湿地还是重要的泥炭地，泥炭资源丰富。

第六章　旅游资源

第一节　人文景观

一、遗址

1. 塔龙滩古村落遗址

位于门源县东川乡孕牧龙沟口东侧高 100m 的台地上，其地平坦，东为上塔龙沟，北为高山，西为塔龙滩村一队，南为加多村。村前民门公路，附近有孕牧龙沟。遗址范围东西 20m，南北 100m，出土文物有陶罐、陶片，属卡约文化。文物由青海省文化厅文物管理处保存。

2. 孔家庄古村落遗址

位于门源县东川乡孕牧龙沟口西侧一平台上，北为高坡，西为山梁，南为东川乡乡政府和孔家庄村，东为孕牧龙口公路和孕牧龙水。遗址范围东西长 100m，南北宽 80m。1983 年出土腹耳罐一个。1987 年又发现古瓷陶片，属卡约文化。文物由青海省文化厅文物管理处保存。

3. 克图口三角城古文化遗址

位于门源县克图乡克图口东侧。出土文物有陶罐、陶片、釉片、单刃铁刀一把、灰陶壶一把。陶罐有花纹图案，口径 27.5cm，高 37cm，底径 4cm。以上均属宋代制品，现由青海省文化厅文物管理处和县文化馆分别保存。

4. 岗龙沟古窟、石塔、佛象遗址

位于门源县克图乡巴哈村东岗龙沟垴，石塔开凿在东西长 100m，高 50m 红砂石岩上，塔高 6m、宽 2m。塔腹部开凿石窟一口，其内供有红泥制造的许多佛像，石塔左侧凿有释迦牟尼佛像一尊。高 1.2m、宽 1.5m。右侧凿较小佛像一尊。塔的北部石崖口还有一座石崖，崖面上藏文六字真言和汉文"宝塔建在戊寅年"。石塔开凿年代：一说北魏太延四年（公元438 年），一说清初班固和加多寺阿卡"坐泉诵经"逐年凿成。确凿年代有待考证。属省级文物保护单位。

二、古城

1. 沙金城

门源县城西北 70km，宁张公路北侧，相传筑城时挖出沙金矿床而得名。城呈三角形，

东为硫磺沟水，南为断崖，西为鱼儿山（俄博山），西南有一哨台，长210m、宽120m。城墙底宽10m、顶宽2m。夯土层不清，有5个马面，高5m、宽8m，北为护城壕，深3m。出土文物有完整瓦片，属汉代建筑，县级文物保护单位。

2. 永安城

门源县城西50km处，据《西宁府新志》卷二"地理古迹沿革"记载，永安城东距县城百余里，清雍正三年（公元1725年）筑。因该地为甘、青通道咽喉设永安营。该城南北为438m、东西为353m，城墙高7.3m、厚6.7m、宽4.3m，大部完整；墙根夯土层3～6cm，上部分土层6～15cm；设东西2门，内门宽7m，外门宽5m、厚10m、顶宽4m；腰楼2座，炮台8座；城下壕沟深1.6m多。东西两门，原各建门楼，永安河经城西由北向南流。城东南有九道岭，河西有西凤山，山头有烽火台一座。县级文物保护单位。

3. 金巴台古城（威军城）

门源县北山乡大泉村西北，距老虎沟口5000m，西为高36m断崖，崖下有老虎沟水，南为下金巴台，东为白塔山。城墙残高1.52m、底宽8m，只有东门，门宽10m，城南北250m，东西200m，城内西侧有房屋建筑遗址，呈长方形，东西30m，南北40m。由于城墙毁坏严重，马面不清，该城唐代所建，即"吐蕃新城"。省级文物保护单位。

4. 古城

门源县城东南0.5km处有古城废址一处。据《大通县志》载，此城为宋神宗熙宁年间（1068～1071年）所筑。城北为县家具厂、水电局，东为古城台村，南临泉湾，西接窑沟槽。城高出浩河床80m，呈长方形，东西260m，南北240m。东面马面4个，南北各3个，每个马面长10m，底宽4.5m，顶宽4m。现存城墙高10m，底宽20m，顶宽7m。城只一南门，门宽18m，仍存旧路宽为7m。东西北均为城墙，有护城壕，西外围墙已毁，相传废于明天启年间。省级文物保护单位。

5. 峨堡城

祁连山东南部，宁张公路和峨祁公路交汇处，距县城72km。地处巍峨挺拔、绵延千里的走廊南山东段，自古是著名的天然牧场。原名博望城，约建于公元1206～1279年，东经100°7′、北纬37°9′，海拔3645m，系通往河西走廊之要道，"丝绸之路"南线至于此，亦是祁连至门源、西宁必经之地，为军事要塞。此城高10m，南北长280m，东西长230m，有东、西、南城门。北靠山而无门，内有一座城隍庙，呈不规则梯形，夯土筑。夯层厚10～12cm，城墙底宽13m，顶宽1.3～2.5m，城门在南城墙偏东向上，外有瓮城，墙厚13m。

三、寺院

1. 阿柔大寺

阿柔大寺原名"尕日登群派郎"，意为"具喜宏法洲"。这座寺院建修在祁连县东南24km处阿柔乡政府所在地的贡白加龙，因历史上为阿柔部落所在地，俗称"阿柔大寺"，寺院地处海拔2900m左右，坐北向南、前临八宝河，后靠加龙山。

据传阿柔部落原驻牧于海南藏族自治州兴海县城至果洛藏族自治州玛沁县雪山乡一带，初由阿柔完德扎巴旺秋的9个儿子繁衍的9个族份，另有阿柔德芒和阿柔芒拉木两个族份，共计 11 个小部落。共同组成阿柔部落（这些部落后来迁移游牧于青海湖北岸）。

该寺历史悠久，因社会历史原因，曾多次搬迁。清道光年间（1833 年前后），由于部落之间的隔阂和常受其他一些部落的侵袭和抢劫，当时部落头人却丹无能为力，群众七零八落，阿柔部落的一部分人连同僧众，于 1845 年离开了原籍，迁到刚察。在刚察温木穷、赞木车等地居住 6 ~ 7 年，又由赞木车迁入祁连地区的下拉、穷许、克什扎、老日根滩等地，1898 年迁到八宝地区。当时部落群众过着逐水草而居的游牧生活，寺院跟随牧民多次搬迁，直到 1946 年前夕，才在阿柔贡白加龙定居下来。至 1958 年前，在阿柔千户南木卡才项和百户阿多等人的支持下，该寺发展较快，会寺共有大小经堂 5 座（都是较大的牛毛帐房和蒙古包），僧舍和其他小型土木建筑 440 余间，寺僧达 250 人左右，其中大小活佛 15 人，为祁连地区的最大寺院。1958 年后，建筑多被拆毁。1980 年 11 月 20 日，阿柔大寺重新开放，仿西藏经堂建筑形式、建二层经堂一座，建筑面积 402m^2。另有客房 9 间，僧舍 66 间，茶房 3 间。现有寺僧 29 人。另新修 "叶登木大塔" 一座，高 12.26m。因该寺前身一直是帐房寺院，原经堂、佛堂文献等必须存放塔中，为此，建造了这座高大雄伟的大塔。

该寺的大型活动有农历正月祈愿法会，四月的守斋戒法会，六月的供养会和住夏活动，十月二十五的五供节以及显宗学院的四季学经期会和修供大威德金刚、马首金刚的仪轨等。

2. 百户寺

百户寺，藏语称 "百户贡尕通宝林"，意为 "百户具喜闻思洲"。坐落在海北藏族自治州祁连县默勒乡东北 7km 的百户寺沟，属藏传佛教格鲁派寺院。

这座寺院的前身是果洛地区的一座帐房寺院，清初由贡特活佛始创立。清代后期，随着本部落群众迁至海北地区。曾在刚察哈尔盖、海晏莫湘滩、门源苏吉滩一带活动。1929 年迁入祁连境内的默勒地区，先后在羊由沟、哈木日等地落脚。1943 年定居于现址。1944 年，十三世贡特活佛圆寂，经兴海县赛宗寺三世阿饶大师念经占卜，在旦巴部落一牧民家找到第十四世尕罗布藏贡特活佛，1952 年坐床任寺主，修建了 40 余间土房作僧舍，又添置帐房 30 多顶。当时，经堂、佛堂为帐房和蒙古包，有僧人 40 余人，其中活佛 6 人，管家 1 人，僧官 1 人，干巴 5 人。

该寺 1958 年被毁。1983 年批准开放，新建了能容 80 多僧人的经堂 1 座、佛堂 2 座、僧舍 37 间，现有寺僧 17 名，无主寺活佛。寺院藏经 300 余卷，泥塑佛像大小 67 尊，铜像 6 尊，画像 16 幅。主要供奉弥勒佛。

寺院节庆及主要经事活动有：农历正月初五开始，为期 9 天的祈愿法会；三月初六开始，为期 9 天的修供法会；四月十三日开始，为期 4 天的供养和守斋戒法会；六月十四日开始至八月初一，为期 45 天的住夏活动；从八月初一开始，为期 16 天的嘛呢会；九月十一日开始，为期 5 天的降凡节活动；十月十八日开始为期 7 天的法会；十一月十九日开始为期 6 天的诵经会；十二月二十七日开始又是为期 3 天的年终施食回遮法会。

该寺坐落在海拔 3400m 的 "满曲" 山草坪上，山腰上 "俄博" 高垒，香烟缭绕。寺内，经鼓声不息，入寺点灯、磕头者络绎不绝。

3. 仙米寺

仙米寺藏语全称为 "仙米噶旦达杰朗"，意为 "仙米具喜兴旺洲"，位于海北藏族自治州门源县仙米峡的讨拉沟。南距浩门镇 40 km，是门源地区最著名的藏传佛教寺院。1623 年

（明天启三年）由西藏哲蚌寺喇嘛方旦车主首建于甘肃天祝藏族自治县赛地，即贡麻上赛地赛尼沟，因而取名"赛尼寺"。以后汉语谐音为"仙米寺"。

据《安多政教史》载，明万历十二年（1584年），三世达赖索南嘉措东去蒙古，途经此地，他沿途宣传黄教教义，把现实世界比喻为一片苦海，指出普渡众生到达彼岸，走向极乐世界的惟一途径，要今生积极行善，以为来世享福铺平道路。他还提议建立一座寺院，起名为"噶旦达杰朗"。于明朝天启三年（1623年），在这里创建了寺院。不久，佑宁寺的小松布丹坚赞主持寺务，扩建寺院，建成四层楼高的大佛堂和具有60根柱子的大经堂，设立显宗经院，寺僧增至百余人，发展成为海北地区最大的格鲁派专院，冠盖一方。1724年，因罗卜藏丹津事件被清军烧毁。翌年，清廷派一等侍卫散秩大臣达鼎来青海办理善后事宜，将门源加尔多地方划归仙米，由四世阿群佛旦增成勒主持，选择了森林茂密，风景优美的讨拉沟依山傍水修建了现今的仙米寺，并题寺额为"显明寺"。

仙米寺建筑规模，按"正转七"设计，有8根通天柱，36根支柱的三层大经堂一座，系方形重檐歇山式，檐底全材用香柴束，梅花型全砌、殿脊嵌镶高丽铜塔和鸱吻俄兽等领饰，屋面覆盖蓝色阴阳瓦，椽、柱、门窗涂终漆，建筑绚丽。殿内供奉释迦牟尼、宗喀巴等佛像。存放的经典有《甘珠尔》四套。每套108本。其中西藏纳塘版两套，经面红色字，分别用金粉和银粉书写；卓尼版两套，均系墨色印字。《丹珠尔》两套，每套260本，系西藏版。另有印度大学者对《甘珠尔经》的注释，并有很多画像佛案。

寺院有4个昂，其电阿群为首，经堂内供有檀香木财神像一尊，供有阿群六世的骨灰灵塔及各种经典，还有相当珍贵的塑佛印模。其次是郭莽昂、堪保昂、夏郎昂。还有阿群下昂，昂内有五转七大经堂一座。

佛殿每根柱子都由栽绒龙图毯装饰，阿卡坐经的长条地毯3套，每套10条。

另建有茶房一座，现存护法殿一座12间，内供奉贡保等佛像。其中最宝贵的有四世达赖云丹嘉措赠送的卷轴画像一轴，寺院曾被烧毁，仅此佛像完好无损，因而又叫"法毛麦图玛"（意为火烧不坏的佛像）。

该寺主学因明（哲学），每年春天集体诵经两个月，称之为"攒经堂"，凡能诵经的阿卡都集中在经堂念经。夏、秋、冬每季各攒经堂1月。九月十六日献净水。

该寺在20世纪50年代有寺僧百余人，设有显宗经院，以风景优美和建筑精湛闻名于世，寺院环山，周围松柏茂密，寺前讨拉河水自北南流，清澈见底。寺院建在河西山坡，由低渐高，远望宛如多层楼台所组成，寺内树木成荫，香烟缭绕，院中有花园一处，假山流水，翠竹花卉，尤添姿色。

1958年，寺院关闭。1962年西北地区民族工作会议后，一度开放，入寺僧侣15人。60年代中期再次关闭。不久，除阿群昂欠外，皆被拆毁，景随寺去，一片瓦砾。1981年5月，仙米寺被批准开放。新修大小经堂各1座，平房30间。现有寺僧11人，恢复了往常的宗教活动。

4. 朱固寺

朱固寺藏语称"朱固贡手旦曲科林"，意为"朱因具喜法轮洲"。位于门源县浩门镇东偏南72km处，在今朱固乡珠固驿口，南临浩门河。该寺属藏传佛教格鲁派。

据《安多政教史》记载，早在明代后期，这里已有藏族僧人的修行静房一座。清顺治元年（1644年），今大通县广惠寺的创建者赞布顿珠嘉措资助该静房僧人仙米尼丹巴、多隆贡巴等将原来静房扩建为朱固寺。寺建成后，由阿力克本洛建立显宗学院，以后又增建密宗学院。

寺院四周群山环抱，古木参天，常有各种动物出没其间；山高峰险，景色壮观，行至峡谷，仰首张望，有"一线天"之感。朱固河环绕寺院，潺潺溪水，清澈见底，游鱼嬉戏其间。身临其境，顿生超凡脱俗的感觉。

清雍正元年（1723 年），在罗卜藏丹津反清事件中，朱固寺毁于兵乱。清雍正十年（1732 年），第二世敏珠尔罗桑丹增嘉措，任该寺法台，主持重建。《青海记》载，清时朱固寺有僧人 150 人。1958 年前，全寺有经堂等大小殿堂 3 座，昂欠 8 院，设有显宗学院和密宗学院，共有房屋 300 余间，寺僧 72 人。拥有土地约 200hm²，马 39 匹，骡 4 头，牛 2127 头，羊 3723 只。

该寺原由 9 昂 16 家组成，9 昂是整个寺院的基础，按其所拥有的势力大小排列，寺院拥有许多特权，规定了很多苛刻的处罚办法，并有班房和刑具。

1958 年寺院被破坏，建筑物仅存二层悬山式经堂一座，二层硬山式僧舍一处。1983 年重新开放，维修赞布昂欠的 10 间房屋为小经堂，并建僧舍 84 间，现有寺僧 6 人。

该寺每年农历十月二十五日念"洗脸经"，届时附近各民族群众争相观看，热闹非凡。

5. 上庄清真寺

上庄清真寺于民国 8 年（1919 年）6 月破土动工，翌年 1 月竣工，建筑面积 3500 m²。

大殿为右殿式砖木结构，直径均为 1.1m，前檐柱 4 根，正大梁 8 根，直径 0.9m；横架梁 24 根，罗钢梁托捧到脊高 9.9m，从基至堆花瓦 10.6m。正面 12 组木磊堆绣托云塔高 13 层，棚顶阴阳瓦，斗篷衬檐，甚为壮观。大殿正门 12 扇，雕有桂花套"八宝"花纹，两侧壁墙水磨青砖镶边，山门顶端八角唤醒楼高 8.9m，大殿前走道全用三色石子铺成花卉图案，南北厢房各 5 间。整座建筑融东方民族特色与阿位伯古老建筑为一体，显得宏伟，古朴典雅。

1984 年 9 月，在原址新建砖木结构大寺，建筑面积 6286m²，其中大殿建筑 440m²，雄伟壮观，成为祁连最大的清真寺。每逢"主麻日"或重大宗教节日，前来礼拜的信教群众逾千人。

第二节 自然景观

一、岗则吾结（团结峰）

岗则吾结位于天峻县西北尕河乡境内，海拔 5826.8m，是祁连山脉海拔最高的一座山峰。每当夕阳西下，晚霞轻飞，山顶晶莹冰川，熠熠闪光，由 6 个相对高差不大的山峰团聚在一起，组成一块状山体，故名"团结峰"。山体东西长约 240 km，南北宽窄不等，最宽处 35km，最窄处仅 5km。山地南陡北缓，是祁连山系中现代冰川最发育的一条山脉，共有 14 条山谷冰川，冰舌下伸到海拔 4600m 处，形成弧形终碛缓丘。北坡冰川较南坡规模大。在 14 条冰川中，最长者达 5km。海拔 4800m 以上，角峰、刃脊广布，冰川下面有明显冰蚀 U

形谷。在哈拉湖西侧的平缓山岭，也是白雪覆盖，终年不融。

二、冷龙岭

冷龙岭位于门源县东北西滩乡境内，海拔5007m。每当夕阳西下，晚霞夕照，山顶晶莹白雪，熠熠闪光，时呈殷红淡紫、浅黛深蓝。犹如玉龙遨游花锦丛中，变幻无常，故称为"龙峰夕照"。

冷龙岭和岗什卡两座高峰是我国分布最东段的现代冰川发育区。冰川总面积81 km²，其中，北坡内陆区48 km²，南坡外流区33km²，储水量26.768×10⁸m³，融水量0.77425×10⁸m³，年径流量6.6425×10⁸m³。每当湿润年，山区大量固态降水储存在这一天然水库中；每当干旱年，气温升高，冰雪消融，大量融水补给河流，起到旱年不缺水和调节径流年际不均匀性的作用。近几年，由于受全球气候变暖和过度放牧等原因的影响，冰川下缘上升很快，严重影响到冰川储量，从而影响了本区永安河、老虎沟、初麻沟等外流河的水量供给。同时，影响到祁连山内陆水系宁缠河、清阳河、水管河等8条河流的补给，影响了甘肃省境内的东大河、西营河的水流量。因此保护冷龙岭冰川，不仅关系到门源县祁连山北坡大面积夏季草场的安危，同时也关系到甘肃省河西走廊的水量供给，其生态意义十分重大。

区内分布有雪豹、雪鸡、白唇鹿、岩羊等野生动物和丰富的高寒植物种群。

三、黑河大峡谷

黑河——中国第二大内陆河，一路劈山凿谷，直奔内蒙古大沙漠。黑河全长866km，其中大峡谷长达450km，有约70km的神秘地带无人穿越。峡谷平均海拔为4100m，高差跌宕、雄伟神奇，别具风光，是科学考察的最佳地带和旅游探险的绝好去处。

黑河峡谷具有独特的气候环境和丰富的自然资源。峡谷内冰川广布，海拔4200m以上的冰川有800余处，冰川储量为11.51×10⁸m³，全年冰融量2.38×10⁸m³。由于该峡谷位于河西走廊之南，是北祁连地区地势最高、切割最深的地带，纵横构造运动及流水切割，形成黑河中上游东西岔峡谷。峡谷两岸峭壁林立，使东南暖湿气团很难到达，形成了相对的雨影区和冰川区，自然景观奇特。

特殊的自然环境，孕育了纷繁珍贵的动植物资源。峡谷两岸生长有名贵的冬虫夏草、雪莲、黄芪、羌活、秦艽、藏茵陈、柴胡等380余种名贵药材，分布广，采集量大，是一个天然的药材生产宝地。青海云杉、祁连圆柏、桦、杨、柳、沙棘等为主的天然林区保护完整。林内有野牦牛、盘羊、白唇鹿、马鹿、岩羊、雪豹、棕熊、黑顶鹤、玉带海雕、藏雪鸡、蓝马鸡等珍奇动物来回穿梭。同时峡谷两岸也是个天然矿床，其中双岔沟和黑刺沟石棉均属大型矿床。玉石沟铬铁矿和郭米多金属矿是国内少有的大型矿床。此外，金、铅、锌、锰、宝玉等的品位高，储量相当大。闻名遐尔的玉石沟宝玉，又称祁连翠，早在唐代就以"夜光杯"而闻名天下。白石崖、芒扎、石街子等煤矿，天篷河金矿、小八宝石棉矿现在已经享誉省内外。

四、狮子崖

位于祁连县城西北70km宁张公路北侧。居永安城西北，是通往甘青之关山隘口，其口有一约百米长的悬岩峭壁，将西北延伸山谷隔为两段，构成关内外各异之势，靠南麓劈山为路，是"一夫当关，万夫莫开"之塞口，岩壁左右怪石林立，形态各异。北坡约 500m 高处，有一对巨石，凌空而立，形同雄狮，坐北向南。一尊侧西向关注前方，一尊翘首眈视，远眺东路，予人以雄狮镇关之感。

洞底瀑布中挂，雾雨腾升。视其洞口，溪流夺击出，遂成小潭，潭底温泉涌出，翻腾潭面。中一礁石，突出水面尺许，中有一喷口，射出水花高约 2m。其水温热可浴。尤属优质矿泉水。

五、花海鸳鸯

花海俗称乱海子。位于县城西约 30km 的盘坡南侧。其湖百十泉眼，汇集汪洋，边际隐约，约数十公顷。湖水清澈，千波动荡。水底涵石片片，形似莲花。时有赤麻鸭对对双双，随波上下，欢乐无穷。夏秋风和日丽，景色明朗之时，湖面如一明镜，浮光闪烁，山川倒映，景色幽雅。《西宁府新志》列为一景。

六、照壁凝翠

照壁山，耸立在大通河南岸。其形如桃，桃峰直刺云天，横断面成壁。面对宋代古城南门，故名。壁面遍生云杉，间有灌木丛生，常年碧翠，景色十分壮观。每逢夏秋，林间野花竞艳，清香扑鼻，野生樱桃、狭果茶藨子、悬钩子随意可摘。微风起时，松涛作响，波声和奏。朝晚霞光与山林翠色相映成趣，景致优美，列为门源一景。

七、雾山虎豹

雾山，今朱固乡寺沟口对面，大通河南岸一带。此山四时风光拥翠，石角浮烟，望之若雾，遍山嘉木，扶疏有致，浓荫蔽日，山势险峻，怪石嶙峋，谷风鸣声，闻之若虎豹咆哮。传说山中有虎豹，匿迹林岩，然与世人无害，称为灵物。故雾山亦称为神山。《大通县志》列为一景。

八、牛心山

牛心山距祁连县城以南 2km，藏语称阿咪东索，意为"众山之神"、"镇山之山"，是受到尊崇的一座神山，峰巅形态酷似牛心，故人们称作"牛心山"，成为祁连山县的象征物。

牛心山海拔 4667m，这在青海高原众多山峰中只能算是小字辈了，可它同县城八宝的相对高差达 1880m，显得异常挺拔高耸、气势雄浑，一年四季山顶部云雾缭绕，给阿咪东索笼罩了一层浓浓的神秘色彩。还由于如此之大的高差，自然景观的垂直带谱表现得十分明显，就是在盛夏季节，一山可观赏到四季风光；山体底部麦浪翻滚，油菜花香，一派高原河谷农家景象；向上看绿草如茵，满山遍野的牛羊似天上降落的星星；中部以上广阔区域灌木丛生、青松圆柏苍翠，显然一派林海风光；再向上从稀疏植被逐渐过渡到石山，峰顶部皑皑白雪终年不化。这一幅尽善尽美的高原自然风光，使更多游人赞叹不已，流连忘返。

阿咪东索南坡有一处怪石嶙峋的石林，当地人称佛爷崖，其地貌造型如虎豹相戏、凤凰回首、和尚打坐、游人小憩……北坡有牛心山拱北，建筑古朴典雅，成为当地穆斯林群众活动中心之一。

九、亚洲最大的半野生鹿场

祁连鹿场位于祁连县城西 40km 处黑河谷地南侧，托勒山北麓，谷地内平展开阔的山前倾斜平原上，牧草肥美；半山腰青海云杉原始森林连绵不断；向上则基本为石质露岩地，其上覆盖着终年不化的积雪冰川。鹿场占地面积 1800hm²，海拔从北部的黑河谷地 3200m，向南逐次升高，最南端的托勒山平均海拔在 4200m 以上。

鹿场始建于 1958 年，养殖种类为马鹿和白唇鹿。1964 年从东北地区引进梅花鹿养殖获得成功。现该场驯养有马鹿、白唇鹿和梅花鹿优良鹿种千余头，成为目前亚洲最大的鹿类半野生驯养基地。

第三节　景观资源评价

祁连山自然保护区地处海西州和海北州的北部地区，该区旅游资源丰富，景观独特，具有青藏高原北部所独有的高原森林草原风光。雪山、冰川、河流、珍禽、异兽、绿林、奇泉、盐湖、残丘、玉塔、仙洞、草原、幽峡、陡崖、飞瀑、曲径等等，有的苍茫突兀，有的雄伟挺拔，有的妙趣横生，有的惊险异常，有的安逸舒神，构成了一幅幅胜景；蓝天白云，茫茫草原，成群牛羊，奇花异草，加之丰富多采的民族风情，神秘莫测的宗教文化，使得这里成为人们神往的地方，更是旅游者领略高海拔生态旅游的乐趣、观赏珍贵的高原动植物以及进行探险和科学考察的绝好去处。

在祁连山的群山峻岭之中，山脉多耸立挺拔，石骨峥嵘，群峰叠嶂，巍峨起伏。山脉多为现代冰川发育的寒冷风化及冰水侵蚀作用强烈的剥蚀构造高山，隆起幅度大，地形切割强烈，在海拔 4000m 以上雪山遍布，现代冰川发育，冰斗、角峰、刃脊及 U 形谷多见，海拔 3800m 以上，冰川作用明显，残存着各种冰蚀地形和冰积物。祁连山山势巍峨，积雪难融，有诗形容"四时积雪明，六月飞霜寒"，"祁连积雪静险氛，直上青霄冻塞云。霜气逼空秋未到，岚光无月夜还分。"

祁连山地自然地理垂直景观变化十分明显，海拔 2800m 以下为温性草原带，河谷地带小块农田种植油菜、青稞、大麦、燕麦等，夏秋季节金黄色的万亩油菜花漫山遍野，香气扑鼻，麦浪翻滚，形成山间平原独有的人工景区；在海拔 2800～3200m 分布着以挺拔清翠的青海云杉、祁连圆柏为主的寒温性针叶林及针阔混交林，海拔 3200～3700m 生长有杜鹃、山生柳、沙棘、金露梅、锦鸡儿等为主的灌木林，描绘出一个郁郁葱葱的绿色世界；海拔 3700～4000m 是高山草原带，牧草如茵，野花妖娆，如锦如毯，牛羊遍地，一派悠然情怀。

祁连山地区河流纵横，水网错综。托勒河、黑河、大通河、疏勒河、石羊河、布哈河等河流参差发育，间有涧溪无限，这些或大或小的河流将祁连山的冰雪融水源源不断地输送到祁连山的东西南北，从而也创造了祁连山区的无限风光。这里夏日水草丰美，绿波荡漾，鲜花烂漫，牛哞羊咩，流水潺潺，如歌如织；冬季雪拥荒野，温水腾腾，碧玉流泻，叮当宛然，"祁连雪霁当窗色，黑水溪声入定空"。"雪消众壑愁飘石"，由于剧烈的冲刷和长期的切割，形成了垂直景观十分显著的峡谷景观，如柯柯里、油葫芦、大通河仙米峡谷、黑河下游峡谷等，幽深嶙峋，重峦叠嶂，引人入胜。

祁连山自然保护区是一个有着3000多年历史的卡约文化、辛店文化的多民族聚居的地方，汉、藏、蒙古、回、撒拉、土、东乡等多个民族群众聚居在一起。各族人民热情宽厚、勤劳勇敢、豪放彪悍，其文化传统异彩纷呈。藏族歌舞粗犷雄健，刚劲有力，洋溢着刚健、勇猛之美。野炊的乐趣定会使人们忘却了尘世的烦恼，草原盛会上皮靴轻蹈、长袖飘舞、惊心动魄的赛马振奋人心。

一、地文景观独特奇异

祁连山自然保护区地处青海省祁连山系，区内地貌繁杂，神功天成。山势雄伟、山景丰富，怪石嶙峋俊俏，雄、奇、险、幽、秀、美融为一体。悬崖绝壁，惊险异常，奇峰怪石，自然造化，形态各异，层峦叠嶂，雪峰林立，怪石嶙峋，形态万千，令人神清气爽，胸臆顿开。

沟谷狭阔相间，峡谷突兀险峻，呈现出险峻幽深的峡谷景观特征。随着峡谷的宽窄变化，河流呈现出滩谷相连，狭阔相间的景象，使游人产生强烈的空间收放节奏感。走进峡谷深处，群山重峦叠嶂，森林遮天蔽日，水流缓急相间，给人以不同的美的享受。悬崖峭壁之下时有天然石洞，洞内滴水形成冰柱，长年不化，洞外鲜花盛开，春意融融，咫尺天地，包揽春、夏、秋、冬景色。

悬崖岩层突兀整齐，草原牧场宽广阔秀，造成了鲜明的形象对比，给人以强烈的视觉冲击；雪山冰川横亘千里，突岩诡崖五颜六色，色彩斑斓，如梦如幻；山间盆地，一马平川，田园风光，溢光流彩。

如此形象多样、色彩纷呈的祁连山区自然地理景观，是天之造化、地之恒韵、人之天堂。

二、植物景观丰富多采

保护区植被垂直分布明显，形成由下而上依次更迭的杨桦阔叶林—针阔叶混交林—原始针叶林—高山灌木林—高寒草甸—高山寒漠草甸植被类型。既有莽莽苍苍古朴神秘的云杉林，又有婆娑多情丰姿绰约的山杨，也有山花烂漫的高山灌丛林和芳草萋萋的高山草地。优美的植物景观不仅随空间分布变化万千，而且随季相变化也十分明显。春天，万物复苏，五彩缤纷，植物形态千变万化，散发着妩媚动人的芳香。高山灌丛，百花盛开，群芳争艳，金露梅、银露梅竞相开放，春意盎然，漫步花海，径幽香远，使人顿觉心旷神怡。夏季，漫山浓荫滴翠，葱绿一片，高山草原，嫩绿点点，莽莽云杉，青翠挺拔。漫步其中，游人可领略森林绿野、鸟语花香的自然景色，嗅到各种树木花卉散发的清香，尽情享受自然美，使人顿感清新舒畅，精神旺盛。既增进了身心健康，陶冶情操，又增长了自然知识。秋季，红叶如染，野果匋匋，落叶飘零，又是另一派景象。冬季，草木萧疏，杨桦凋零，青松伫立，雪压枝头，银装素裹，枝冠不同，形状有异，仿佛银柳闪烁，玉菊怒放，满树梨花，一派北国风光。

以青海云杉为主体的原始森林景观，林木挺拔茂密，林相古朴幽美，森林生态系统完善，森林气息浓郁，具有一定的代表性、典型性和稀有性，具有很高的艺术观赏价值和科学研究价值，可作为标本采集、登山野营、休闲疗养、康体保健的上佳去处。

三、水域风光丰富

区内山峦纵横，水景与山景浑为一体，正如古人云"山得水而活，水得山而媚"，"因山而峻，因水而秀"。这里既有急流奔腾滚珠溅玉的河流，形姿绰约静谧如镜的高山湖泊，还有水质甘甜冬夏不竭的涌泉。区内水体清澈透明，水质清冽甘美，暑热口渴之时，取之即饮，无异于甘露仙霖，用以沏茶醇正清香，沁人心脾。

众多高山高原湖泊，四周雪峰林立，河流纵横，水色清碧，微波漪澜，湖光、山色、雪峰、草甸交相辉映，景色如画，宛如"瑶池"再现，令人心臆顿舒，乐而忘返。

黑河、托勒河、疏勒河、大通河、布哈河、石羊河等大小河流从入云冲霄的雪山冰川下穿涧流峡跌宕而下，蜿蜒逶迤，以排山劈岩之势奔涌向前。两岸奇峰耸立，山重水复，幽涧深潭，鸟语花香；水流湍急处，激流若奔，滚珠泻玉；水流平缓处，清流浅湾，一泓碧水，芳草如茵。

有动有静，有色有泽，有桀有驯，有形有影，有源有势。

水景万千，风光无限，领略生命之力量，洞悟自然之道义，莫过于祁连之水。

四、气象天象景观惟妙

保护区地处高山区，气象天象景观非常丰富，时常可以看到一些与其他山川迥异的奇特天象气象景观。

天如汪洋，深不可测，其蓝如染，令人陶醉。

云海茫茫、薄雾朦胧；日出月落，彩光普照；浓雾来时，如烟如幕；薄雾飞来，山峦潜影。云海景观更是迷人，时而山中白云缭绕，崖下浮出一片片白云，冉冉上升；时而黑云压顶，低云密布，山雨欲来，而山下却丽日晴空。有时狂风大起云涌似潮，上下翻腾，波涛滚滚，一会儿烟消云散，一片晴空，万物皆现，变化之多，难以卜测，短短的时间内，可以品味到春、夏、冬的滋味，领略魅力无穷的大自然之美，真是妙不可言。

终年积雪的高山雪峰为一大奇观。从远处眺望，白雪皑皑，玉柱冲天，银光四射；翠绿与洁白交相辉映，银装素裹，分外妖娆。走进这冰雪世界，置身顶峰放眼望去，翠绿与洁白界线分明，酷暑和寒爽犹如瞬间。山崖上、槽谷中、叠嶂上，如雪海，如素装，如白帐，千姿百态，令人目渐疲倦。晴空下，七彩夺目，星月下，耀眼如灿河。难怪人们在领略了雪峰的奇丽后，诗云"朝辞盛夏酷暑天，夜宿严冬伴雪眠，百里春花秋叶落，四季风光一日间"。

每当夕阳西下之时，天际晚霞轻飞，紫云飘摇，圣山之巅冰雪晶莹，熠熠闪光，时呈殷红淡紫，而现浅黛深蓝，疑为霓虹变幻，实乃自然天成，谓之"雪峰夕照"。

气象天象绝伦美妙，漫步在这变幻无穷的天幕之下，除却烦恼，了然轻松。

五、高原气候凉爽宜人

祁连山地处高寒山区，属大陆性气候。地势高峻，空气稀薄干洁、透明度大，日照充足，太阳辐射强烈，冬季寒冷，夏季凉爽。保护区内气候凉爽，夏无酷暑，春、夏、秋三季景观相异，季相丰富，光照充足，紫外线强，杀菌消毒，空气芬芳清新，富含负氧离子，具有发展旅游业得天独厚的气候环境条件。

六、宗教文化高深莫测

众多的寺院，万千虔诚的信徒，构成了一个静如湖水，却又丰富多采，高深莫测，却又平易近人的宗教社会。神像、经书、建筑在山岭丛中，在绿林掩映之下，固守着雪山的圣洁；颂经之天籁声音，飘扬着的无数经幡，保育着一方平安。是信仰的力量，是高深的天道，总之，对外界而言，这是神秘的乐土，是令人产生"到此一游"的客观源动力。

七、民族风情纯朴诱人

藏族、蒙古族、回族、土族、撒拉族、汉族等多个民族，构成了祁连山自然保护区特有的种族结构，也汇聚了多种民族风情。其生活习俗、服饰特色、饮食居住、婚丧嫁娶、文化娱乐、社会风尚等等，都构成了旅游者探寻的对象。淳朴好客的各民族人民，在生生不息地继承着他们的文化传统，同时也在不断地相互影响、相互渗透、相互学习，共同发展。但是他们的勤劳、淳厚、朴实、勇敢、豪放、耿直、聪明，他们的能歌善舞、争强好胜、热爱运动、自立自强的优良传统都构成了诱人的"无形资产"。

八、生态教育和教学实习科研的"国家公园"

祁连山地区自然环境条件特殊，自然生态系统比较脆弱，由于地广人稀，人为活动和影响较小，高原自然景观保存比较完整，高寒类型的野生动植物资源比较丰富，其水源地的作用相当巨大，因此保护好各种类型的自然生态系统及各种资源显得十分重要。在生态环境的重要性日益突现而成为当今世界的共同议题的时候，对祁连山地区的生态系统、景观资源以及各种特有野生动植物的系统研究和生物多样性研究将对生物圈系统的发展演化研究做出重要贡献，对该地区人类社会经济系统与自然保护区之间相互关系的研究也将对我国乃至世界自然保护区的科学管理与合理经营从而可持续发展发挥重要的作用。因此，该区域不仅是进行生态教育、教学实习的典型地区，更是进行生态环境监测、生态研究的重要地区。

第七章　环境现状及评价

第一节　主要环境要素

一、水

1. 冰川

祁连山发育着现代冰川，冰川覆盖面积 1334.75km²，冰川储量为 615.49 × 10⁸m³，其中黑河、八宝河流域冰川面积 290.76 km²，占祁连山冰川面积的 21.78%，冰川储量 103.74 × 10⁸m³，冰川储水 2.21 × 10⁸m³。其中青海省境内冰川覆盖面积 717.43km²，占 53.8%，冰川储量 355.02 × 10⁸m³，占 57.7%。

2. 河流

黑河是仅次于塔里木河的全国第二大内陆河，跨青海、甘肃、内蒙古 3 省（自治区），发源于青海省东北部祁连山支脉走廊南山雅腰掌、野牛沟乡洪水坝的八一冰川，河源海拔 4120m。黑河全长 956km，流域面积约 7.68 × 10⁴km²，保护区境内干流长 233.7km，集水面积 5089.4 km²，流域面积约 10 000km²，年径流量 18.02 × 10⁸m³，年均流量 57.1m³/s。河水补给来源为冰川消融和大气降水。主要支流有小水沟、夏拉河、油葫芦沟、龙王沟、上柳沟、扎麻什河等支流。水力资源极为丰富，祁连县境内可开发 6 座梯级水电站，总装机容量 15.7 × 10⁴kW。

八宝河是黑河一级支流。源于祁连山南麓景阳岭南侧拿子海山，河源海拔 3870m，自东向西流经峨堡、阿柔、八宝 3 乡，至宝瓶河与黑河汇合，流程 108.5km，集水面积 2508 km²。补给来源为冰川消融和大气降水。据甘肃省祁连水文站 16 年资料，该站集水面积 2452 km²，多年平均流量 13.37 m³/s，年径流量 4.22 × 10⁸m³。八宝河上游称峨堡河，中下游称八宝河，有大小支流 50 余条，主要有天篷河、小八宝河、青羊河、拉洞河、黑泉河、冰沟河等。现在建有水电站 3 座，总装机容量 4735kW，年发电量 1000 × 10⁴kW。有配套电灌站 2 座，灌溉农田约 200hm²。

托勒河属内陆流域祁连山水系，发源于祁连县托勒山南麓的纳尕尔当，河源海拔 4142m，河源处有大面积沼泽。河从东南流向西北，流经托勒牧场段家土曲处入甘肃省境后改名为北大河。青海境内河长 110.8km，流域面积 2779 km²，主要支流有热水、白河套、瓦红斯、五个山河等。径流补给以降水为主，年径流量 3.73 × 10⁸m³，平均流量 11.8 m³/s。

疏勒河位于天峻县境内，发源于疏勒南山东段纳嘎尔当，往西北流经苏里地区，出省后入甘肃省称昌马河。疏勒河源头海拔 4350m，出境处海拔 2850m，落差 1450 m。青海省境内干流长 222.6km，流域面积 7714.02km²。花儿地水文站多年平均流量为 22.68 m³/s，年径流量 7.152 × 10⁸ m³。

大通河发源于天峻县境内托莱南山的日哇阿日南侧，河源海拔 4812m。干流自河源流经青海省刚察、祁连、海晏、门源、互助县和甘肃省的天祝、永登县，在青海省民和回族土族自治县的享堂注入湟水。大通河河长 560.7km，其中青海省境内河长 454km，青、甘共界河长 48km，流域面积 15 130km²，其中青海省境内流域面积 12 943km²。

3. 地下水

地下水水资源量 26.31 × 10⁸ m³，其中，内陆河（疏勒河、黑河、托勒河）流域 13.67 × 10⁸ m³，大通河流域 12.64 × 10⁸ m³。

4. 水资源总量

保护区水资源总量 60.2 × 10⁸ m³，其中内陆河流域水资源总量为 34.6 × 10⁸ m³，大通河流域水资源总量 25.6 × 10⁸ m³。

二、土地

保护区辖乡（镇）土地总面积为 342.00 × 10⁴ hm²，其中，牧地面积 225.18 × 10⁴ hm²，占 65.8%；林业用地面积 37.93 × 10⁴ hm²，占总面积的 11.1%；农田 5.77 × 10⁴ hm²，占 1.7%；水域 0.55 × 10⁴ hm²，占 0.2%；未利用地面积 72.14 × 10⁴ hm²，占 21.1%；其他土地 0.44 × 10⁴ hm²，占 0.1%。在林业用地中，有林地 5.33 × 10⁴ hm²，灌木林地 29.00 × 10⁴ hm²，森林覆盖率 9.4%。

三、动植物

保护区野生动植物资源丰富。估计种子植物 600 余种。国家Ⅰ、Ⅱ级重点保护野生动物 20 余种，其中，国家Ⅰ级保护野生动物有雪豹、野牦牛、西藏野驴、白唇鹿、玉带海雕、胡兀鹫、黑颈鹤等；国家Ⅱ级保护动物有马鹿、盘羊、马麝、猞猁、蓝马鸡、棕熊、岩羊、淡腹雪鸡、猎隼、游隼等。

第二节　保护区主要环境问题

本区地处高寒，自然条件严酷，生态环境十分脆弱。由于气温升高、降水减少等气候因素的影响，使原本脆弱的生境条件更加趋于恶劣，加之人们缺乏对生态环境的保护，对林木滥伐乱樵和对草地过度放牧，从而加快了生态的恶性循环。

一、草地退化

由于干旱、鼠害、毒草蔓延和放牧过度，导致天然草地大面积退化，草地生产力下降，尤其是冬春草地退化更为严重。保护区内现有退化草地面积 40.46 × 10⁴ hm²，占保护区草地总面积的 18.2%，其中中度退化草地 24.75 × 10⁴ hm²，重度退化草地 9.35 × 10⁴ hm²，极重度退化草地 5.96 × 10⁴ hm²。据有关资料，祁连县天然草地产草量已由 20 世纪 60 年代初的

$4875kg/hm^2$ 下降到 $2370kg/hm^2$，减少了 51.4%。草地退化使草地植被变得稀疏、低矮、地表裸露，易受水蚀、风蚀，加速了土地荒漠化进程，草地生态环境日趋恶化。

二、水土流失、土地沙漠化

由于受风、水、冻融侵蚀，保护区水土流失面积已达 $58.2 \times 10^4 hm^2$，占土地总面积的 15.9%，其中：水蚀面积 $28.1 \times 10^4 hm^2$，风蚀面积 $11.7 \times 10^4 hm^2$，冻融面积 $1.4 \times 10^4 hm^2$。由于水土流失严重，大量的泥沙流入河流。据祁连扎麻什水文站观测，黑河河水含沙量 $1kg/m^3$，多年平均输沙量达 $96 \times 10^4 t$，年输沙模数为 $210t/km^2$。

由于草地重牧、滥牧，导致草地植被迅速退化、沙化。祁连县 70 年代在托勒河谷分布有少量的沙化草地，现已达到 $0.8 \times 10^4 hm^2$，峨堡乡沙窝头地区原本水草丰美，植被盖度达 70% 以上，由于过往牲畜频繁，过度采食，导致草地迅速退化、沙化。1978 年，该地区草场沙化面积仅 $30.0 hm^2$，现在已扩大到 $0.17 \times 10^4 hm^2$。

三、雪线上移、冰川退缩

由于受全球气候变暖的影响，温室效应在祁连山地特别明显，黑河源头雪线由 60~70 年代的 3800m 上升至目前的 3950m 以上，源头冰川消融速度加快，冰川面积仅剩 $290.7 km^2$，储量仅为 $103.7 \times 10^8 m^3$，年冰川融水量达 $2.21 \times 10^8 m^3$。

四、野生动物数量减少

50~60 年代以前，保护区内野生动物资源十分丰富，70 年代以后，由于滥捕乱猎，野生动物栖息生境遭到严重破坏，野生动物数量急剧减少。据 1990 年中国科学院西北高原生物研究所对祁连县野生动物调查数据显示，白唇鹿、马鹿种群量和麝资源较 80 年代中期呈明显下降趋势，其他野生动物数量也有不同程度下降。祁连县野牛沟地区是野牦牛生存和繁衍的场所，以野牦牛种群数量多而得名，但目前大部分地方却见不到野牦牛的踪迹，惟有油葫芦由于特殊的封闭性自然地理条件因素，野牦牛才得以幸存下来。因此，建立自然保护区，对加强境内的野生动物的保护和管理，拯救国家珍贵、稀有、濒危野生动物，恢复和发展野生动物的自然种群具有十分重要的现实意义。

第三节　影响保护区环境的主要因素

一、自然因素

1. 气候

据 1957~1999 年保护区气候分析，保护区南部（祁连、门源）和保护区北部（托勒、野牛沟）气温总体上都呈上升趋势，变化倾向率分别达到 0.228℃/10 年和 0.256℃/10 年，要高于青海省和整个青藏高原的升温率 0.16℃/10 年，也明显高于全国的升温率 0.11℃/10 年。这种升温过程主要表现在 20 世纪 90 年代，在南部地区冬、春、夏季升温均达到 0.6℃ 以上；在北部地区春、夏季升温也达到 0.6℃以上。保护区变暖是对全球变暖的响应，只是保护区变暖的程度更高、更快。保护区南部年降水量呈弱的增加趋势，变化倾向率约为 2.0mm/10 年；北部地区降水增加量比南部更明显，倾向率为 8.2mm/10 年。这种正倾向率的形成，主要是由于在 20 世纪 80 年代是一个多雨时期，造成总的正趋势。进入 90 年代降水开始明显减少，年蒸发量明显增加，冰川消融速度加快，草地枯草期提前，草地产草量下降。

2. 鼠虫危害

保护区害鼠种类主要有高原鼠兔、中华鼢鼠和高原田鼠，以高原鼠兔分布最广，危害最大。高原鼠兔分布在海拔 3200 ~ 4200m 的温性草原类和高寒草甸类草场，尤以草甸草地为甚。由于鼠兔为群居鼠类，密集分布，数量极大。据祁连县调查，鼠害发生面积 $9.67 \times 10^4 hm^2$，平均有效洞口 250 个/hm^2，年损失牧草 $1.82 \times 10^8 kg$，相当于 11 万只羊一年的食量。鼠兔不仅大量采食优良牧草，与牲畜争食，更为严重的是洞道密集、纵横交错，使草地植被受到不同程度的破坏，造成草地水土流失，肥力衰减。主要表现为：一是鼠兔挖出的土丘、土坑覆盖草地，抑制了优良牧草正常生长；二是鼠兔洞穴穿透草皮，形成大量地下空洞，使优良牧草难以生长，逐渐被毒杂草替代，特别是经夏秋雨水冲刷和冬春冻融侵蚀的影响，使大量草皮逐块塌陷，次生裸地逐渐扩大，演变为俗称的黑土滩；三是鼠兔破坏草皮，形成次生裸地，使土壤水分和肥力递减。

区内蝗虫危害面积 $12 \times 10^4 hm^2$，毛虫危害面积 $3.02 \times 10^4 hm^2$。蝗虫主要在干草原类草地上分布，干旱年份危害最重，常常将牧草觅食一光，危害较大。毛虫在高寒草甸类草地上分布，扩散地域广，主要集中在门源的皇城乡和祁连的多隆乡等地。因虫害年损失牧草 $6729 \times 10^8 kg$，相当于 3.24 万羊单位全年需草量。

二、人为因素

1. 草地超载过牧

畜牧业的发展使牲畜数量迅速增加，20 世纪 70 年代牲畜头数比新中国成立初期增加了 1 倍多，从 80 年代开始，牲畜数量保持在 160 万头左右。据 80 年代统计资料分析，区内各类牲畜折合 270.2 万羊单位，草地载畜能力 201.6 万羊单位，超载 68.6 万羊单位，超载率 34.0%，特别是冬春草地超载更为严重。由于天然草地长期超载过牧，牲畜过多啃食牧草，草地得不到休养生息的机会，草地植被盖度降低，产草量减少，草地退化。草地超载过牧是区内生态环境恶化的主要原因。

2. 草地大量开垦

区内大通河谷地（门源盆地）在 20 世纪 50 年代是水草丰茂的草原，当地群众有在秋季割草备冬补饲牲畜的习惯。从 50 年代末开始，门源地区大量开垦种地，使大片优良冬春草地被毁，天然刈草地已不复存在，草地牲畜严重超载。据不完全统计，门源地区被开垦的土地有 20 000hm² 左右，比新中国成立初期增加了 1 倍多，约占门源县土地总面积的 2.95%。由于长期农作活动使门源地区的生态环境发生明显变化，干旱、风沙危害日趋严重，周边草地发生土地荒漠化，沙化面积达到 305hm²。

3. 森林资源破坏严重

50 ~ 70 年代，区内森林资源因过量砍伐，毁林开荒，毁林放牧，滥樵灌木林等，使森林资源遭受严重破坏，水源涵养功能减弱，水土流失加重。祁连山林区 1952～1980 年的 28 年间共采伐木材 $31.66 \times 10^4 m^3$，森林面积比新中国成立初期减少了 16.5%。50 年代大通河林区（门源）毁林开荒 $1330hm^2$，林木采伐过量，造成林地林相变坏，卫生条件变差，病虫害多。

4. 偷捕滥猎

以祁连县为例，1951～1955 年全县猎获藏野驴 190 头，野牦牛 286 头，马麝 360 余只，盘羊 900 只，雪豹 8 只，鹿 200 头，猞猁 21 只，岩羊 660 余只，藏雪鸡 1700 只，喜马拉雅旱獭 1200 余只；1958 年祁连县供给某食品公司野牦牛肉 15 000kg，岩羊肉 3500kg，另有藏雪鸡、藏野驴等；1960～1962 年为渡过"三年自然灾害，经济困难"时期，县境内猎获野生动物 $90 \times 10^4 kg$ 多，年均 $30 \times 10^4 kg$。祁连县畜产公司仅 1966 年就收购鹿茸、鹿尾、鹿鞭、鹿筋、麝香、豹骨、熊胆、熊掌等 1941kg。可以看出当时捕杀野生动物的疯狂程度。进入 80 年代，由于野生动物价格不断攀升和野生动物管理工作力度不够，暴利促使一些不法分子对野生动物滥捕乱猎，致使野生动物数量锐减。据 1992 年野生动物调查数据显示白唇鹿、马鹿、马麝的种群数量较 1989 年下降了近 85%。

第四节　环境影响评价

一、环境影响评价分析类型的划分

1. 环境影响评价分析类型

参照世界银行及亚洲开发银行项目工作指南，将环境影响评价分析类型按照环境问题性质、潜在的影响程度以及敏感程度等因素分为 4 类：

A 类：很少引起重大不利环境影响的项目；

B 类：项目可能对环境造成不利的和重大的环境影响，但采取现有的防治措施可避免或减缓其可能造成的环境影响；

C 类：项目可能对环境造成不利的和重大的环境影响；

D 类：以改善和保护环境为目的的环境保护项目。

2. 环境影响评价分析类型的划分

对祁连山自然保护区拟建的工程项目逐一进行分析评价，将可能造成的环境影响的项目按照以上 4 类，进行归类（表 7-1）。

表 7-1　拟建工程项目环境影响评价分析一览表

类型	工程项目名称
A	局站址建设、道路修建、管护点建设
B	生态旅游开发
C	—
D	湿地保护、森林草原植被保护、植被恢复、多种经营项目、移民工程、禁牧工程、宣传碑牌、围栏建设、防火瞭望塔、野外监测观测点、野生动物救护驯养中心等

从表7－1可以看出，本次规划拟建的工程项目以 A 类和 D 类为主，B 类项目只有生态旅游开发一项，不存在 C 类项目。

二、环境影响评价分析

1. A 类项目的环境影响分析

A 类项目是主要以小型土建工程为主的项目，其对环境的影响一般只存在于建设过程中，建成后对环境基本没有影响。按照实施地点的不同，这类项目可以分为以下两类：

（1）不在保护区范围内的 A 类项目　该类项目主要是局址、站址等建设项目，将要纳入西宁市城市建设项目之列，以及海晏县、德令哈市、天峻县、祁连县、门源县城镇规划项目之列，其规划建设的配套设施比较完善，工程建设之中以及建成后的使用过程中，都不会对保护区的环境产生直接影响，对于城市环境的影响将由所在城市具体解决。

（2）在保护区范围内的 A 类项目　该类项目主要包括道路修建、基层管护点建设以及配套附属工程等。其实施地点主要在实验区内，对环境的不利影响主要表现在工程建设过程中产生的生活垃圾与工程废料对环境的污染，但这种影响随着工程结束而消除。工程建成之后则由于各种配套设施比较完善，对各种污染源可以进行科学合理的治理，因而一般不会对环境造成大的不利影响。

由此可以看出，A 类项目对环境造成的不利影响甚微。相反，实施这些项目却可以间接产生大的有利的环境影响，这正是规划和建设这些项目的根本原因所在。

2. B 类项目的环境影响分析

本次规划的拟建项目中，仅生态旅游工程属于此类项目。由于开展旅游的区域和旅游线路都安排在实验区内景观资源比较丰富有特点的地带，因此，生态旅游的开发、旅游设施的建设以及旅游活动的开展等，都可能对环境造成不利的或重大的影响，其具体表现为：

（1）开发建设过程中，可能产生的影响

①局部植被被破坏；

②生活垃圾和工程废料对环境的影响；

③施工人员的活动和施工作业对野生动物的影响；

④运输车辆对环境和野生动物的影响。

这些影响是在工程的实施过程中产生的暂时性的不利影响，加之在工程的建设过程中采取环境质量控制措施尽量减少不利的影响，因此，随着工程建设的结束，这些影响也将消失，影响造成的后果也将会随之消失，环境将恢复到以前的状况。

（2）建成后运营中可能产生的影响

①与周围自然环境不很协调；

②旅游活动对野生动物活动的影响；

③游客对环境组成要素的人为破坏；

④旅游产生的废水、废物、噪音等污染；

⑤对当地社会环境的冲击。

以上这些影响是不可避免和相对永久的不利影响，也就是旅游开发项目一般可能对环境造成不利的和重大的环境影响的实质所在。本次规划对于生态旅游项目的开发极为慎重，是根据保护区生态环境的实际情况，经过全面的分析和反复论证之后才确定的项目。在项目的规划中，始终坚持维护和保护生态环境第一的原则，认真选择和确定旅游开发区域、旅游路线和环境容量；工程建设尽可能要求模拟自然，使工程建成后与周围环境尽量和谐；充分考虑游客污染问题并规划科学、合理和行之有效的治理措施和方法；同时，为将一些难以避免的不利影响降到最低限度，还提出了诸如控制游客容量、加大宣传力度、提高游客环保意识等多项具体建议。因此，通过采取有效的防治措施就可以将旅游开发可能造成的不利环境影响降低到最小甚至基本消除。

需要指出的是，尽管生态旅游项目可能造成不利和重大的环境影响，但是生态旅游将会使全民的环保意识得到提高，从而间接产生有利的环境影响却是巨大的、不可估量的。另外，生态旅游所带来的经济效益也将为保护区更好地进行建设和开展保护活动提供一些经济上的支持。

3. D 类项目的环境影响分析

此类项目是以改善和保护环境为目的的环保项目。显然，这类项目的建设对环境无疑会产生大的有力的环境影响。按照是否会产生不利的环境影响，可以分为以下两类：

（1）不产生任何不利环境影响的 D 类项目　此类项目无论在工程建设之中或工程建设之后，均不会产生不利的环境影响。主要包括天然林保护、水资源保护、草地保护、封山育林育草等多种植被恢复工程、移民减畜工程等。这些项目的实施可以直接扩大生物资源的物种种类、种群数量和分布面积，从而对环境产生大的有利的影响，是人们用来改善和保护环境的最积极、最直接、最有效的措施和方法。

（2）可能产生微小的不利的环境影响的 D 类项目　这类项目以保护管理为主，以达到保护生物资源物种种类、种群数量以及分布面积的基本稳定，但其在建设过程中和建成后会产生微小的不利的环境影响。主要包括宣传碑、界桩标牌、巡护便道、防火瞭望塔、野外监测观察站点、基层保护站点、野生动物驯养繁育中心等建设项目。其中基层保护站点和野生动物驯养繁育中心因为建在自然保护区以外，其建设过程中产生的生活垃圾和工程废料对环境的污染可随着工程结束而消除，建成后生产生活排污对环境的污染会因配套排污设施比较完善而降低到最小程度，对环境的不利影响甚微。其余项目的实施地点均散布于距社区较远的保护区内，产生的不利环境影响主要表现在：

①建设过程中将可能产生：局部植被被破坏；生活垃圾和工程废料对环境的污染；施工人员的活动对周围野生动物活动的影响。与 B 类项目相似，上述不利的环境影响会随工程的结束而被消除。所不同的是由于这些项目的工程量小、占地少、分布分散，因而其产生的暂时性不利环境影响更小。

②工程建成后，将可能产生：与周围自然生态环境很不协调；巡护人员的活动会对周围野生动物的活动产生不利的影响。

前者可以通过模拟自然的方式予以消除，后者因为监测巡护人员数量较小，一般产生的影响很小，而且不可避免。诚然，以保护管理为主的这些 D 类项目，在建设过程中以及建成之后存在着不利的环境影响，但是其所产生的不利环境影响甚为微小，作为可以保持生物资源与自然生态环境相对稳定的有效方法，这种微小的不利环境影响与其所产生的巨大而有利的环境影响相比微不足道，况且可以通过生态系统自身的调节，最终消除这些不利影响。

三、环境影响评价

上述分析结果表明：本次规划充分体现了保护工作的根本宗旨，绝大多数拟建项目都是以改善和保护生态环境为目的的项目，无论是建设过程中，还是建成之后，基本上都不会对环境产生不利的影响，即使个别项目可能存在的不利影响，也会被相应的防治措施消除或降低到不形成危害的程度。不仅如此，通过整个规划项目的实施，会对环境产生巨大的积极的影响，使保护区的生物资源更多，生态环境更好，使更多的人提高环境保护意识，自觉自愿加入到爱护自然、保护自然的行列，共同遏制和逆转全球生态环境日益恶化的趋势。

第五节 生态环境保护对策

自然保护区的建设，包括设施建设、生态旅游的开发开展、多种经营项目的实施以及保护措施等人为活动都会对自然保护区的生态环境造成一定的影响，但只要严格按照一定的控制措施进行管理，将影响控制在生态系统可自行调节的限度内以至最低限度，是不会危及生态安全的，而且会因为合理的开发给自然保护区带来一定的经济效益和良好的社会效益。

一、保护原则

最大限度地保护生态环境和生物多样性，在开发与建设中杜绝"破坏性建设"的现象，避免人为的失误和错误带来的生态环境失衡，杜绝环境恶化与资源破坏；实行生物多样性保护、物种多样性保护、遗传多样性保护、生态多样性保护；合理利用自然资源，探索人与自然共生和谐的生物圈，形成良性循环与演替的途径；合理地开发当地民族文化风情，避免旅游开发对当地民族文化的同化，对地域文化的消极影响；避免文化特色和生活习惯的异化；建立保护机构，充实执法队伍，发动群众，培养群众队伍，完善保护规章制度和保护公约，实行以法治理保护区；对旅游者进行生态环境教育和管理及引导，利用多种手段，教育、惩罚、奖励旅游者，进行环境保护。

二、保护对策

（1）**大力宣传保护意识，强化保护力度** 贯彻执行有关自然保护区的国家法律法规和地方性法规，建立健全保护管理制度。结合生物资源保护，广泛宣传管理和保护规章制度，配备护景人员，经过巡逻查护，提高人们对自然保护区生态环境的自觉保护意识，自觉遵守各项保护制度。

（2）**保护野生动物** 自然保护区的经营管理者必须认真贯彻落实国家颁发的《野生动物保护法》和有关的法律法规，实行依法保护野生动物，确保珍稀、濒危野生动物的繁衍生息。坚决制止乱捕滥猎和倒卖、走私珍惜野生动物的行为，对违法者要绳之以法，以警醒广大群众。制定严格的野生动物保护制度，增强其可操作性，保证管理工作有章可依，有规可循，切实做到管理工作科学化、规范化、系统化。建立必要的管理机构，由责任心强、野生动物保护专业知识过硬的人员组成精干的管理班子，实行目标责任制，建立巡护管理制度，提高野生动物管理水平。

（3）加强森林草原植被保护　要做到有效地保护森林草原植被，首先要防止森林病虫害的蔓延和森林火灾的肆虐，坚决同森林火灾斗争到底，努力做好病虫害监测防治工作。要认真贯彻落实《森林法》、《森林防火条例》、《森林病虫害防治条例》和地方性有关护林防火、预防病虫害的法规制度。认真贯彻"预防为主，积极消灭"的方针，建立护林联防组织工作制度，加强测报工作，切实做到防患于未然，万无一失地确保森林草原的植被安全。

（4）谨慎对待引进物种　由于建设的需要引进一定数量的外地物种，这有可能对本来比较封闭的本地生态系统产生一定的影响。因此，要谨慎对待外来物种，在进行引种前，一定要进行科学和系统的实验，确定其对本地动植物物种和生态系统的影响，要是良性的或中性的，不能带来灾难性的后果。所以建议以引进本地区附近的土生物种，或在本地附近地区生长一定时期被确认无不良影响的物种。

（5）严格控制人为活动规模和强度，严防"超载"　自然保护区的核心区不许随便进入，不许人为设置各种设施、设备，除非是重要的参观、考察、监测及观测等科学活动和保护活动。缓冲区也要严格限制人为活动规模。在实验区进行的多种经营项目必须在不会对生态环境造成不可逆转的影响的情况下进行。生态旅游必须选择自然演变缓慢，开展利用不会破坏和影响生态环境的地段开展，不得有大型开发、修建和整饰工程；必须根据环境容量确定合理接待规模，有计划、有组织地开展旅游活动，不得无限制地超量接待旅游者，防止对生态环境、景观及设施破坏。

（6）完善环保设施　所有建设项目的污染防治设施必须与建设工程同时设计、同时施工、同时投产使用。环保设施如排水系统、污水处理设施、粪便处理设施等必须与其他建设项目一同或提前建设。要积极进行监控，发现问题，及时解决，努力完善环保设施、设备。

（7）进行环境质量评价和监测　祁连山自然保护区内目前没有环境监测点，无法对森林环境、水质状况、大气污染情况和噪声情况进行监测和了解，必须加强环境监测，定期做出环境质量评价结果，进行防治和治理。

（8）严防水质污染　必须加强水质保护，杜绝各种污染。采用的饮用水要进行严格沉淀、消毒、过滤、净化处理，然后进入供水设备。必须完善排水、排污系统，修建并定期清理废水净化池，进行沉淀和消毒处理，达标排放。

（9）生活垃圾和粪便处理　配备环境卫生设施、设备，以方便游客和其他人员投放废弃物，有利于及时收集、运输、处理废弃物。做好废弃物和污染物的及时收集处理，及时清理、销毁或覆埋污染物，及时根治污染源，防治污染发生或扩大。

必须在游客相对集中和旅游道路两侧合理地布设修建公共厕所，并树立指示牌，防止随地便溺，污染环境。固定专人清扫，密封储存，防止地面、水体、大气环境污染。

（10）废气及烟尘治理　旅游道路、庭院、重点景点周围应在条件许可的范围内尽量绿化地面，消灭裸露地面，适当硬化，减少扬尘；野餐、野炊必须控制在一定范围内和控制一定地域规模，尽量减少炉烟的产生；打扫环境卫生宜采取合理的方法减少扬尘；取暖、厨房烟囱应达到环保的高度和废气排放浓度，要尽量减少粉尘、烟尘、颗粒物及有毒气体进入大气，以保持大气清新，维持一个宁静舒适的自然环境。

（11）确保游客的人身安全　景区的建设和游乐设施及项目的设置必须确保游客的人身安全，严格杜绝安全隐患，在一些危险地段，应设立安全警示牌以及防护设施，并配备必要的救护设施。

第八章　社区及社区经济文化

第一节　社　区

社区是指保护区地域内不由保护区管理的社会区域。社区与保护区关系密切，保护区的建设、管理可能影响社区的经济发展和资源开发利用，而社区的经济活动又会影响自然保护。因而必须特别关注，处理好保护与发展的关系，促进社区经济和自然保护区共同发展。

保护区地跨2州4县，包括海西蒙古藏族自治州的德令哈市、天峻县，有9乡35个行政村；海北藏族自治州祁连、门源2县，有26乡150个行政村。保护区境内总人口（2001年底）21.12万人，其中门源县14.71万人，占69.7%，祁连县4.97万人，占23.5%，德令哈市0.85万人，占4.0%；天峻县0.59万人，占2.8%，有汉族、回族、藏族、土族、蒙古族等民族。

第二节　经济、文化

一、经济

保护区范围内2001年国内总产值67 038万元，其中第一产业27 952万元，第二产业22 459万元，第三产业16 628万元。农林牧业总产值40 381万元，其中农业11 246万元，牧业21 302万元，林业280万元，其他7553万元。农牧民人均纯收入779~2836元。保护区现有牲畜总头数160.5万头（只），折合278.2万羊单位（表8-1）。

二、土地利用现状

保护区辖乡（镇）土地总面积为 $342.00 \times 10^4 hm^2$，其中，牧地面积 $225.18 \times 10^4 hm^2$，占65.8%；林业用地面积 $37.93 \times 10^4 hm^2$，占总面积的11.1%；农田 $5.77 \times 10^4 hm^2$，占1.7%；水域 $0.55 \times 10^4 hm^2$，占0.2%；未利用地面积 $72.14 \times 10^4 hm^2$，占21.1%；其他土地 $0.44 \times 10^4 hm^2$，占0.1%（表8-2）。

三、交通

祁连山区地域辽阔、地势复杂、经济欠发达，交通状况比较落后，公路建设起步晚，标准低，路况差。在保护区地范围内，由民门公路（属三级砂砾路面公路）、宁张公路（国道227线）、湟嘉公路（国道）三条主要干线公路为骨架组成的公路网。

只有仙米保护分区有公路直接到达，其他保护分区有乡村小路可通至公路。

四、通讯

保护区地处偏僻、地广人稀，通讯网络建设非常困难。目前，各县城基本建立了卫星地面接收站，安装了程控电话，形成了邮电通讯网络。但广大乡村，除主干公路沿线外，大部分因牧民居住分散，基本没有通讯设施。

五、文教卫生

各县都设有中学，各乡都有小学，牧区学生基本上免费上学。但由于牧民文化素质大多较低，对接受教育的意识比较淡薄，加上交通不便而比较闭塞，牧区适龄儿童入学率仍然很低。

保护区内基本上建立起了县医院、乡（镇）卫生所、村卫生员的三级医疗卫生体系，（医）院、（卫生）所近50所，虽然医疗设施简陋、设备较差，还存在缺医少药现象，但城镇居民的医疗卫生还是有了一定的保障。广大的乡村、牧场由于居住分散，交通不便，医疗卫生还得不到保障。由于相同的原因，广大乡村、牧场的计划生育工作也需亟待加强。

六、主要工矿企业

保护区内各县城所在地有少量的加工业、手工业、原料工业，但企业规模不大。天峻县、祁连县、门源县有较大规模的沙金采掘业，还有部分煤、铜、石棉等较大型的采矿业，如天峻县木里乡境内的木里江仓煤矿、祁连县境内黑河源的石棉矿等，这些矿点对周边环境有较大影响。

七、国有林区

保护区内有祁连县林场的黄藏寺营林区、芒扎营林区，门源县仙米林场的仙米营林区，总面积 151 804.1hm²，其中，林业用地 69 406.7 hm²（有林地 17 873.8hm²，疏林地 950hm²，灌木林地 39 588.8hm²，宜林地 944.3hm²），难利用地 20 649hm²，牧地 511hm²，水域71 199.6hm²，其他用地 37.8hm²。

表 8-1 保护区社会经济概况统计表

统计单位	社区基本情况			人口、劳动力			国内生产总值（万元）				农业总产值（万元）					农牧民人均纯收入（元）
	行政村（个）	通车村（个）	通电村（个）	总人口（人）	乡村人口（人）	乡村劳动力（人）	合计	第一产业	第二产业	第三产业	合计	农业	林业	牧业	其他	
合计	185	174	159	211234	169410	91270	67038	27952	22459	16628	40381	11246	280	21302	7553	
1. 门源县	109	109	106	147134	119444	64022	38350	15556	12986	9808	24937	9245	236	8738	6718	1023
青石嘴镇	10	10	10	14618	14614	7932					1554	794	2	758		833
大滩乡	6	6	6	9444	9265	3796					1265	692	2	571		779
浩门镇	9	9	9	12893	11878	6601					1598	1080	2	516		1431
北山乡	7	7	7	7436	7374	5417					1038	626			412	783
西滩乡	10	10	10	9914	9749	5918					1436	870			566	877
麻莲乡	6	6	6	7188	6932	3537					937	605	3	329		806
阜台乡	9	9	9	10042	9775	3871					1139	672	44	423		964
泉沟台乡	9	9	9	8485	8325	4180					1255	693	42	520		1020
东川乡	6	6	6	10163	9771	5419					1323	776	68	479		1202
克图乡	6	6	6	9496	9159	4943					1374	663	56	655		879
阴田乡	7	7	7	7989	7885	4731					795	523	2	270		893
仙米乡	8	8	7	6092	5921	2948					4605	352		1253	3000	1419
珠固乡	7	7	5	5101	5011	2767					4103	332		1081	2690	1004
皇城乡	4	4	4	1869	1810	884					1312	332		980		2158
苏吉滩乡	5	5	5	2003	1975	1078					1097	215		882		1935
省州、县级机关单位				24401							106	20	15	21		
2. 祁连县	41	41	36	49737	36370	19035	24737	8592	9473	6673	12429	1267	43	10284	50	1573
八宝镇	14	14	14	9390							1434	606	0	596	232	775
扎麻什乡	7	7	7	3893							781	209	0	517	55	788

（续）

统计单位	社区基本情况			人口、劳动力			国内生产总值（万元）				农业总产值（万元）					农牧民人均纯收入（元）
	行政村（个）	通车村（个）	通电村（个）	总人口（人）	乡村人口（人）	乡村劳动力（人）	合计	第一产业	第二产业	第三产业	合计	农业	林业	牧业	其他	
阿柔乡	3	3	1	2686							1512	23	0	1489	0	2441
峨堡乡	4	4	4	2783							1540	104	0	1338	98	2609
默勒乡	3	3	3	2576							1800	0	0	1646	154	2244
多隆乡	3	3	3	3066							1846	148	0	1550	148	2412
野牛沟乡	3	3	1	2974							1536	78	0	1388	70	2127
柯柯里乡	1	1		634							494	0	0	494	0	2836
托勒牧场	3	3	3	2109							1255	78	0	1099	78	
农林场											231	21	43	167	0	
3. 德令哈市	15	15	10	8565	8356	5287	2489	2342	0	147	2033	734	1	1298	0	
怀头他拉	4	4	4	1914	1850	1421	659	624		35	314	45	1	268		1450
戈壁	5	5	2	2258	2156	1628	846	801		45	801	70	0	731		1820
宗务隆	6	6	4	4393	4350	2238	985	918		67	918	619	0	299		1720
4. 天峻县	20	9	7	5798	5240	2926	1462	1462	0	0	982	0	0	982	0	2601
尕河	1	1		171	150	85	84	84			44			44		1834
苏里	1	1		1119	1100	500	325	325			205			205		2105
木里	4	2	1	905	890	452	275	275			191			191		1649
阳康	4	2	2	943	920	519	198	198			156			156		1850
舟群	6	3	2	1160	940	620	216	216			168			168		1900
龙门	4	2	2	1500	1240	750	364	364			218			218		

表 8-2 保护区土地利用现状统计表

hm²

统计单位	总面积	林业用地 合计	有林地 合计	针叶林	阔叶林	混交林	疏林地	灌木林地	未成林地 造林地	无林地 合计	宜林荒山荒	宜林沙荒	苗圃	非林地 合计	农地	牧地	水域	难利用地	其他土地
合计	3420064	379324	53265	46599	6594	72	5302	291648	1817	27209	24600	2609	84	3040740	57682	2251812	5506	721390	4349
1. 德令哈市	205977	664	0	0	0	0	0	664	0	0	0	0	0	604429	0	237756	60512	306149	13
怀头他拉	166698	263	0	0	0	0	0	263	0	0	0	0	0	166435	0	56827	0	109596	13
戈壁	39279	401	0	0	0	0	0	401	0	0	0	0	0	38878	0	29161	611	9106	0
2. 天峻县	811751	5082	0	0	0	0	0	3115	0	1967	0	1967	0	806669	0	650608	392	154656	13
织河	238184	736	0	0	0	0	0	736	0	0	0	0	0	237448	0	202055	8	35385	0
苏里	437174	2379	0	0	0	0	0	2379	0	0	0	0	0	434795	0	329021	31	105731	13
木里	120376	1967	0	0	0	0	0	0	0	1967	0	1967	0	118408	0	107511	345	10552	0
舟群	14546	0	0	0	0	0	0	0	0	0	0	0	0	14546	0	12375	8	2164	0
龙门	1467	0	0	0	0	0	0	0	0	0	0	0	0	1467	0	646	0	821	0
3. 门源县	703751	210286	34239	28172	6029	39	4407	153527	535	17513	17513	0	65	493465	51337	300867	3316	134917	3027
苏吉滩	79063	19654	195	195	0	0	28	19432	0	0	0	0	0	59410	922	43925	62	14462	38
皇城	76963	17967	351	351	0	0	59	17557	0	0	0	0	0	58997	1239	38493	0	19200	65
县共用草场	55143	9881	0	0	0	0	431	9451	0	0	0	0	0	45262	2312	14666	0	30596	0
门源种马场	30873	4817	0	0	0	0	0	4817	0	0	0	0	0	26057	2312	22158	176	1329	82
青石嘴	16060	5848	0	0	0	0	0	4290	0	1558	1558	0	0	10212	3672	5476	288	423	354
大滩	17997	7157	0	0	0	0	0	3807	0	3351	3351	0	0	10840	3051	3949	367	3232	241
浩门农场	10520	0	0	0	0	0	0	0	0	0	0	0	0	10520	10188	141	0	0	191
北山	11109	999	0	0	0	0	0	945	0	54	54	0	0	10111	2671	5267	0	1995	178
浩门镇	13977	5139	23	4	19	0	0	3650	23	1443	1443	0	0	8838	4484	2511	419	828	596
西滩	11878	421	0	0	0	0	0	252	0	170	170	0	0	11456	3819	5223	0	2171	243

（续）

统计单位	总面积	林业用地												非林地					
		合计	有林地				疏林地	灌木林地	未成林	无林地			苗圃	合计	农地	牧地	水域	难利用地	其他土地
			合计	针叶林	阔叶林	混交林			造林地	合计	宜林荒地	宜林沙荒							
旱台	7480	1072	26	0	26	0	0	76	120	851	851	0	0	6408	3419	856	150	1668	316
泉沟	10670	742	18	0	18	0	0	199	29	497	497	0	0	9927	3111	4889	56	1740	131
东川	9269	1757	127	0	127	0	0	802	205	615	615	0	9	7512	3210	2785	846	513	159
克图	5869	1440	23	0	23	0	0	721	0	653	653	0	43	4429	1252	2931	0	192	54
麻连	10026	4735	90	24	66	0	0	2892	0	1753	1753	0	0	5291	2219	1768	345	895	66
阴田	12167	6020	273	113	160	0	0	3075	0	2672	2672	0	0	6147	2680	2345	227	787	108
仙米林场	324686	122638	33115	27485	5591	39	3890	81564	159	3899	3899	0	13	202048	3089	143485	380	54888	207
宁缠营林区	123176	24445	5252	5100	134	18	1071	18122	0	0	0	0	0	98731	0	58680	0	40052	0
仙米营林区	98992	41815	7934	4491	3443	0	975	29802	159	2932	2932	0	13	57177	2197	44816	176	9890	99
玉龙营林区	67687	35157	10026	8653	1352	21	1003	23337	0	791	791	0	0	32530	853	27798	204	3612	63
朱固营林区	34831	21221	9902	9241	661	0	841	10303	0	175	175	0	0	13610	39	12192	0	1335	45
4. 祁连县	1506736	161696	19026	18427	565	33	895	132746	1282	7728	7087	641	19	1345040	6345	1043915	1174	292318	1288
托勒	252703	3051	0	0	0	0	0	3051	0	0	0	0	0	249652	0	192032	111	57444	65
野牛沟	342886	10104	206	206	0	0	13	9885	0	0	0	0	0	332782	0	256615	0	76156	10
柯柯里	111945	765	0	0	0	0	0	765	0	0	0	0	0	111180	0	83064	17	28099	0
扎麻什	4985	0	0	0	0	0	0	0	0	0	0	0	0	4985	0	1874	0	3111	0
八宝	7032	0	0	0	0	0	0	0	0	0	0	0	0	7032	0	3758	0	3262	12
阿柔	119856	20200	105	105	0	0	131	19807	107	50	50	0	0	99657	75	75666	33	23830	54
俄博	122896	41330	2032	2032	0	0	0	38671	0	627	0	627	0	81566	104	63970	73	17280	140
多隆	157474	27267	0	0	0	0	0	27267	0	0	0	0	0	130207	0	115041	110	14768	288
木勒	187373	2393	0	0	0	0	0	2393	0	0	0	0	0	184979	0	162120	32	22694	133
祁连林场	199588	56588	16684	16085	565	33	751	30908	1175	7052	7037	15	19	143000	6166	89776	797	45675	586
扎麻什营林区	59924	15378	3949	3824	125	0	394	6993	135	3907	3893	15	0	44547	2383	24623	342	17022	178
八宝营林区	60643	19293	5839	5509	297	33	266	8984	1041	3144	3144	0	19	41350	3239	27143	279	10295	393
黄藏寺营林区	43567	10891	4978	4835	143	0	62	5851	0	0	0	0	0	32676	544	21512	112	10493	15
芒扎营林区	35453	11026	1918	1918	0	0	28	9080	0	0	0	0	0	24428	0	16497	65	7865	0
5. 刚察县	191848	1595	1595	1595	0	0	0	1595	0	0	0	0	0	190253	0	169434	14	20797	9

第九章　保护区建设和管理

第一节　建立自然保护区的必要性

一、符合国家西部大开发战略决策

实施西部大开发战略，加快西部地区的发展，是我们党和国家的重大战略决策。把西部地区生态环境建设作为西部大开发战略的切入点，是西部地区实现可持续发展的基本要求。加强祁连山地区生态环境保护是青海省生态环境保护工作的重要内容之一。充分利用西部大开发的优惠政策，尽快开展祁连山自然保护区建设，将祁连山地区生态保护与西部大开发战略紧密联系起来，早日实现祁连山地区生态平衡和社会经济可持续发展，是关系到 21 世纪祁连山地区广大人民群众生存与发展的重大问题，是历史发展的必然选择，是该地区牧民脱贫、社会稳定和经济发展的需要。进行祁连山自然保护区建设，加强祁连山生态环境保护，不仅对青海省经济社会可持续发展和生态平衡有着重要作用，而且对保障甘肃省河西走廊和内蒙古自治区额济纳旗地区经济社会可持续发展、生态安全与社会稳定具有十分深远的意义。

二、实现大区域生态平衡的需要

祁连山位于河西走廊的南部，东起乌鞘岭，西至阿尔金山，长 1000km，面积 70 000km^2 以上。祁连山和阿尔金山发育着现代冰川，冰川覆盖面积 1334.75km^2，冰川储量为 615.49 × 10^{8}m^3。青海省境内冰川覆盖面积 717.43km^2，占 53.8%，冰川储量 355.02 × 10^{8}m^3，占 57.7%。冰雪融化形成了青海省内陆区祁连山水系，又名青海省河西内陆河，总面积 2.5064 × 10^{4}km^2。由内陆河流石羊河、黑河、疏勒河、党河等流域源头区组成，流域包括青海省的祁连县、门源县、天峻县和德令哈市。其中最大的内陆河流——黑河流经甘肃省的张掖地区、酒泉地区、嘉峪关市，内蒙古自治区的阿拉善盟。流经县（旗、市）11 个，分别是青海省的祁连县，甘肃省的山丹县、民乐县、肃南裕固族自治县、张掖市、临泽县、高台县、嘉峪关市、酒泉市、金塔县，内蒙古自治区的额尔济纳旗。祁连冰雪所源出的外流河——大通河，位于祁连山系东段南部，是黄河一级支流湟水河的最大一条支流，地域上分别位于海北藏族自治州门源县、祁连县、刚察县、海晏县以及海东地区互助县境内和海西蒙古族藏族自治州天峻县境内。

由此可见，祁连山冰川雪山发育形成的河流不但滋润着青海祁连山地区，而且关系到甘肃省河西走廊和内蒙古自治区额尔济纳旗的繁荣，祁连山被人们誉为河西走廊的"天然水库"。据水文部门提供的资料，发源于祁连山的 4 条河流的出山年径流量都在逐年减少，冰川和雪线逐年后退 20m，四季长流的黑河，20 世纪 50 年代年径流量为 $13 \times 10^8 m^3$，但到了 20 世纪末，年径流量仅剩 $1.85 \times 10^8 m^3$，断流时间长达 200 天，在胡杨繁殖的关键季节滴水皆无，农耕文明的河西走廊危机四伏，内蒙古西居延海已经干枯，东居延海的蓄水量逐年减少。出现目前这种情况的原因主要是流域内日益增长的工农业、生产、生活用水需求以及不合理的水资源利用因素，此外，源头地区生态环境退化导致水源涵养功能下降和来水量减少也是重要原因。源区生态退化给主要河流中下游地区经济社会可持续发展和流域生态安全带来严重的水资源短缺和一系列生态问题，从而危及工农业生产和人民群众生活。因此，祁连山自然保护区的建设是实现祁连山地区、甘肃河西走廊、内蒙古额尔济纳旗生态平衡的重要组成部分。

三、保护祁连山地区生态环境的当务之急

独特的地理环境和气候条件下，祁连山地区形成了大面积的高寒湿地、高寒草甸、高寒草原等自然生态系统，是自然演变和生态科学研究的重点地区。受人口增长和过度放牧、乱垦滥挖草地植被等人为不合理经济活动的干扰，区域生态环境迅速恶化，直接导致生物多样性减少和水源涵养能力下降，直接影响着区域、流域乃至全国的生态安全。

由于冰川、雪山逐年萎缩，众多的湖泊、湿地面积缩小甚至干涸，沼泽地消失，泥炭地干燥并裸露，区内河流流量减少，年内水资源分配发生变化，季节径流过程发生迁移，冬季和春季径流增加，而晚春和夏季径流减少。随着冰川、雪山的萎缩、冻土消融将促进荒漠化进程，生态环境更加恶化。目前，祁连山地区生态环境已十分脆弱，有 19.8% 的草地已退化到不能利用的程度，现有沙化土地面积已占该区土地总面积的 0.1%。草地大规模的退化与沙化，草地生产力和对土地的保护功能下降，导致草地合理载畜量减少，使广大农牧民生产生活受到严重影响。由于生态环境的恶化和人为因素干扰，野生动物栖息地遭到严重破坏，生物种类及其结构发生改变，一些物种消失，生物多样性降低。因此，建立祁连山自然保护区已成为保护祁连山地区生态环境的当务之急。

四、协调区域经济社会发展和生态环境保护的关系

近几年，国家和青海省已经在这一地区开展了一批生态建设项目。如天然林资源保护工程、退耕还林工程、祁连县黑河源头流域国家生态环境建设项目、德令哈市生态环境综合治理工程等。生态建设使局部生态有所改善，维持了局部地区畜牧业相对稳定发展。但由于生态建设手段的单一性和效益的滞后性，以及没有根本改善牧民生产生活条件等原因，边建设边破坏、治理赶不上破坏的局面仍然存在，生态环境总体恶化的形势没有得到根本好转。建立和管理自然保护区是生态环境保护行之有效的办法之一，通过自然保护区的建设和管理，可以对野生动植物种群及其栖息地生境、重要湿地等自然生态系统进行封闭式保护，为生物多样性保护目标的实现提供良好的区域环境。

祁连山自然保护区建设，通过建立起比较完善和有效的生态保护监测、管理体系和执行能力，同时全面加强执法监督，保障法律法规和政策措施的全面落实，从而有效遏制人为破坏，并通过保护工程的实施，恢复草地生态系统功能，培植特色产业，促进产业结构调整，

探索地区经济发展和生态保护相互协调的最佳途径、措施和方法，缓解人为活动对生态环境的压力，使生态系统和水源涵养功能得以改善和恢复，从而促进和保障区域经济社会的可持续发展。

第二节　保护对象和功能区划及总体布局

一、保护区性质和保护对象

1. 保护区性质

祁连山自然保护区是以保护湿地、冰川、珍稀濒危野生动植物物种及其森林、草原草甸生态系统为宗旨，集物种与生态保护、水源涵养、科学研究、科普宣传、生态旅游和可持续利用等多功能于一体的保护冰川、湿地类型的自然保护区。

2. 保护对象

①冰川及高原湿地生态系统，包括祁连县托勒南山、托勒山，门源县冷龙岭，德令哈市哈尔科山、疏勒南山等高山上的现代冰川和湿地。

②青海云杉、祁连圆柏、金露梅、高山柳、沙棘、箭叶锦鸡儿、柽柳等乔、灌木树种组成的水源涵养林和高原森林生态系统及高寒灌丛、冰源植被等特有植被。

③高寒草甸、高寒草原。

④国家与青海省重点保护的野牦牛、藏野驴、白唇鹿、雪豹、岩羊等珍稀濒危野生动植物物种及其栖息地。

3. 保护区类型

祁连山自然保护区是以保护黑河、大通河、疏勒河、托勒河、党河、石羊河等河流源头冰川和高寒湿地生态系统为主要保护对象的自然保护区，兼有保护水源涵养林和野生珍稀濒危动植物物种及栖息地。根据保护区主体功能确定为以保护冰川及高寒湿地生态系统为主的自然保护区群体。

二、规划目标

1. 总体目标

认真贯彻"全面保护自然环境，积极开展科学研究，大力发展生物资源，为国家和人类造福"和"加强资源保护，积极繁殖驯养，合理经营利用"的总方针。以保护和恢复区内林草植被，维护雪山、冰川、河流生态系统的稳定，增强保持水土、涵养水源能力和保持生物多样性的自然完整为目标。保护与培养并重，促进自然生态系统的良性循环；指导和扶持社区大规模调整土地利用结构和产业结构，合理利用自然资源；加大科学研究、技术推广和能力培训的力度，提高经营管理水平，促进区域生态、经济、社会的协调发展；高起点、高标准、高要求，有计划、有重点、有步骤地实现保护区管理科学化、科学研究现代化、综合利用合理化、多种经营基地化、生态治理规模化、基本建设标准化，尽快把祁连山自然保护区建设成为一个多功能、高效益、可持续发展的综合性一流的自然保护区。

2. 近期目标

2003～2007年，最大限度地保持祁连山自然独特的森林生态系统和野生动物资源的自然状态，使之免遭人为干扰和破坏。建立健全自然保护区管理机构，制定各种规章制度，培养一支综合素质好、有专业知识的职工队伍，形成较完善的自然保护区管理体系、科研监测体系和宣传教育体系，完成各级管理机构的基础设施和保护设施建设。完成核心区的林草植被封禁恢复和核心区牧民搬迁，逐步恢复和保护缓冲区的林草植被，使核心区80%的国家重点保护动物和90%的典型生态系统得到有效保护。加快植被恢复，提高水源涵养能力。加强社区共管建设，形成广大民众共同参与自然保护区建设和管理的良好局面。

3. 远期目标

2008～2012年，进一步加强保护管理工作，使保护区的保护、管理、科研等工作与全球自然保护区的发展接轨。全面恢复缓冲区林草植被，在实验区的典型地段开展治理退化草场和植被恢复地示范工程。积极开展生态旅游，在保护第一的前提下，充分发挥旅游景区、景点的潜能，形成一个良好的生态旅游基地。引导和扶持社区群众调整产业结构，使核心区、缓冲区与大部分的实验区以及90%以上的国家重点保护物种和95%以上的典型生态系统得到保护。

三、保护区功能区划

（一）区划原则

功能区的划分是自然保护区管理的基础。根据区域生态系统的原生性、特有性、多样性、完整性以及自然资源的丰富程度和保护的目的，将保护区区划为核心区、缓冲区、实验区3个功能区。区划时必须遵循以下原则：

①有利于保护生态系统的完整性、原生性、多样性、特有性，使生态系统的能量流动和物质循环保持动态的良性平衡状态。

②有利于生物资源的保护和管理，保持物种的遗传多样性，保证生物种群的健康发展。

③有利于自然环境的协调，避免环境破坏和环境污染的现象发生。

④有利于保护目标、保护对象的生存和自然繁育，有利于种群的自然发展和多样性。

⑤有利于保护区管理工作的稳定性、连续性和可操作性。

⑥有利于保护区科学研究工作的开展。

⑦有利于基础设施的建设，有利于保护区内外的连接，增强保护区的管理能力和科技推广能力。

⑧有利于资源的合理开发利用，增强"自养"能力。

⑨有利于社区共管，提高广大民众参与自然保护区管理的积极性，有利于发展社区经济。

⑩有利于宣传教育，提高广大民众的保护意识。

（二）区划方法

依据区划原则，结合祁连山自然保护区的实际情况，在广泛调查研究和深入分析论证的基础上，采用自然区划法确定各功能区的具体界线。针对保护区自然环境和自然资源状况、主要保护对象的空间分布状况、区域的原生性和完整性，将核心区按照明显的自然地形区划成一个连续完整的区域。缓冲区和实验区之间界线的确定，主要考虑自然保护区自然与社会情况复杂多样性。要以保护生态环境为主，同时又要兼顾地方社会经济发展特点等进行内部功能区划，要尽量减少移民搬迁工程量，增大核心区和缓冲区的面积，提高其占自然保护区总面积的比例，同时尽量选择明显的自然界线，使核心区和缓冲有较好的封闭性和过渡性。在进行功能区划分时，重点考虑以下几点：

①在无人区或人为活动稀少的地区，适当扩大核心区面积，缩小缓冲区和实验区的面积。

②在以省界、高山山脊、冰川等为核心区边界，且人为活动稀少的地区，核心区外围不再区划缓冲区和实验区。

（三）功能分区

根据自然保护区功能区的区划原则，结合祁连山自然保护区生态环境条件、植被类型和地域分布等特点，将每个保护单元区划为3个功能区，即核心区、缓冲区和实验区。

1. 核心区

核心区是保护区的核心，是最重要的地段，主要是各种原生性生态系统类型保存最好的地方。此区域严禁任何采伐和狩猎等，主要任务是保护，以保护其生物多样性，使之尽量不受人为干扰，能够自然生长和发展下去，成为该区域的一个遗传基因库。并可以用作生态系统基本规律研究和作为对照区监测环境的场所，只限于观察和监测，不能采用任何实验处理的方法，避免其对自然状态产生任何破坏，可以划出一定地段用做教学参观。

祁连山自然保护区核心区的面积为 438 017.4hm²。其中：林业用地 29 025.6hm²，难利用地 211 772.5hm²，牧地 197 192.4hm²，水域 26.9hm²。在林业用地中，有林地 9163.3hm²，疏林地 453.3hm²，灌木林 19 126.5hm²，苗圃 282.5hm²（表 9-1）。

表 9-1　祁连山自然保护区核心区面积统计表　　　　　　　　　　hm²

| 保护分区 | 总面积 | 林业用地 | | | | | | | | | | | 难利用地 | 农地 | 牧地 | 水域 |
| | | 合计 | 有林地 | | | 疏林地 | 灌木林地 | 未成林造林地 | 苗圃 | 宜林地 | | | | | | |
			小计	针叶林	阔叶林					小计	宜林荒地	宜林沙荒				
合计	438017.4	29025.6	9163.3	9098.2	65.1	453.3	19126.5		282.5				211772.5		197192.4	26.9
党河源	53885.7	512.7					512.7						22078.4		31294.6	
三河源	124756.3												38236.4		86507.7	12.0
黑河源	13738.2												1854.4		11883.8	
油葫芦沟	21041.3	1086.2					1086.2						9184.0		10770.1	
黄藏寺	48926.2	10690.9	4641.0	4641.0		81.5	5968.4						17249.8		20985.5	
石羊河	24537.8	1422.2					1422.2						17610.5		5505.2	
仙米	29899.5	15274.7	4522.1	4457.2	65.1	371.8	10098.1		282.5				1331.3		13293.5	
团结峰	121233.6	38.9					38.9						104227.7		16952.1	14.9

2. 缓冲区

一般位于核心区周围，可以包括一部分原生性生态系统和由演替类型所占据的半开发的地段。其功能在于：一方面可防止核心区受到外界的影响和破坏，起一定的缓冲作用；另一方面，可用于某些试验性或生产性的科学实验研究，但不能破坏其群落环境，如植被演替和合理采伐更新实验、群落多层次多种经营、野生经济植物的栽培和野生经济动物的繁殖和饲养等。

祁连山自然保护区 8 个保护分区的缓冲区面积为 149 337.7hm²。其中：林业用地 8324.8hm²，难利用地 60 335.9 hm²，农业用地 27.0 hm²，牧地 80 587.1hm²，水域 62.9 hm²。在林业用地中，有林地 3084.8 hm²，疏林地 258.5 hm²，灌木林 4924.3hm²，苗圃 57.3hm²（表 9 - 2）。

表 9 - 2　祁连山自然保护区缓冲区面积统计表　　　　　　hm²

保护分区	总面积	林业用地											难利用地	农地	牧地	水域
		合计	有林地			疏林地	灌木林地	未成林造林地	苗圃	宜林地						
			小计	针叶林	阔叶林					小计	宜林荒地	宜林沙荒				
合计	149337.7	8324.8	3084.8	2812.8	272.0	258.5	4924.2		57.3				60335.9	27.0	80587.1	62.9
党河源	25532.0	122.7					122.7						10417.1		14979.9	12.3
三河源	44173.0												10079.5		34046.3	47.1
黑河源	9948.8												720.2		9228.6	
油葫芦沟	3417.9	392.8					392.8						1160.1		1865.1	
黄藏寺	11279.9	1911.4	600.3	575.2	25.1		1311.1						4354.1	27.0	4987.4	
石羊河	11895.4	1366.0				20.8	1345.2						7574.7		2954.7	
仙米	5522.7	4505.5	2484.5	2237.6	246.9	237.6	1726.1		57.3				0.7		1016.6	
团结峰	37568.0	26.5					26.5						26029.6		11508.4	3.5

3. 实验区

缓冲区的周围最好划出相当面积的保护区，可包括荒山荒地在内，最好包括部分原生或次生生态系统，主要用做发展本地特有的生物资源。还可以根据实际需要经营部分短期能有收益的农林牧业生产，建立人们所需要的人工生态系统，为当地或所属自然景观带的植被恢复和建立新的人工生态系统起示范推广作用。

必要时可以在缓冲区和实验区范围内，划出若干旅游开放的区域。要坚持生态开发的指导思想，在不同的区域采取不同的经营管理方针，满足不同的任务和要求，但各个功能区必须批次彼此融合为一个有机的整体，统一经营管理，使保护区发展成为以保护为主，并与科学实验、生产示范、生态旅游密切结合在一起的基地。

祁连山自然保护区实验区面积为 247 441.1hm²。其中：林业用地 19 069.2hm²，难利用地 97 129.1hm²，农业用地 483.3hm²，牧地 129 889.7hm²，水域 832.0hm²。在林业用地中有林地 4171.9hm²，疏林地 795.5hm²，灌木林 13 946.0hm²（表 9 - 3）。

表9-3 祁连山自然保护区实验区面积统计表　　　　　　　　hm²

| 保护分区 | 总面积 | 林业用地 | | | | | | | | | | | 难利用地 | 农地 | 牧地 | 水域 | 其他土地 |
| | | 合计 | 有林地 | | | 疏林地 | 灌木林地 | 未成林造林地 | 苗圃 | 宜林地 | | | | | | | |
			小计	针叶林	阔叶林					小计	宜林荒地	宜林沙荒					
合计	247441.1	19069.2	4171.9	3829.0	342.9	795.5	13946.0		155.7				97129.1	483.3	129889.7	832.0	37.8
党河源	73768.8												42624.2		30546.4	598.2	
三河源	72721.6	116.8					116.8						16330.4		56040.6	233.8	
黑河源	13821.7												2022.5		11799.3		
油葫芦沟	5897.5	897.2	104.7	104.7			791.5		1.0				2812.1		2188.2		
黄藏寺	14409.6	3780.6	679.7	615.5	64.2		3101.0						3274.8	483.3	6855.9		14.9
石羊河	22402.0	8164.3	14.0	14.0		681.5	7468.8						6880.9		7356.8		
仙米	7597.8	6035.6	3373.5	3094.9	278.7	114.0	2393.3		154.8				1235.9		1539.3		22.9
团结峰	35586.3	74.6					74.6						21948.5		13563.2		

四、总体布局

（一）布局原则

布局是选址的依据，选址是落实布局。保护分区的选址，首先要明确保护的对象、任务、远期和近期的目标要求以及保护分区的性质，结合整个保护区的特点进行选设。

①足以代表特定自然地带和地区不同类型的典型自然综合体及其生态系统，或自然资源、自然环境较完整，或演替明显，或生物种源较丰富的地区，要反映出自然地带或地区自然环境与生态系统的特点；

②受人为影响少，生态系统的结构和功能比较稳定；

③具有濒临绝灭种的种源，同时当地的生态条件又适合这些种源的扩大和发展；

④在特定资源动植物物种的分布区内，具备典型的栖息条件和目前保护对象还比较多；

⑤充分了解保护对象的生物学特性及其生命活动规律，特别是活动范围和栖息地的类型组成之间的关系，考虑到保护对象的各生长阶段和各季节生活种必需的各种环境条件；

⑥自然环境条件是动物生存所必需的外界因素，要注意历史和现状以及将来的发展趋势与人类生产、生活的关系，拟建地区与国民经济建设的全面远景规划的关系或影响；

⑦有些保护对象还必须在较长期研究的基础上，才能选定合适的保护地区。要通过专业队伍调查和访问群众相结合，现状、前景调查和查阅历史资料相结合，未开发地区和开发地区对比调查，了解有关环境因素改变后的影响，并进行评审，以确定合适的地点；

⑧有足够的面积，足以保护群体生存、繁衍和发展等生态生物学特性所必需的最适空间；

⑨自然保护区的建设，将不会对当地的经济发展和群众生活的发展构成不利影响；

⑩要分析自然保护区周围地区短期和长期的经济社会发展和产业布局，不会对保护区的永久存在构成威胁，不会对保护对象构成威胁；

⑪自然保护区的建立，能够得到周围群众、单位和当地政府的理解、接受和支持；

⑫自然保护区的建立，能够为科学研究和教学实习提供场地和机会。

（二）规划布局

针对祁连山自然保护区地域辽阔的特点，结合自然环境和自然资源状况、主要保护对象的空间分布状况，根据以上原则，将祁连山自然保护区划分为 8 个保护分区。

1. 团结峰保护分区

地理坐标：东经 97°08′~97°17′，北纬 38°23′~38°52′。

主要保护对象：冰川。

团结峰保护分区位于疏勒南山北坡，疏勒河南岸。疏勒南山为中祁连隆起带的南缘，是祁连山系中最高大而主要的一列山脉。最高峰海拔 5826.8m，由 6 个相对高差不大的山峰团聚在一起，组成一块状山体，故名"团结峰"。疏勒南山深大断裂发育，山地南陡北缓，是祁连山系中现代冰川最发育的一条山脉，共有 14 条山谷冰川，冰舌下伸到海拔 4600m 处，形成弧形终碛缓丘。北坡冰川较南坡规模大。在 14 条冰川中，最长者达 5km。海拔 4800m 以上，角峰、刃脊广布，冰川下面有明显冰蚀 U 形谷。该区气候寒冷、干旱、多风、生长期短，常年出现霜冻，年降水量 300mm 左右，是高寒干草原的分布区，野生动物种类和数量较多。土壤为高山草原土，其母质为冰碛、堆积冲积物，质地为轻石质轻壤土。组成草群的牧草种类简单，每平方米 10~18 种，以寒旱生、多年生、丛生禾草紫花针茅为优势种，群落结构比较简单，一般分为两层，紫花针茅为第一层，高 20~30cm，杂类草为第二层，高 5~10cm。覆盖度一般在 40%~50%。草地季相单调，冷季一片枯黄，夏季呈黄绿色。区内野生动物种类较多，兽类主要有野牦牛、藏野驴、藏羚羊、黄羊、岩羊、雪豹、熊、白唇鹿、麝、狼、旱獭、豺、狐狸等，鸟类有黑颈鹤、藏雪鸡、蓝马鸡、鹰、秃鹫等。

保护分区总面积 194 387.9hm²，其中核心区面积 121 233.6 hm²，缓冲区面积 37 568.0 hm²，实验区面积 35 586.3 hm²。

2. 黑河源保护分区

地理坐标：东经 98°34′~98°53′，北纬 38°50′~39°06′。

主要保护对象：湿地。

黑河源保护分区位于祁连县西北部野牛沟乡洪水坝，有冰川 78 条，冰川面积 20.32 km²，冰川储量 4.51×10⁸m³。冰川夏季消融较强烈，对河流补给量较大，融水时间一般在 5~9 月，约 150 天，冰雪融水量呈洪峰特征。冰川融化形成黑河西岔，流经野牛沟乡和扎麻石乡，于狼舌头山与八宝河汇合，在祁连县境内长 129km，集水面积 5089.4 km²。黑河是祁连山内陆主要水系之一，是仅次于塔里木河的全国第二大内陆河，跨青海、甘肃、内蒙古 3 省（自治区）。祁连境内干流长 233.7km，集水面积 5089.4 km²，源流段河谷宽 1~5km，流域面积约 10 000km²，省界处河道海拔 3260m，落差 860m，河道平均比降 0.368%，年径流量 18.02×10⁸m³，年均流量 57.1m³/s。黑河枯水季节清澈见底，洪水期间挟带大量黑沙，故名黑河。河水含沙量 1kg/m³，上游降水量大于下游，宝瓶河一带 392mm，冰期为 5 个月，河源有冰川、积雪、河谷、有沼泽、草地、山岭、阳坡有原始森林覆盖，植被较好，水土流失轻微。另外，黑河流域有广阔的草原牧场，可开垦的肥沃荒地，有种类繁多的野生珍稀动物。区内野生动物有野牦牛、盘羊、白唇鹿、马鹿、岩羊、雪鸡等，野生药用植物有雪莲、大黄等。

保护分区总面积 37 508.7hm²，其中核心区面积 13 738.2hm²，缓冲区面积 9948.8hm²，实验区面积 13 821.7hm^2。

3. 三河源保护分区

地理坐标：东经 98°28′ ~ 99°24′，北纬 38°12′ ~ 38°34′。

主要保护对象：湿地。

三河源是指托勒河源、疏勒河源和大通河源，现分述如下：

托勒河源位于祁连山托勒南山。托勒南山海拔 3900m 以上为高冰雪寒冰带，冰碛、石流分布广，是托勒河和夏拉河的主要水量补给来源。托勒河源头冰川面积 136.67 km^2，冰川储量 43.1×10^{8}m^3，冰川融水 0.99×10^{8}m^3，河源处有大面积沼泽。托勒河属内陆流域祁连山水系，发源于祁连县托勒山南麓的纳尕尔当。托勒河流经祁连县托勒牧场境内 110.8km，集水面积 2728.49 km^2，经分析多年平均流量为 8.5 m^3/s，是托勒牧场的主要水源地。夏拉河流域有冰川 55 条，冰川面积 18.77 km^2，冰川储量 5.22×10^{8}m^3。夏拉河流经柯柯里乡后注入黑河，长 70.6km，集水面积 1044.9 km^2，流量 5.12 m^3/s。托勒河两岸有优良天然牧场，栖息有马鹿、麝、熊、野牛等多种野生珍贵动物。植物矮小，主要为地衣、苔藓等。冰线以下分布着典型的山地草甸类和高山草甸类，可食牧草比例高，产草量高，草质优良，是县内天然草场的精华，宜于放牧各类牲畜，是全县主要的草场。

疏勒河源位于疏勒河源头，天峻县木里乡中北部。疏勒河在天峻县境内河长 222km，落差 1450m，集水面积为 7714 km^2，年径流量为 7.714×10^{8}m^3，径流深为 100mm，经花儿地、卜罗沟出境，流入甘肃河西走廊消失于沙漠。该区植被以草地为主，为高寒干草原。土壤为高山草原土，生草过程微弱，有机质积累少，土壤瘠薄。组成草群地牧草种类简单，以寒旱生丛生禾草紫花针茅为优势种，草群一般分为两层，第一层紫花针茅高 20 ~ 35cm，第二层杂类草高 5 ~ 10cm。在海拔 4300m 以上的地段，往往出现垫状植物层，形成 3 个层次。草地覆盖度一般为 40% ~ 50%，生长发育好的地段可达到 60% ~ 70%，差的地段仅 20% ~ 30%。

大通河源位于天峻县木里乡的东部，大通河上游——由多索曲及唐莫日曲、阿子沟曲、江仓曲 3 条支流会成的木里河流域。大通河发源于天峻县境内托莱南山的日哇阿日南侧，有泉眼 108 处，以大气降水和冰川消融为补给来源，河源海拔 4812m。大通河河长 560.7km，其中青海省境内河长 454km，青、甘共界河长 48km，河口海拔 1727m，落差 3085m。流域面积 15 130km^2，其中青海省境内流域面积 12 943km^2。

因冻土作用，源区形成了较大面积的沼泽土、泥炭沼泽土、高山草甸土。沼泽土植被为草本植物，覆盖度大，牧草质量高，产草量高。泥炭沼泽土土壤有泥炭层、潜育化层和母质层 3 个发育层，泥炭层厚度 20 ~ 50cm，松软而有弹性，密度小，含水量高，有机质分解程度差，平均含量 12.83%，由植被根系和分解、半分解的植物残体组成，呈棕褐色。心土层为青灰或蓝灰色潜育化层，质地黏重，根系较少，下为母质层。高山草甸土植被类型为高山嵩草草甸、灌丛草甸、草原草甸，覆盖度 70% ~ 96%。植被为针茅—嵩草草原草甸，有金露梅、披碱草、委陵菜、黄芪、苔草等伴生，覆盖度为 30% ~ 90%，产草量 31.5 ~ 2575.5kg/hm^2，多为夏季牧场。

三河源区内野生动物有盘羊、白唇鹿、岩羊、马鹿、藏原羚、旱獭、鹰、雕、蓝马鸡、藏雪鸡、青海湟鱼（裸鲤）等。同时还有种类繁多的高原昆虫和其他小型爬行类动物，动物种类丰富。

三河源保护分区总面积 241 650.9hm²，其中核心区面积 124 756.3hm²，缓冲区面积 44 173.0hm²，实验区面积 72 721.6hm²。

4. 党河源保护分区

地理坐标：东经 96°57′~97°17′，北纬 38°20′~38°51′。

主要保护对象：湿地。

党河源保护分区位于德令哈市戈壁乡西北部、党河南山以北，最高海拔 5216m，最低海拔 4200m。海拔 4500m 以上地区积雪终年不化，发育着现代冰川。山体构成以绿色变质岩、板岩、花岗岩为主，岩体坚硬。在冰川寒冻的剥蚀风化作用下，形成风化碎石为主体的表面覆盖，植被稀少，在河流两岸平缓地带有少量水草，人为活动稀少。区内野生动物种类较多，兽类主要有野牦牛、藏野驴、藏原羚、岩羊、雪豹、棕熊、白唇鹿、麝、狼、旱獭、豺、狐等，鸟类有藏雪鸡、蓝马鸡、鹰、秃鹫等。

保护分区总面积 153 186.5 hm²，其中核心区面积 53 885.7 hm²，缓冲区面积 25 532.0 hm²，实验区面积 73 768.8 hm²。

5. 油葫芦沟保护分区

地理坐标：东经 99°31′~99°53′，北纬 38°07′~38°18′。

主要保护对象：珍稀野生动物。

位于祁连县野牛沟乡油葫芦沟中。油葫芦沟因沟口狭窄，中上部宽阔，形似葫芦而得名。沟内地广人稀，灌草茂密。主要灌木为金露梅、银露梅、高山柳、鲜卑花、沙棘、锦鸡儿等。沟内主要分布为高原草甸类，是县内天然草场中的主要类型之一，植物种类较多，多为中生、湿生地面芽、地下芽草本植物。有矮嵩草、小嵩草、藏嵩、苔草、冷蒿、二裂委陵菜等，此类草场莎草科占优势，草质柔软多叶，营养高，适口性强，草场耐牧。沟内水资源丰富，油葫芦沟河长 34.6km，集水面积 342.5 km²，出沟后注入黑河。由于独特的地理环境和丰富的自然资源，非常适合野生动植物的繁衍生息。油葫芦沟三面环山，沟口狭窄，便于管护。主要野生动物有野牦牛、藏野驴、盘羊、白唇鹿、马鹿、岩羊、雪豹、麝、棕熊、雪鸡等。珍贵药用植物有雪莲、大黄、黄芪等。

保护分区总面积 30 356.7hm²，其中核心区面积 21 041.3hm²，缓冲区面积 3417.9hm²，实验区面积 5897.5hm²。

6. 黄藏寺—芒扎保护分区

地理坐标：东经 100°01′~100°49′，北纬 38°07′~38°18′。

主要保护对象：水源涵养林。

黄藏寺—芒扎保护分区主要包括祁连县林场的黄藏寺营林区和芒扎营林区。黄藏寺营林区位于祁连县中部八宝镇北部，黑河下游的峡谷地带，本区是峡谷山地水源涵养林区。海拔为 2180~4552m，平均坡度为 30°。经过历次的造山运动而形成的地貌，在长期的河流冲刷下形成沟谷切割明显、地势陡峻的特点。地质构造极为复杂，但大体上是以古代南山系为主干，走向西北—东南的复式背斜构造。古生代初中期低级变质的南山系地层岩石有千枚岩、结晶岩、红紫色砂砾岩、夹煤岩等多种。但分布最广的只有红紫色砂砾岩，在河谷地上多为现代泥沙冲积层。本区土壤因受气候地形的影响，同样具有明显的垂直地带性。土壤分布最广的有山地栗钙土、碳酸盐山地灰褐土、高山草甸土、高山草原土、黑钙土、草甸土等。属高山地貌，气候变化显著。气候干燥，气温寒冷，植物生长期 159 天，对植物生长极为不利，随着海拔升高，生长期更短，是该区森林生长较缓慢的主要原因。植被主要是青海云杉纯林、祁连圆柏疏林、杨树林，灌木有金露梅、高山柳、鬼叶锦鸡儿、红柳、沙棘、花楸、野蔷薇、水柏枝、枸子等；地被有针藓、羽藓、苔草、马先蒿、禾本科、莎草科、蓼科、豆科、菊科、毛茛科、虎耳草科、龙胆科及高山唐松草科等。芒扎营林区位于祁连县东部峨堡乡，距县城72km，是祁连林区东北部山地主要的水源涵养林区。本区海拔 4000 ~ 4453m，是香拉河的发源地，香拉河源于祁连山系南麓夏龙，水源以冰雪消融和大气降水为主，长31km，宽7m，集水面积425 km²，流量2.32 m³/s，砂砾石河床。结冰期10月至翌年4月，河谷两岸多森林灌丛。该区气候干燥，昼夜温差大，气温变化明显，年均气温 0.7℃，年降水量353 ~ 373mm，年蒸发量1347.4mm，年日照时数2630.8h，生长期142 天。土壤主要为高山草甸土、山地草甸土、山地栗钙土和淋溶山地灰褐森林土。植被林分主要为青海云杉次生中龄林，灌木有金露梅、箭叶锦鸡儿、高山柳、高山绣线菊、花楸、沙棘等，成团状分布于高山地带，集中于香拉河上游各支沟。草本主要有禾本科、莎草科、豆科、蓼科、菊科、苔藓、苔草等。

保护分区总面积74 615.7hm²，其中核心区面积48 926.2hm²，缓冲区面积11 279.9hm²，实验区面积 14 409.6hm²。

7. 石羊河源保护分区

地理坐标：东经 101°25′ ~ 101°48′，北纬 37°32′ ~ 37°46′。

主要保护对象：冰川、湿地。

石羊河源保护分区位于门源县北部的冷龙岭和岗什卡两座高峰的北坡。区内冷龙岭冰川是我国分布最东段的现代冰川发育区。冰川总面积81 km²，其中，北坡内陆区48 km²，南坡外流区33 km²。储水量26. 768 × 10⁸m³，融水量0. 774 25 × 10⁸m³，年径流量6. 6425 × 10⁸m³。每当湿润年，山区大量固态降水储存在这一天然水库中；每当干旱年，气温升高，冰雪消融，大量融水补给河流，起到旱年不缺水和调节径流年际不均匀性的作用。近几年，由于受全球气候变暖和过渡放牧等原因的影响，冰川末端上升很快，严重影响到冰川储量，从而影响了本区永安河、老虎沟河、初麻沟河等外流河的水量供给。同时，影响到祁连山内陆水系宁缠河、清阳河、水管河等八条河流的补给，影响了甘肃省境内的东大河、西营河的水流量。因此保护冷龙岭冰川，不仅关系到门源县祁连山北坡大面积夏季草场的安危，同时也关系到甘肃省河西走廊的水量供给，其生态意义十分重大。区内分布有雪豹、藏雪鸡、白唇鹿、岩羊等野生动物和丰富的高寒植物种群。

保护分区总面积 58 835.2hm²，其中核心区面积 24 537.8hm²，缓冲区面积 11 895.4 hm²，实验区面积22 402.0hm²。

8. 仙米保护分区

地理坐标：东经 102°26′ ~ 102°40′，北纬 37°05′ ~ 37°20′。

主要保护对象：水源涵养林。

仙米保护分区位于门源县东部的仙米乡，是门源县国有仙米林场仙米营林区的一部分，属门源县东部峡谷主要的水源涵养林区。保护区地质构造属祁连山系，系多次造山运动而形成的复式皱波断块地段，具有高山峡谷地貌特征。区内下部阴坡土壤以山地淋溶灰褐土为主，生长有青海云杉、桦木、山杨等乔木混交林，互为优势，主要下木有金露梅、忍冬、高山柳、花楸。地被物苔藓类、蕨类、草本等。阳坡以森林灰褐土、山地草甸土、栗钙土为主。乔木有祁连圆柏和山杨，主要灌木有金露梅、小檗、沙棘、锦鸡儿，主要地被物有莎草科、蓼科、禾本科草类；中部常年寒冷湿润多云雾，还有散生乔木，但以灌木为主；上部仅有灌木和草类分布。阳坡以高山草甸土为主，主要灌木有金露梅、绣线菊，地被物以莎草科、禾本科草为优势；阴坡为高山灌丛草甸土，灌木有杜鹃、高山柳，形成良好的灌木密林，对蓄水保土起重要作用，地被物有苔藓、莎草科、菊科等；山顶部为高山寒漠土，生长有垫状植物。

保护分区总面积 43 020.1hm^2，其中核心区面积 29 899.5hm^2，缓冲区面积 5522.7hm^2，实验区面积 7597.8 hm^2。

第三节　机构设置和人员编制

一、组织机构

祁连山自然保护区组织机构的设置，根据保护等级，保护管辖的范围、保护的性质，在精简、统一、高效的原则下，结合青海省主管部门的有关规定，进行确定。

祁连山自然保护区管理局，设在青海省林业局，为局级的公益性事业单位，下设管理分局，管理分局是地级公益性事业单位。在管理局内及管理分局内，根据保护任务、职能单位和管理项目等不同设置保护科研、计划财务、多种经营及旅游、行政管理、宣传教育、公安执法等职能机构。管理分局分别设在海西州和海北州，下设管理站。管理站分设于自然保护区所在的 4 个县，每个管理站下设管护点，根据保护分区的实际情况，每个分区设 1～3 个管护点。

自然保护区不设社会性专职机构，如文教卫生、商粮、银行、邮电等。保护区管理局（分局），应会同地方和有关单位，组成保护区联合管理委员会，制定管护公约，共同做好保护区的保护管理工作。

二、人员编制

保护区的人员编制，应本着强化管理、保证效率的原则，在精简和压缩非生产人员的原则下，按保护管理、科研和经营等各项任务，以定岗、定员进行编制。祁连山自然保护区正式编制 147 人，聘用 81 人，共计 228 人。

（一）自然保护区管理局（定编 57 人）

局领导：局长 1 人，副局长 1 人

行政办公室：主任 1 人，副主任 1 人，文秘 2 人

计划财务处：处长 1 人，副处长 1 人，会计 1 人，出纳 1 人，计划 1 人

保护管理处：处长 1 人，副处长 2 人，干事 7 人

社区共管处：处长 1 人，干事 1 人

旅游管理处：处长 1 人，副处长 1 人，干事 2 人

多种经营办：主任 1 人，干事 1 人

宣 教 处：处长 1 人，干事 2 人

科研监测处：处长 1 人，副处长 1 人，业务人员 10 人

防 火 办：主任 1 人，副主任 2 人，其他 3 人

公 安 局：局长 1 人，政委 1 人，副局长 1 人，干警 4 人

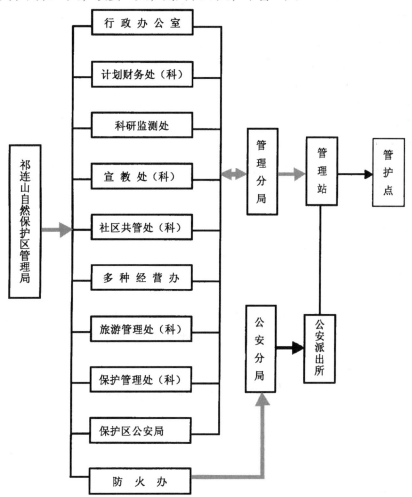

（二）管理分局

1. 海西管理分局（定编 21 人）

分局领导：局长 1 人，副局长 1 人

行政办公室：主任 1 人，文秘 1 人

计划财务科：科长 1 人，会计 1 人，出纳 1 人

保护管理科：科长 1 人，副科长 1 人，干事 3 人

宣 教 科：科长 1 人，干事 1 人

社区共管科：科长 1 人，干事 1 人

公 安 分 局：局长 1 人，干警 2 人

防火办：主任1人，其他1人

2. 海北管理分局（定编27人）

分局领导：局长1人，副局长1人

行政办公室：主任1人，文秘1人

计划财务科：科长1人，会计1人，出纳1人

保护管理科：科长1人，副科长2人，干事4人

旅游管理科：科长1人，干事1人

社区共管科：科长1人，干事1人

宣 教 科：科长1人，干事1人

公 安 分 局：局长1人，干警3人

防 火 办：主任1人，其他2人

（三）管理站

每个管理站配备站长1人，兼派出所所长，其他人员根据管理站管理的保护分区的多少以及管理难度确定。4个管理站定编42人。

德令哈管理站6人，其中公安人员2人；

天峻管理站9人，其中公安人员3人；

祁连管理站15人，其中公安人员5人；

门源管理站12人，其中公安人员4人。

（四）管护点人员编制

管护点的一线管护人员聘用保护分区周边社区的居民，平均每个管护点管护人员3人，具体设置根据每个保护分区的保护难度及交通条件等确定，共计聘用一线管护人员81人。

第四节 主要建设内容

一、保护工程

1. 核心区禁牧、移民

为了从根本上消除社区群众对保护区核心区的人为干扰和破坏，同时帮助偏远牧区农牧民脱贫致富，促进社区经济发展，规划对核心区农牧民进行移民搬迁，并实行核心区禁牧。经过实地调查，自然保护区的14个核心区牲畜共有118 655羊单位（包括夏季牧场），需要全部迁出核心区，建立禁牧围栏18条共180.4km；在禁牧的同时，对现有核心区的牧民进行迁移。规划前5年安置4个核心区共486人，迁移的地点主要是周边村、乡镇所在地，牧民安置必须建设相应的房屋、畜圈和暖棚。

2. 湿地保护工程

由于本次规划的祁连山自然保护区的湿地均在无人区，部分地区为夏季牧场，人为活动稀少，对河流、湖内鱼类资源及周围水禽和其他湿地野生动物的栖息影响不大。建立核心保护区之后，采取工程措施，保护和恢复湿地自然生态系统。

3. 植被保护和恢复

主要建设内容为：天然林管护、退耕还林（草）、封山（沙）育林、飞播造林、退化草地治理、森林保护、生态监测等。

二、科研监测

祁连山自然保护区性质为新建，科研监测现状基本处于空白状态，在本规划期内，建立健全科研机构，积极引进科研人才，购置科研设备，加强科研监测工作，有效开展生物多样性保护工作，以便提高自然保护区科学管理水平。

自然保护区科研监测工作分为常规性研究和专题性研究。常规研究的任务是根据保护管理的需要，进行经常的、系统的调查、观测、预测预报、考察、试验等获取基础资料，为加强保护管理工作提供科学依据。专题研究的任务是基础科学和应用科学的研究，是对生物群落的组成、结构、分布和分类的研究；对野生动物的保护与驯养、繁殖技术的研究；对气候、土壤、植被和主要自然生态系统结构、功能与演替规律的研究。

三、宣传教育

通过广泛持久的宣传教育，逐步提高保护区干部职工的政策理论水平和业务技术水平，普及法律和科普知识，提高全社会对自然保护区重要性的认识；培养热爱自然、珍惜生存环境的良好风气，自觉抵制破坏生态环境的不良行为，把爱护大自然、保护野生动植物变成每一个公民的自觉行动；保护生物多样性，彻底改善人类生存环境，是自然保护区宣传教育的根本目标。

四、多种经营

在确保实现自然保护区生物多样性保护总目标的条件下，科学分析自然保护区自然资源现状，结合准确的国内外市场需求调查，以种植业、养殖业及农副产品深加工为主，探索出一条自然资源有效保护与合理利用的路子，以提高自然保护区经济收入，实现生态、社会及经济协调发展。包括中草药种植、养鹿等。

五、生态旅游

祁连山自然保护区景观资源丰富，自然风光和人文旅游资源很有特征，在加强保护的基础上，宜在实验区内适宜开展生态旅游。生态旅游的开展是在严格保护环境的前提下，保持并充分发挥祁连山地区的独特的自然景观特色和以藏传佛教文化为主的人文旅游资源优势，充分利用现有自然景观和人文景观，突出野趣及民俗风情特色，集知识性、科学性、教育性、趣味性、参与性为一体，积极开展科普教学、观光游憩、休闲度假、游乐健身等活动，把自然保护区的生态旅游景区建成具有浓厚地方特色和生态观光、教育宣传的基地，成为祁连地区及周边地区居民理想的旅游渡假和生态教育基地。

六、社区发展

1. "人草畜"三配套工程建设

为改变传统的牧业生产方式，控制草场的载畜量，减少草场退化，实现社区牧业可持续发展，本规划期内，在社区分期分批进行三配套工程建设。"人草畜"三配套工程是指人有住房，畜有圈棚，草场有围栏。

本规划期内帮扶社区 650 户牧民实施三配套工程建设。以户为单位，每户建设围栏 5km，建设畜棚 80m^2，建设定居房 50 m^2。

规划建设围栏总规模 3250 hm^2，建设畜棚总规模 52 000 m^2，建设定居房总规模32 500 m^2。

2. 畜牧品种改良

为改变目前牲畜品种退化、个体生长量低及畜牧业生产经济发展缓慢的现状，规划在社区及周边地区扶持 400 户牧民进行畜牧品种改良，提高牧业生产效率，增加牧民经济收入。规划从周边地区购进优良种羊 400 只，种牛 80 头。

3. 太阳能

规划帮助 400 户居民购置太阳灶，逐步改变其生活、生产能源均依赖对森林、灌丛樵采的传统方式，减少对自然资源的破坏。

4. 技术培训

定期举办技术培训班，组织社区群众参加学习，提高他们的劳动技能，激发社区经济活力。主要内容有：草场恢复、畜种改良新技术；为社区提供国内外有关农牧及副产品的供求信息，科学分析，积极引导，及时调整社区产业及产品结构；新品种介绍及新型生产工器具的使用；根据当地产品情况，共同探讨经商之道，有计划的发展第三产业，逐步实现社区经济全面发展。

七、基础设施建设

自然保护区的基础设施是开展保护区各项工作的基础。只有科学、合理、完善地规划各项工程、各种基础设施，才能保证保护区的各项工作顺利开展。包括管理局、分局、保护站、管护点的土建，配备必需的办公设备、交通和通讯设施。

第五节 投资估算

经过计算，祁连山自然保护区总体规划总投资 21 867.98 万元。

按工程项目分，保护工程投资 8257.47 万元，占总投资的 38.00%；科研监测工程投资 691.77 万元，占总投资的 3.16%；宣教工程投资 272.30 万元，占总投资的 1.25%；多种经营投资 858.41 万元，占总投资的 3.93%；生态旅游投资 294.21 万元，占总投资的 1.35%；社区发展投资 1990.20 万元，占总投资的 9.10%；基础设施建设投资 7515.62 万元，占总投资的 34.37%；其他投资 1988.00 万元，占总投资的 9.09%。

按投资构成分，建安工程投资 6925.57 万元，占总投资的 31.67%；设备购置费 3378.14 万元，占总投资的 15.45%；其他费用 11 564.27 万元，占总投资的 52.88%。

按投资期限分，前期（2003～2007 年）投资 11 402.16 万元，占总投资的 52.14%；后期（2008～2012 年）投资 10 465.82 万元，占总投资的 47.86%。

第十章 自然保护区评价

第一节 生态系统的结构与功能现状

一、原始古老的自然性

祁连山远在早古生代是一个大海洋，后经加里东运动发生褶皱，形成祁连山的雏形。在大构造上，祁连山分北祁连加里东褶皱带、中祁连山前寒武纪隆起带和南祁连加里东褶皱带。在古老的褶皱带上，断裂构造特别发育。如规模深大的北西向深大断裂控制了现今西北—东南向的平行岭谷地貌格局，而北西向深大断裂又被北北西或北北东断层分割，将其西北东南的平行岭谷，分为今日之西、中、东三部分地貌景观，反映出其原始古老的自然状况。

二、高原生态的边缘性

青藏高原的隆起和存在导致和形成了众多的生态界面或地理边缘，从而引起复杂交错的边缘效应。祁连山作为青藏高原东北部的一个巨大边缘山系，以其巨大隆起的海拔高度和大致东西走向山势，阻挡了蒙古—西伯利亚反气旋的继续南侵，其东南部受到了东亚季风的影响，加上青藏高原本身产生的热力学和动力学作用，致使本区气候复杂化和多样化，其高原生态地理边缘效应显著。区系成分的多样性是生态过渡带与边缘效应的基本特征之一。本区植物区系特征属温带性质，不同地理成分在这里接触、交叉、渗透和特化。植被类型也表现出一定的过渡与边缘特征，北坡山前丘陵地带及西部受中亚荒漠植被类型的影响，东部为黄土高原过渡区，有许多黄土高原植被类型的渗透和延伸。祁连山地区主体则以青藏高原的各类高寒植被占据绝对优势。嵩草高寒草甸是青藏高原隆起所引起的高寒气候的产物，成为典型的高原地带性植被类型。紫花针茅高寒草原以青藏高原为分布中心，是高原隆升之后生境寒冷干旱发生、发展起来的。青藏高原的高山植物，在适应高原特殊的生态环境方面，其内部结构表现出多方面的特异性。并具有一系列适应高山环境的形态—生态学特征。由此可见，其植被类型及其组合表现出一定的过渡特征及镶嵌结构特点，具有明显的高原生态地理边缘效应特征。

三、高寒植被的特殊性

祁连山地区植被的基本特征与它所处的地理位置、地质历史时期的强烈隆升所获得的巨大海拔高度，以及复杂的地形地貌相联系。祁连山地区自晚第三纪以来，经历了与青藏高原主体相似的构造运动。就现代自然地理特征而言，祁连山地区与青藏高原主体具有巨大的海拔高程，这种地势及海拔又引起水热状况的不同组合，加上山脉地形走势，其水汽来源主要受到东亚季风的影响，气候表现为由东南向西北、由半湿润向干旱的水平分异，具有典型高原大陆性气候特征。在这种背景特征下，祁连山地区植被与高原面植被有很大的一致性，各类高寒植被占有绝对优势，其水平变化也具有高寒灌丛、高寒草甸带→高寒草原带的高原地带性特征，表明这两者高寒植被在发生发展上的密切联系。

四、生态系统的典型性

青海祁连山自然保护区是高寒地区自然生态系统的典型代表，是一个具有代表性的典型区域。特别是阴阳坡有所不同，自北向南同类型植被的分布高度逐步提高，植被垂直分布明显。

阳坡植被带 2000～2800m 为山地森林草原带，2800～3200m 为山地森林草甸草原带，3200～3700m 为高山灌丛草甸带，3700～4000m 为高山草甸带，4000～4500m 为高山荒漠带，4500m 以上永久积雪带。

阴坡植被带 2000～2600m 为山地森林草原带，2600～3000m 为山地森林草甸草原带，3000～3500m 为高山灌丛草甸带，3500～3900m 为高山草甸带，3900～4500m 为高山荒漠带，4500m 以上永久积雪带。

五、高原物种的稀有性

根据初步统计，本区现有高等植物 257 属 616 种，隶属 68 科，是青藏高原地区物种相对集中的典型区域。其中蕨类植物 8 科 9 属 11 种，裸子植物 3 科 3 属 6 种，被子植物 57 科 245 属 599 种。种子植物合计 58 科 248 属 605 种，分别占北祁连山地区种子植物总科数的 71.6%、总属数的 57.5%、总种数的 49.5%，物种种类较为丰富多样。

六、生态环境的脆弱性

生态系统的脆弱性表现在该生态系统抗御外界干扰的能力相对低下。反映了群落、生境和物种对环境改变的敏感程度，脆弱的生态系统具有很高的保护价值。

经过近 20 多年的保护，保护区林业植被得到了一定程度的恢复，具有很高保护价值的近于原始状态的云杉次生林保存有一定的面积。由于人类活动，使得可供野生动物活动的空间越来越少，现今这些野生动物只能局限在一个相当于"岛屿"一样的生存环境中。如不进一步地加强保护，则典型的地带性植被特征及野生动物栖息环境将每况日下，必将失去其应有的保护价值。同时，还会加重水土流失，减少水源涵养，威胁黄河上游的用水安全，对区域生态产生严重影响。

七、保护面积的有效性

祁连山自然保护区面积 $107.3 \times 10^4 hm^2$。东北部与甘肃省的酒泉、张掖、武威地区相接，西部与青海省海西蒙古族藏族自治州的乌兰县毗邻，南部与海北藏族自治州的海晏、刚察县为邻，东部与海东地区的互助土族自治县、西宁市的大通回族土族自治县接壤。现状为西北—东南走向的长条形，由 8 处核心"绿色岛屿"组成。保护区域明确具体，功能区划合理，有利于保护和管理，能够满足保护区动植物的生存和发展。

保护区的"质量"越高，"价值"越大，保护区面积越大，保护功能越有效。

八、管理目标的明确性

祁连山自然保护区把"全面保护自然环境和生物多样性，改善黄河源头生态环境和确保优良水质"作为保护区的总目标，为保障总目标的实现还制定了具体目标。

保护好原生和次生森林生态系统为主，恢复已遭破坏的森林植被，提高青海东北部地区的绿色屏障。

保护好现有植被，提高水源涵养功能，确保黄河供应优良水质。

本着保护自然、认识自然和可持续发展的指导思想，遵循全面设计、合理布局、结合实际、讲究实效的原则，加强科学研究和监测，为保护自然环境提供科学的依据，适当开展多种经营和生态旅游事业，把保护区建成一个融自然保护、科学研究、合理利用、生态旅游、教学实习为一体的、综合性、多学科、多功能的自然保护区，为社会和人类造福。

九、管理体系的完整性

一方面保护区始终把保护管理工作放在首位，有效保护了地区内自然环境和生物资源，今后应加强保护管理的基础设施建设，改善工作、生活条件，让基层巡护人员安心工作，热爱自然保护区事业。另一方面要实行社区共管，祁连山自然保护区的少量农耕地和山地进行社区共管，让当地的村民积极参与，共同协商，成立社区共管领导小组，帮助居民制定开发利用计划，引进先进生产技术，选择经济开发项目。并对农民进行自然保护区科普知识的宣传教育和技术培训，提高他们的文化素质，使他们认识到建立自然保护区，给他们带来了天然生存条件的保障、生活条件的改善，这样保护区才能发展下去。自然保护区建立局—站—点三级管理体系，加强资源保护，同时积极开展以不破坏自然生态为前提的生产经营活动，为保护区居民提供更加良好的生产、生活条件。

十、社区共管的重要性

对社区自然资源进行共同管理，其目的在于帮助社区合理使用自然的和再生的资源。实行社区共管既可以增强保护区内居民对保护野生动植物资源的了解，改变陈旧观念，使他们在不破坏原有资源的基础上，合理利用，资源共享，保持生态平衡。还可以使保护区居民认识到保护生物多样性对维护自然资源和生态系统的合理性、重要性，认识到在自己的土地上建造自然保护区是造福子孙后代，保护自己家园的一件大事。为了更好地、有效地保护自然资源和生态环境，成立社区共管领导小组是十分重要的，社区参与保护区的管理，共同协商解决区内的有关事宜，避免在生物资源利用上的不同意见，积极参与保护工作，增强保护力量，提高管理水平是解决这一矛盾的有效方法。

第二节　保护区效益评价

随着人们生活水平与生活质量的提高，科学技术的发展，人类对自然资源的进一步认识，由以往培育的目的在于利用林副产品获取直接经济效益，现在更加重视森林对净化空气、调节气温、美化环境、防沙治沙、涵养水源、减少水土流失、减缓自然灾害的重要作用，尤其是在高寒、干旱、缺水、土地沙化严重、风沙频繁出现的地区，森林与草地的生态效益（即间接效益）显得尤为重要。

祁连山自然保护区的建立其根本的目的就在于保护现有的自然生物资源，扩大植物种群，发挥森林生态系统的多种功能，为人类造福。

一、直接效益评价

（一）资源特点

（1）**丰富物种资源**　祁连山保护区不仅植物类型复杂多样，而且种类十分丰富。已知有野生植物 616 种，其中蕨类植物 8 科 9 属 11 种，裸子植物 3 科 3 属 6 种，被子植物 57 科 245 属 599 种。有鸟类 120 种，占青海省鸟类种类的 49%，隶属于 12 目 30 科。它们的栖息环境主要是草甸、湿地、森林灌丛和草原。

（2）**明显的森林植被垂直带谱**　祁连山自然保护区森林垂直分布高度在海拔 2700 ~ 3050m，随着海拔高度的增加，气候、土壤、地形等变化悬殊，呈现出明显的山地垂直带谱。本区地形复杂，随着海拔的上升片状林趋于缩小，呈现明显的疏林化现象。自然保护区垂直带谱成为理想的植物生态学科研场所。

（3）**独特的自然景观**　祁连山自然保护区地处祁连山系，区内地貌变异多样，既有陡壁悬崖，又有平缓山坡，崇山峻岭与峡谷深渊相互交织在一起，森林、草原、针叶林、阔叶林相互交替分布。山势宏伟、山景优美，怪石嶙峋，俊俏、雄、奇、险、幽、秀、美融一体。

（二）经济价值

（1）**科学研究**　基础研究如珍稀鸟类生态学研究、森林植物研究、生态系统研究等，开发研究，国际合作研究等。

（2）**文化资源**　教学实习、研究生论文选点、出版物、影视产品等。

（3）**旅游开发**　国际旅游、国内旅游等。与此同时可开展交通、饮食、住宿、导游、娱乐、纪念品及小商品供应等服务项目。

（4）**直接实物**　木材、药材、林副产品。

（三）直接经济价值评估

1. 直接实物产品价值

（1）**材用植物价值**　森林代表树种有青海云杉、祁连圆柏、油松、山杨、白桦、红桦、糙皮桦等，林分蓄积量为 $420.8 \times 10^4 m^3$，经济价值大。保护区不采伐固不计算价值。

（2）**林副产品**　主要是营养型野菜、食用菌、果品、纤维植物、蜂蜜、香料植物与观赏植物等。

（3）**其他产品**　鹿茸、雪莲、冬虫夏草、毛皮、装饰品等青藏高原特色产品。

（4）**草地资源**　祁连山自然保护区内有各类草地面积 $225.18 \times 10^4 hm^2$，占保护区面积的 60.7%，其中可利用草地（牧草地）$178.39 hm^2$，占草地面积的 80.2%。按照草原管理专业部门对祁连山地区的调查，祁连、门源两县天然草地等级都在 3 级以下（8 级分类标准），5、6 两级又占到草地总面积的 92%。平均产草量在 150 ~ 200kg/hm² 之间。

二、间接效益评价

保护区辖乡（镇）土地面积 3 420 064hm²，其中有林地面积 53 265hm²，疏林地面积 5302hm²，灌木林地面积 291 648hm²，森林覆盖率为 10.08%。森林生态系统每年可产生巨大的生态效益。森林生态效益用间接的方法来计量，因此又称为间接经济效益，间接经济价值计算如下：

（一）森林生物量

祁连山保护区有疏林地平均蓄积量 105.27m³/hm²，年净增率 0.98%。照此推算，保护区有疏林地年增立木蓄积量 $6.0 \times 10^4 m^3$。另外保护区还有 $29.16 \times 10^4 hm^2$ 的灌木林地，其生物量也是相当可观的，通常情况下林木根系生物量与地上部分相等，在干旱地区往往要超过地上部分生物量，灌木树丛地下根系生物量与地上部分之比是 2:1 或者是 1.5:1。根据刘兴聪所著《青海云杉》一书介绍，云杉根系重量每公顷为 58.3t，祁连圆柏每公顷 17.4t，灌木根系每公顷 21.8t。

（二）涵养水源价值

祁连山分布着数十万公顷的乔、灌木森林资源，根据研究部门测定，祁连林区的云杉苔藓林，林冠层可以截留降水量的 28.4%，林下枯枝落叶层的容水量每千克达到 362.8t。保护区内的高山灌丛形成的高山灌丛草地群落，枯枝落叶与腐殖质层平均厚度 10～25cm，当含水量达到饱和状态时每公顷容水量在 500m³ 左右，大面积草地也有很高的容水功能。林、草地所截留的水分，除部分被吸收和蒸发以外，大部分缓慢渗入地下并逐渐汇入江河。所涵养的水源，滋润灌溉着青海、甘肃、内蒙古等地的近 $70 \times 10^4 hm^2$ 的耕地，400 多万群众，500 多万头（只）牲畜。境内山脉横亘，并发育形成了黑河（八宝河）、疏勒河、托勒河、大通河、布哈河等众多河流，俗称"五河源"。源头生态环境状况不仅影响到祁连地区经济社会的发展和人民群众的安宁，而且关系到内陆河流域中游地区甘肃省山丹、临泽、民乐、张掖、高台、肃南、酒泉、金塔和黑河下游地区内蒙古额尔济纳旗等县（镇）的可持续发展。内陆河源头丰富的水资源不仅是协调中、下游农、林、牧布局和发展的重要自然资源，而且也是维护干旱地区自然生态平衡、保护环境的重要因素。

森林涵养水源总量 据保护区气象站和水文站资料，年均降水量为 400mm，年径流深平均为 250mm，径流系数为 0.65。有疏林地和灌木林地面积为 350 215hm²。

年平均径流量为 250×0.65＝162.5mm。

祁连山自然保护区全年径流总量（即涵养水源总量）＝162.5×350 215（hm²）＝$5.69 \times 10^7 m^3$。

采用影子工程法计算水价，每建 1m³ 库容需年投入成本 0.67 元。

涵养水源价值计算 ＝$5.69 \times 10^7 m^3 \times 0.67$（元/m³）＝3812.3（万元）

（三）水土保持价值

在森林土壤中，乔木树种除云杉属于浅根性以外，其他多数林木根系可以分布到 2m 以下，灌木根系分部深度也在 0.8～1.5m 之间，盘根错节的乔灌木根系将森林土壤牢固稳定，加之林冠、枯枝落叶层、腐殖质层对降水的缓冲与容水功能，大大减少了径流对表土的冲刷作用，成片灌木林可减少径流量的 73%，减少表土冲刷 66%。乔木林的功能更大于此，一次降水量不超过 95.4mm 时，可以全部被林地所吸收而不会产生地表径流（刘兴聪，1992）。

祁连山自然保护区有乔、灌木林地 350 215hm²，其水土保持价值是可观的。

（四）减少河流输沙量功能

祁连山林区是一个巨大的载体，集中连片的乔、灌木林地与大面积的天然草地，既可以涵养水源，调节和稳定河流的径流量，又可以降低对土壤的冲刷流失，从而大大减少对河道泥沙的输入量。有资料表明，非林地每公顷平均每年输入河道的泥沙量在 3m³ 左右，而林地的输入量只有前者的 1/3 或更少。

减少地表泥沙进入河道，显而易见的效益一是保持河水清澈、提高水质，尤其是减少水库的泥沙沉积；二是减少土壤肥力流失，实现地表生物资源与土地资源的生态平衡和良性循环。

（五）保护野生鸟兽，维护生物多样性功能

由乔木与灌木、针叶树与阔叶树、高等动物和低等动物、寄生生物和草本植物、低等生物与各种菌类综合组成一个完整的、世代循环的森林生态系统，它们相互依赖又相互制约，在各自的生存地域和空间永续繁衍生息。自然保护区的保护与建设就是遵循这一自然法则；维护生物多样性，保持自然生态平衡的重要举措。

多种鸟兽都以森林、草地作为它的栖息生存之地，没有了树木草地，它们也将不复存在。鸟兽又对林草提供肥源、促进种子传播和生长发育。失去了多种生物组成的生物链功能的生态系统就是一个有缺陷的、不完整的生态体系，必将走向衰败的结局。建立自然保护区是避免人们破坏，维持自然生态平衡的惟一选择。

三、社会效益评价

祁连山与柴达木盆地都是青藏高原上的典型地域，在国内外有很高的声望。保护与维持整个祁连地区的自然生态平衡，既是社会发展的需要，也是改革开放与建设的需要，它对青海省乃至我国西部的社会发展和经济建设必将产生深远的影响。

祁连山自然保护区的建设更是促进青海海北、海西两地经济、社会发展的重要举措，通过科研、旅游、宣传等手段，了解青海省，了解祁连山，引进外资，引进科技，保护祁连山，建设祁连山。

通过保护区建设，开展科研、教学、旅游观赏、旅游服务等项目，为保护区人民发展第三产业创造非常有利的条件，更加提高当地人民对资源保护的意识。

四、总体评价

青海祁连山自然保护区的建设，不仅有着显著的生态效益和社会效益，而且有一定的经济效益。项目建成后，与甘肃祁连山自然保护区、青海湖自然保护区等形成联动效应，使祁连山生态系统结构更趋合理、水源涵养功能进一步加强、生物多样性得到有效保护。进一步促进地方经济文化发展，提高当地居民生活质量。对实现整个祁连山区生态、社会、经济的可持续发展具有极其重要意义，对我国西部的社会发展和经济建设必将产生深远的影响。

参考文献

陈桂琛，彭敏，黄荣福，卢学峰. 1994. 祁连山地区植被特征及其分布规律. 植物学报，36（1）：63－72.

陈桂琛，彭敏，黄荣福，等. 1994. 祁连山地区植被特征及其分布规律. 植物学报，36（1）：63－72.

陈庆诚，阎宝琪，舒璞，等. 1966. 甘肃省祁连山东段一些高山植物形态－生态学特性的观察. 植物生态学与地植物学丛刊，4（1）：39－64.

格鲁博夫著. 李世英译. 1976. 亚洲中部植物概论. 生物学译丛，3：39－94.

国家林业局野生动植物保护司编. 2001. 湿地管理与研究方法. 北京：中国林业出版社.

何廷农，刘尚武，卢学峰，邓德山. 1997. 从北祁连山植物区系分析划定唐古特地区的东北部边界. 高原生物学集刊. 13：69－82.

何廷农，薛春迎，王伟. 1994. 獐牙菜属植物的起源，散布和分布区形成. 植物分类学报，32（6）：525－537.

李渤生，张经纬，王金亭，等. 1981. 西藏高山冰缘植被的初步研究. 植物学报，23（2）：132－139.

李春秋，李德浩，1981. 青海祁连林区的血雉与蓝马鸡. 动物学研究，2（1）.

李锡文，李捷. 1993. 横断山脉地区种子植物区系的初步研究. 云南植物研究，15（3）：217－231.

李锡文. 1985. 云南植物区系. 云南植物研究，7（4）：361－371.

李锡文. 1995. 云南高原地区种子植物区系. 云南植物研究，17（1）：1－15.

刘洒发主编. 2001. 甘肃敦煌自然保护区科学考察. 北京：中国林业出版社.

刘尚武，何廷农. 1992. 肋柱花属的系统研究. 植物分类学报，30（4）：289－391.

刘尚武，何廷农. 1994. 橐吾属的起源，演化及地理分布. 植物分类学报，32（6）：514－524.

刘尚武. 1982. 垂头菊属的分类研究. 高原生物学研究，1：49－59.

刘兴聪主编. 1992. 青海云杉. 兰州：兰州大学出版社.

门源县地方志编纂委员会编. 1993. 门源县志. 兰州：甘肃人民出版社.

宁夏林业厅自然保护区办公室，宁夏六盘山自然保护区管理处. 1988. 六盘山自然保护区科学考察. 银川：宁夏人民出版社.

彭敏，赵京，陈桂琛. 1989. 青海省东部地区的自然植被. 植物生态学与地植物学学报，13（3）：250－257.

彭启胜. 1998. 青海寺庙塔窟. 西宁：青海人民出版社.

祁连县地方志编纂委员会编. 1999. 祁连县资源志. 兰州：兰州大学出版社.

祁连县水利志编纂委员会编. 2000. 祁连县水利志. 兰州：兰州大学出版社.

青海森林编辑委员会. 1993. 青海森林. 北京：中国林业出版社.

青海森林资源编写组. 1988. 青海森林资源. 西宁：青海人民出版社.

青海省气象科学研究所. 1985. 青海省农牧业气候资源分析及区划. 西宁：青海人民出版社.

青海省水产研究所. 1988. 青海省渔业资源和渔业区划. 西宁：青海人民出版社.

塔赫他间著. 黄观程译. 1988. 世界植物区系区划. 北京：科学出版社.

托尔马乔夫著. 李锡文，宣淑洁译. 1965. 分布区学说原理. 北京：科学出版社.

王荷生. 1993. 植物区系地理. 北京：科学出版社.

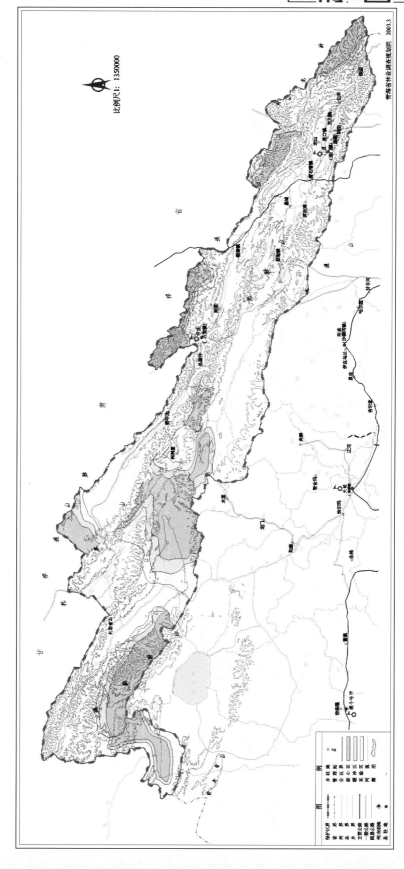

青海祁连山自然保护区总体布局图

青海祁连山自然保护区科研监测宣教工程布局图

比例尺1：1350000

青海省林业调查规划院

2003.3

青海祁连山自然保护区水系·湿地分布图

青海祁连山自然保护区土地现状

比例尺1:1350000

2003.3

青海省林业调查规划院

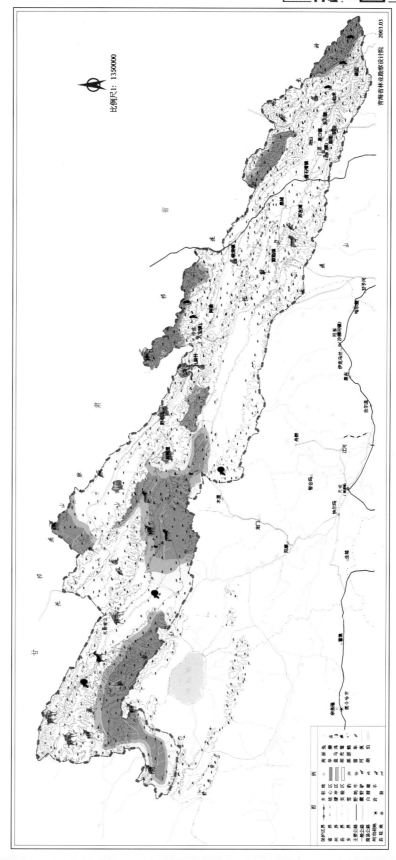

青海祁连山自然保护区野生动物布局图

青海祁连山自然保护区位置示意图

祁连山自然保护区

团结峰保护分区

黑河源保护分区

石羊河保护分区

黄藏寺保护分区

油葫芦保护分区

黑河大峡谷

森林与草原

湖泊湿地

沼泽湿地

河流湿地

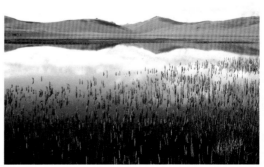

花海湿地

八宝河源头

祁连山冰川

仙米保护分区

门源油菜花

祁连牛心山

祁连之晨

门源晚霞

青海云杉林

人与自然和谐

祁连县城一角

陇蜀杜鹃

百里香杜鹃

窄叶鲜卑木

西北沼委菱菜

金露梅

银露梅

白桦林

天山花楸

岩生忍冬

蒙古绣线菊

古杨

马鹿群

旱獭

马鹿

雕鸮

海鸥

黑颈鹤

斑头雁

祁连鹿场

阿柔寺

森林旅游

阿柔宝塔

封山育林

森林防火

黑河旱獭石